高等学校电子商务专业系列教材

电子商务数据分析与应用

屈莉莉 ◎ 编 著

U0178233

电子工业出版社·

Publishing House of Electronics Industry

北京 · BEIJING

图书在版编目（CIP）数据

电子商务数据分析与应用 / 屈莉莉编著. —北京：电子工业出版社，2021.7

ISBN 978-7-121-41284-4

Ⅰ. ①电… Ⅱ. ①屈… Ⅲ. ①电子商务－数据处理－高等学校－教材 Ⅳ. ①F713.36②TP274

中国版本图书馆 CIP 数据核字（2021）第 107422 号

责任编辑：刘淑敏　　　　　　特约编辑：田学清
印　　刷：三河市君旺印务有限公司
装　　订：三河市君旺印务有限公司
出版发行：电子工业出版社
　　　　　北京市海淀区万寿路 173 信箱　　　邮编：100036
开　　本：787×1 092　1/16　印张：16.25　　字数：437.1 千字
版　　次：2021 年 7 月第 1 版
印　　次：2025 年 1 月第 8 次印刷
定　　价：55.00 元

前　　言

随着电子商务的快速发展，电子商务平台和相关企业积累了海量的客户数据、交易数据与运营数据，亟须通过有效的数据分析方法及技术手段来科学地运用这些数据，以给企业带来更大的经济效益。近年来，电子商务数据分析逐渐得到了学术界、企业界和各级政府的高度重视。《哈佛商业评论》称"数据科学家是 21 世纪最性感的职业"。越来越多的互联网企业增设了数据科学家、数据分析师等岗位。高等院校要适应时代变化，与时俱进，主动承担起培养电子商务数据分析与应用人才的重任，顺应新商科人才培养的理念和要求，在电子商务、大数据管理与应用、工商管理等专业增设电子商务数据分析与应用方面的课程。本书可作为相关课程的教学用书。

本书全面介绍了电子商务数据分析涉及的理论、实践与应用三大部分的内容。理论篇包括：绪论、电子商务数据分析模型、电子商务数据分析方法。实践篇包括：数据的采集、数据导入与预处理、数据可视化。应用篇包括：电子商务行业数据分析、电子商务客户数据分析、商品数据分析、电子商务运营数据分析。

本书具有以下特色。

（1）多学科知识交互融合。将统计学理论、数据挖掘模型、信息处理技术、数据分析工具应用于电子商务的商业运营分析之中，深入浅出，具有指导性和实用性。

（2）培养创新思维与创新能力并重。以学习数据分析方法助力数据思维的培养，启发性强，有助于造就兼具电子商务运营管理与数据分析能力的复合型人才。

（3）注重理论与实践相结合。知识体系完备，强化应用可操作性强，配套资源丰富。

（4）案例主导，图解教学。立足电子商务行业的实际需求，通过大量的案例分析，采用图解教学方式及操作解说视频，让读者真正掌握电子商务数据分析的方法，提升学习效果。

基于对高等院校课程体系的广泛调研，建议将电子商务数据分析与应用课程设置为 64 学时4 学分。其中，40 学时为理论教学（理论篇 10 学时，实践篇 14 学时，应用篇 16 学时），24 学时为上机实验和综合实践（理论篇 4 学时，实践篇 8 学时，应用篇 12 学时）。

本书提供了丰富的课程配套资源，主要包括：课程教学大纲、教学日历、教案、PPT、Excel操作视频、重难点解析、习题和答案、模拟试卷及答案等。读者可以登录华信教育资源网（http://www.hxedu.com.cn）获取。

本书由大连海事大学屈莉莉老师主编，并负责全书内容的组织与撰写。大连海事大学信息管理与信息系统专业的汪心怡、程杨阳、蒋琪琪、马艺娜、孙传昱、杨雯心和左云皓同学参与了本书的校对及教材配套资源的建设。本书在策划和编写过程中，还得到了隋东旭老师的大力支持和帮助，在此深表谢意！

在本书的编写过程中，借鉴了国内外许多专家学者的学术观点，参阅了大量书籍、期刊和网络资料，在此谨对各位作者表示感谢。

由于编者水平有限及电子商务数据分析与应用发展迅速，书中难免有疏漏之处，望广大读者批评指正，编者联系方式为 qulili@dlmu.edu.cn。

编　者

2021 年 4 月

目　　录

第 1 章

绪　论

【章节目标】

1. 理解电子商务数据分析的相关概念及意义
2. 熟悉电子商务数据分析的流程及原则
3. 了解电子商务数据分析的主要任务

【学习重点、难点】

1. 电子商务数据分析的相关概念
2. 电子商务数据分析的流程
3. 电子商务数据分析的意义

【案例导入】

京东大数据用户画像

用户画像是将用户的线上行为数据化。京东商城通过全面分析消费者购买商品的种类、价格、频次等一系列活动，使每一个活动代表一个或多个标签，通过对标签的汇总、分析、分类来深化对个人或群体的认知，包括基本属性、购买能力、行为特征、社交网络、心理特征、兴趣爱好。京东电子商务平台对用户画像技术的主要实践应用包括：

（1）精准营销。以手表为例，结合品牌、价格、推广渠道进行人群圈定，然后基于用户标签通过短信、邮件或网页广告、App 广告进行推送。

（2）个性化。每个人的购物需求不同，因此每个人打开京东页面所展现的商品也不同。

（3）社交传播。京东通过与腾讯、百度、今日头条等公司的合作，打通数据库，找出各自用户标签的交集并进行广告推送，从而提高转化率。

（4）数据分析。京东通过用户画像了解用户、猜测用户的潜在需求、精细化地定位人群特征、挖掘潜在的用户群体，从而指导并驱动业务场景和运营，并发现和把握在海量用户中的巨大商机。

由上述案例可知，作为电子商务数据分析的重要应用，用户画像可以让数据说话，能够帮助商家快速找到精准用户群体及用户需求等更为广泛的反馈信息。

1.1 电子商务数据分析的概念及意义

电子商务是与数据分析关系非常紧密的重要行业之一，也是数据分析广泛应用的行业之一。通过数据分析对数据进行有效的整理和分析，为企业经营决策提供参考依据，进而为企业创造更多的价值，是数据分析在电子商务领域应用的主要目的。

▶▶ 1.1.1 电子商务数据分析的相关概念

电子商务数据分析是运用分析工具研究电子商务数据信息，搭建数据分析与电子商务管理的桥梁，指导电子商务决策的一门新兴学科。通常，电子商务数据分析指对电子商务经营过程中产生的数据进行分析，在研究大量数据的过程中寻找模式、相关性和其他有用的信息，从而帮助商家做出决策。通过对相关数据的有效统计、分析和使用，形成多种模型，促进客户、商业伙伴之间的沟通及优化应用，这通常需要计算机软件的支持。

1. 数据分析

数据是人们通过观察、实验或计算得出的结果。数据有很多种，最简单的是数字，也可以是文字、图像、声音等。数据可用于各类研究、设计、查证等工作。分析是将研究对象整体分为若干部分、方面、因素或层次，并分别加以考查的认识活动。分析的意义在于细致地寻找能够解决问题的主线，并以此解决问题。

数据分析指用适当的统计分析方法对收集来的大量数据进行分析，并将它们加以汇总、理解和消化，以求最大化地开发数据的功能及发挥数据的作用。数据分析是为了提取有用信息和形成结论而对数据加以详细研究和概括总结的过程。数据分析可帮助人们做出正确的判断，以便采取适当行动。数据分析的数学与统计学基础在20世纪早期就已确立，但直到计算机的出现才使其实际操作成为可能，并使数据分析得以推广。数据分析是数学、统计学、计算机科学等相关学科相结合的产物。

1）数据分析的目的

数据分析的目的是把隐藏在大量看似杂乱无章的数据中的信息集中和提炼出来，从而找出研究对象的内在规律。在实际应用中，数据分析可帮助人们做出判断，以便采取适当的行动。数据分析是有组织有目的地收集数据、分析数据，并使之成为信息的过程。这一过程是质量管理体系的支持过程。在产品的整个寿命周期，包括从市场调研到售后服务和最终处置的各个过程，都需要适当运用数据分析，以提升有效性。例如，设计人员在开始一个新的设计之前，要通过广泛的设计调查，以分析所得数据并判定设计方向。因此，数据分析具有极其广泛的应用范围。

2）数据分析的分类

一般把数据分析分为3类：探索性数据分析（Exploratory Data Analysis，EDA）、验证性数据分析（Confirmatory Data Analysis，CDA）和定性数据分析。

（1）EDA指对已有的数据在尽量少的先验假定下进行探索，侧重于在数据中发现新的特征，其本质是从客观数据出发，探索其内在的数据规律，让数据自己说话。

（2）CDA 指在进行数据分析之前，一般都有预先设定的模型，侧重于已有假设的证实或证伪。

（3）定性数据分析是依据预测者的主观判断分析能力来推断事物的性质和发展趋势的分析方法。

2. 数据可视化

数据可视化旨在将数据分析的结果借助图形化手段直观地展示出来，使人们可以更容易、更快速地得到并理解数据分析的结果。数据可视化工具有很多，如 Tableau、Power BI、Python、Excel、World、PowerPoint 等。现代社会已进入一个速读时代，好的可视化图表可以清楚地表达数据分析的结果，节约人们思考的时间。

数据分析的使用者有大数据分析专家和普通客户，他们对于大数据分析最基本的要求就是数据可视化，因为数据可视化能够直观地呈现大数据的特点，让使用者直接看到数据分析的结果，发现数据的规律，让数据分析更简单、更智能。

3. 大数据

大数据是无法在一定时间范围内用常规软件工具进行捕捉、管理和处理的数据集合，是需要新的处理模式才能具有更强的决策力、洞察力和流程优化能力的海量、高增长率和多样化的信息资产。

1）大数据的特点

IBM 提出了大数据的 5V 特点：Volume（大量）、Velocity（高速）、Variety（多样）、Value（低价值密度）、Veracity（真实性）。

（1）Volume：数据量大，即采集、存储和计算的数据量都非常大。真正大数据的起始计量单位往往是 TB（1024GB）、PB（1024TB）。

（2）Velocity：数据增长速度快，数据处理速度也快，时效性要求高。例如，搜索引擎要求几分钟前的新闻能够被用户查询到，个性化推荐算法尽可能要求实时完成推荐。这是大数据区别于传统数据挖掘的显著特征。

（3）Variety：数据种类和来源多样化，种类上包括结构化、半结构化和非结构化数据，具体表现为网络日志、音频、视频、图片、地理位置信息等，数据的多种类对数据处理能力提出了更高的要求。数据可以由传感器等自动收集，也可以由人类手工记录。

（4）Value：数据价值密度相对较低。随着互联网及物联网的广泛应用，信息感知无处不在，数据量虽然大，但数据价值密度相对较低。如何结合业务逻辑并通过强大的计算机算法来挖掘数据的价值，这是大数据时代最需要解决的问题。

（5）Veracity：数据的准确性和可信赖度高，即数据的质量高。如果数据本身是虚假的，那么它就失去了存在的意义，因为任何通过虚假数据得出的结论都可能是错误的，甚至是相反的。

2）大数据的作用

（1）对大数据的处理与分析正成为新一代信息技术融合应用的结点。通过对不同来源的数据进行管理、处理、分析与优化，将创造出巨大的经济和社会价值。

（2）大数据是信息产业持续高速增长的新引擎。面向大数据市场的新技术、新产品、新服务、新业态会不断涌现。

（3）大数据将成为提高核心竞争力的关键因素。各行各业的决策正从"业务驱动"转变为"数据驱动"。数据分析可以使零售商实时掌握市场动态并迅速做出反应；可以为商家制定更加精准有效的营销策略并提供决策支持；可以帮助企业为消费者提供更加及时和个性化的服务。

（4）在大数据时代，科学研究的方法手段将发生重大改变，可通过实时监测、跟踪研究对象在互联网上产生的海量行为数据进行挖掘分析，揭示规律性的东西，提出研究结论和对策。

【知识拓展】

对大数据常见的两个误解

数据不等于信息。经常有人把数据和信息当作同义词来用，其实不然，数据指的是一个原始的数据点（无论是数字、文字、图片还是视频等），信息则直接与内容挂钩，需要有资讯性。数据越多，不一定就能代表信息越多，更不能代表信息就会成比例增多。有两个简单的例子，一是备份，如今很多人已经会定期对自己的硬盘进行备份了，而每次备份都会创造出一组新的数据，但信息并没有增多；二是多个社交网站上的信息，当人们接触到的社交网站越多，获得的数据就会成比例地增多，可获得的信息虽然也会增多，却不会成比例地增多，因为很多社交网站上的内容十分类似。

信息不等于智慧。通过技术手段可以去除数据中所有重复的部分，也可以整合内容类似的数据，可这样的信息对我们就一定有用吗？不一定，信息要能转化成智慧，至少要满足以下3个标准。

（1）可破译性。这可能是大数据时代特有的问题，越来越多的企业每天都会产生大量的数据却不知该如何利用，企业就将这些数据暂时以非结构化（unstructured）的形式存储起来，但这些非结构化的数据不一定可破译，因此不可能成为智慧。

（2）关联性。无关的信息，至多只是噪声。

（3）新颖性。例如，某电子商务公司通过一组数据/信息分析出了客户愿意为当天送货的产品多支付10元，接着又通过另一组完全独立的数据/信息得到了同样的内容。在这样的情况下，后者就不具备新颖性。因此，很多时候只有在处理了大量的数据和信息后，才能判断它们的新颖性。

4. 云计算

云计算是一种分布式计算技术，其通过网络将庞大的计算处理程序自动分拆成无数个较小的子程序，再交给由多部服务器组成的庞大系统，经搜寻、计算分析之后将处理结果回传给用户。云计算是一种资源交付和使用模式，其通过网络获得应用所需的资源（硬件、平台、软件）。提供资源的网络被称为"云"，"云"中的资源在使用者看来是可以无限扩展且可以随时获取的。通过这项技术，网络服务提供者可以在数秒之内处理数以千万计甚至亿计的信息，达到和"超级计算机"同样强大效能的网络服务。目前，云计算包含3个层次的内容：IaaS、PaaS和SaaS。

（1）IaaS（Infrastructure as a Service）：基础设施即服务，指把IT基础设施作为一种服务通过网络对外提供，并根据用户对资源的实际使用量或占用量进行计费的一种服务模式。

（2）SaaS（Software as a Service）：软件即服务，指通过网络提供软件服务。SaaS平台供应商将应用软件统一部署在自己的服务器上，客户可以根据实际工作需求，通过互联网向供应商订购所需的应用软件服务，按订购的服务多少和时间长短向供应商支付费用，并通过互联网获得 SaaS 平台供应商提供的服务。

（3）PaaS（Platform as a Service）：平台即服务，指把服务器平台或开发环境作为一种服务来提供的商业模式。

【数据视野】

云计算的实际应用

据天猫"双 11"实时交易数据显示，2020 年 11 月 1 日至 11 日，天猫"双 11"订单创建峰值达 58.3 万笔/秒。成功扛住大规模流量、支撑各大电商平台购物盛况的正是背后的阿里云、腾讯云等各大云计算服务平台（简称云平台）。有了云计算，用户可以不用关心机房建设、机器运行维护、数据库等 IT 资源建设，而可以结合自身需要，灵活地获得对应的云计算整体解决方案。阿里巴巴、腾讯、华为等行业领先企业在满足自身需求后，又将这种软硬件能力提供给有需要的其他企业。云平台的成本、安全和管理集约优势可以降低 IT 架构和系统构建的成本并按需提供弹性的 IT 服务。云计算已被广泛应用在互联网、金融、零售、政务、医疗、教育、文旅、出行、工业、能源等各个行业，并发挥了巨大作用。例如，铁路 12306 系统就使用阿里云平台支撑春运等购票峰值的 IT 需求，以保障系统在高峰期的稳定运行。另外，云计算也成了城市、政府和各行业数字化转型的基础支撑。当前，无论是电商平台，还是网上外卖平台、在线游戏中心、热点网站或工业互联网，都离不开云计算。

5. 数据挖掘

数据挖掘又称数据库中的知识发现（Knowledge Discover in Database，KDD），是目前人工智能和数据库领域研究的热点问题。所谓数据挖掘，是指从数据库的大量数据中揭示出隐含的、先前未知的，并有潜在价值的信息的非平凡过程。数据挖掘是一种决策支持过程，它主要基于人工智能、机器学习、模式识别、统计学、数据库、可视化技术等，高度自动化地分析企业的数据，并做出归纳性的推理，从中挖掘出潜在的模式，同时帮助决策者调整市场策略，减少风险，从而做出正确的决策。

利用数据挖掘进行数据分析的常用方法主要有分类、回归分析、聚类分析、关联规则、特征提取、偏差分析、Web 挖掘等。

1）分类

分类是在数据库中找出一组数据对象的共同特点，并按分类模式将其划分为不同的类。分类的目的是通过分类模型将数据库中的数据项映射到某个给定的类别。它可以应用到客户的分类、客户的属性和特征分析、客户满意度分析、客户的购买趋势预测等，如一个汽车零售商将客户按对汽车的喜好划分成不同的类，这样营销人员就可以将新型汽车的广告手册直接邮寄到有这种喜好的客户手中，从而增加商业机会。

2）回归分析

回归分析是确定两种或两种以上变量间相互依赖的定量关系的一种数据分析方法，其主要研究问题包括数据序列的趋势特征、数据序列的预测及数据间的相关关系等。它可以应用到市场营销的各个方面，如客户寻求、保持和预防客户流失活动、产品生命周期分析、销售趋势预测及有针对性的促销活动等。

3）聚类分析

聚类分析是把一组数据按相似性和差异性分为几个类别，其目的是使属于同一类别的数据间的相似性尽可能大、不同类别中的数据间的相似性尽可能小。它可以应用到客户群体的分类、客户背景分析、客户购买趋势预测、市场的细分等各个方面。

4）关联规则

关联规则是描述数据库中的数据项之间存在关系的规则，即根据一条记录中某些属性值的出现可导出另一些属性值在同一记录中也出现，即隐藏在数据间的关联或相互关系。在客户关系管理中，通过对企业的客户数据库里的大量数据进行挖掘，可以从中发现有趣的关联关系，找出影响市场营销效果的关键因素，为产品定位、定价与定制客户群、市场营销与推销、营销风险评估和诈骗预测，以及客户寻求、细分与保持等决策支持提供参考依据。

5）特征提取

特征提取是从一组数据中提取出关于这些数据的特征式，这些特征式表达了该组数据的总体特征。例如，营销人员通过对客户流失因素的特征提取，可以得到导致客户流失的一系列原因和主要特征，利用这些特征可以有效地预防客户流失。

6）偏差分析

偏差包括很大一类潜在有趣的知识，如分类中的反常实例、例外的模式、观察结果对期望的偏差等，其目的是寻找观察结果与参照量之间有意义的差别。在企业危机管理及其预警中，管理者更感兴趣的是那些意外规则。意外规则的挖掘可以应用到各种异常信息的发现、分析、识别、评价和预警等方面。

7）Web 挖掘

随着因特网的迅速发展及 Web 的全球普及，使得 Web 上的信息量无比丰富。通过对 Web 的挖掘，可以利用 Web 的海量数据进行分析，同时收集政治、经济、政策、科技、金融、各种市场、竞争对手、供求、客户等有关信息，然后集中精力分析和处理那些对企业有重大或潜在重大影响的外部环境信息和内部经营信息，并根据分析结果找出企业管理过程中出现的各种问题和可能引起危机的先兆，最后对这些信息进行分析和处理，以便识别、分析、评价和管理危机。

6. 数据质量

更好的数据意味着更好的决策，数据分析的前提就是要保证数据质量。因此，在数据分析和数据挖掘之前，必须完成数据质量的处理工作，其主要包括两方面：数据的集成和数据的清洗。关注的对象主要有原始数据和元数据两方面。

1）数据的集成

数据的集成主要解决信息孤岛的问题，其包括两方面：数据仓库对元数据的集成和元数据系统对不同数据源中的元数据的集成。相应地，数据质量管理也关注两方面：对数据仓库中真实数据的质量探查和剖析，以及对元数据系统中元数据的数据质量的检查。元数据的管理目标是整合信息资产、支撑数据在使用过程中的透明可视，以及提升数据报告、数据分析、数据挖掘的可信度。

2）数据的清洗

数据质量处理主要采用一些数据清洗规则来处理缺失数据、去除重复数据、去除噪声数据、处理异常但真实的数据，从而保证数据的完整性、唯一性、一致性、精确性、合法性和及时性。

【知识拓展】

元数据

元数据是信息的信息，指描述信息的属性信息。一个信息的元数据可以分为 3 类：固有性元数据指事物固有的、与事物构成有关的元数据；管理性元数据指与事物处理方式有关的元数据；描述性元数据指与事物本质有关的元数据。以摄像镜头为例，镜头的固有性元数据包括品牌、参数、类型、重量、光圈、焦距等信息；镜头的管理性元数据包括商品类型、上架时间及库存情况；镜头的描述性元数据包括用途和特色，如人文纪实和人像摄影。

▶▶ 1.1.2　电子商务数据分析的意义

1. 优化市场定位

电子商务企业要想在互联网市场中站稳脚跟，必须架构大数据战略，对外要拓宽电子商务行业调研数据的广度和深度，从数据中了解电子商务行业市场的构成、细分市场特征、消费者需求和竞争者状况等众多因素；对内企业要想进入或开拓某一区域电子商务行业市场，首先要进行项目评估和可行性分析，然后决定是否开拓某块市场，以最大化规避因市场定位不精准而给投资商和企业自身带来的毁灭性损失。市场定位对电子商务行业市场开拓非常重要，但是要想做到这一点，必须有足够的信息数据来供电子商务行业研究人员进行分析和判断。因此，数据的收集、整理就成了最关键的步骤之一。

在传统分析情况下，分析数据的收集主要来自统计年鉴、行业管理部门数据、相关行业报告、行业专家意见及属地市场调查等，而这些数据大多存在样品量不足、时间滞后和准确度低等缺陷，因此研究人员能够获得的有效信息非常有限，这使准确的市场定位存在着数据瓶颈。但在互联网时代，借助信息采集和数据分析技术不仅能够给研究人员提供足够的样本量和数据信息，而且能够建立基于大数据的数学模型并对企业的未来市场进行预测。

2. 优化市场营销

从搜索引擎、社交网络的普及到手机等智能移动设备，互联网上的信息总量正以极快的速度不断暴涨。每天的微博、微信、论坛、各电子商务平台等分享的各种文本、照片、视频、音频等信息高达几百亿甚至几千亿条，涵盖商家信息、个人信息、行业资讯、产品使用体验、商品浏览记录、商品成交记录、产品价格动态等海量数据。这些数据通过集成融合可以形成电子商务行业的大数据，其背后隐藏的是电子商务行业的市场需求、竞争情报。在电子商务行业市场营销中，无论是产品、渠道、价格还是客户，可以说每一项工作都与数据的采集和分析息息相关。

以下两个方面内容是电子商务行业市场营销工作的重中之重。

（1）对外：通过获取数据并加以统计分析来充分了解市场信息，以及掌握竞争者的商情和动态，知晓产品在竞争群中所处的市场地位，以达到"知己知彼，百战不殆"的目的。

（2）对内：企业通过积累和挖掘电子商务行业消费者数据，有助于分析消费者的消费行为和价值趋向，以便更好地为消费者服务和发展忠诚客户。

3. 助力电子商务企业的收益管理

收益管理起源于 20 世纪 80 年代，是谋求收入最大化的新经营管理技术，其意在把合适的产品或服务在合适的时间以合适的价格通过合适的销售渠道出售给合适的顾客，最终实现企业收益最大化目标。要达到收益管理的目标，需求预测、细分市场和敏感度分析是此项工作的三个重要环节，而这三个环节推进的基础就是数据分析。

（1）需求预测：通过数据统计与分析，采取科学的预测方法建立数学模型，使企业管理者掌握和了解电子商务行业的潜在市场需求、未来一段时间每个细分市场的产品销售量和产品价格走势等，从而使企业能够通过价格的杠杆来调节市场的供需平衡，同时针对不同的细分市场来实行动态的前瞻性措施，并在不同的市场波动周期以合适的产品和价格投放市场，获得潜在的收益。

（2）细分市场：为企业预测销售量和实行差别定价提供条件，其科学性体现在通过电子商务行业市场需求预测来制定和更新价格，使各细分市场的收益最大化。

（3）敏感度分析：通过需求价格弹性分析技术，对不同细分市场的价格进行优化，以最大限度地挖掘市场潜在的收入。

需求预测、细分市场和敏感度分析对数据的需求量很大，而传统的数据分析大多是采集企业自身的历史数据来进行预测和分析的，容易忽视整个电子商务行业的信息数据，因此预测结果难免存在偏差。企业在实施收益管理的过程中，在自有数据的基础上，依靠自动化信息采集软件来收集更多的电子商务行业数据，了解更多的电子商务行业市场信息，这对制定准确的收益策略、赢得更高的收益起到推进作用。

4. 协助创造客户新需求

差异化竞争的本质在于不停留在产品原有属性的优化上，而是创造产品的新属性。满足客户需求是前提，但创造客户新需求才是行业革命的必要条件。随着网络社交媒体的技术进步，公众分享信息变得更加便捷自由，微博、微信、点评网、评论版上众多的网络评论形成了交互性的数据，其中蕴藏了巨大的电子商务行业开发需求的价值，这些数据已经受到了电子商务企业管理者的高度重视。很多企业已把"评论管理"作为核心任务，其既可以通过客户评论及时发现负面信息进行危机公关，又可以通过对这些数据进行分析来挖掘客户需求，进而改良产品、提升客户体验。

1.2 电子商务数据分析的流程及原则

▶▶ 1.2.1 电子商务数据分析的流程

电子商务数据分析是基于商业目的并有目的地收集、整理、加工和分析数据，再提炼有价值的信息的过程。最初的数据可能杂乱无章且无规律，需要通过作图、制表和各种形式的整合来计算某些特征量，并探索规律性的可能形式。这时就需要研究用何种方式去寻找和揭示隐含在数据中的规律性。首先在探索性分析的基础上提出几种模型，再通过进一步的分析从中选择出所需的模型，最后使用数理统计方法对选定的模型或估计的可靠程度和精确程度做出推断。电子商务数据分析的流程如图 1.1 所示，具体如下。

图 1.1　电子商务数据分析的流程

1. 确定分析目的与框架

针对数据分析项目，首先要明确数据对象是谁、分析目的是什么、要解决什么业务问题，然后基于商业的理解，整理分析框架和分析思路。常见的分析目的有减少客户的流失、优化活动效果、提高客户响应率等。不同数据分析项目对数据的要求不同，使用的分析手段也不同。

2. 数据收集

数据收集是按照确定的数据分析框架内容，有目的地收集、整合相关数据的过程，它是数据分析的基础。数据收集的渠道包括内部渠道和外部渠道两类。内部渠道包括企业内部数据库、内部人员、客户调查，以及专家与客户访谈；外部渠道包括网络、书籍、统计部门、行业协会、展会、专业调研机构等。数据收集的常用方法包括观察和提问、客户访谈、问卷调查、集体讨论、工具软件等。

3. 数据处理与集成

数据处理与集成指对收集到的数据进行加工、整理，以便开展数据分析，它是数据分析前必不可少的环节。这个过程在整个数据分析过程中最占时间，但其在一定程度上保证了数据仓库的搭建和数据质量。数据处理方法主要是针对残缺数据、错误数据和重复数据进行的清洗和转化。

4. 数据分析

数据分析指通过分析手段、方法和技巧对准备好的数据进行探索分析，从中发现因果关系、内部联系和业务规律，从而为企业提供决策参考。到了这个环节，要想驾驭数据、开展数据分析，就要涉及工具和方法的使用。一要熟悉常规数据的分析方法，最基本的要了解方差、回归、因子、聚类、分类、时间序列等数据分析方法的原理、使用范围、优缺点和对结果的解释；二要熟悉数据分析工具，如 Excel、SPSS、Python、R 语言等，以便进行专业的统计分析、数据建模等。

5. 数据可视化

一般情况下，数据分析的结果是通过图表等可视化的方式来呈现的。借助数据可视化工具，数据分析师和管理者能直观地表达要呈现的信息、观点和建议。常用的图表类型包括饼图、柱形图、条形图、折线图、散点图、雷达图、矩阵图、漏斗图等。

6. 撰写数据分析报告

最后一个环节是撰写数据分析报告。数据分析报告可以把数据分析的目的、过程、结果及方案完整地呈现出来，以供企业参考。一份好的数据分析报告，首先要有一个好的分析框架，并且该框架层次明晰、结构完整、主次分明，可使读者正确理解报告的内容；其次要图文并茂，使数据生动活泼，提高视觉冲击力，有助于读者形象、直观地看清问题和结论，从而产生思考；最后要有明确的结论、建议和解决方案。

►► 1.2.2　电子商务数据分析的原则

1. 科学性

科学方法的显著特征是数据的收集、分析和解释的客观性。电子商务数据分析要具有同其他科学方法一样的客观标准。

2. 系统性

数据分析不是单个资料的记录、整理或分析活动，而是一个周密策划、精心组织、科学实施，并由一系列工作环节、步骤、活动和成果组成的过程。完整的数据分析过程应包含确定分析目的与框架、数据收集、数据处理与集成、数据分析、数据可视化和撰写数据分析报告六个环节。

3. 针对性

无论是基础的数据分析方法，还是高级的数据分析方法，不同的数据分析方法都会有它的适用领域和局限性。例如，行业宏观分析时采用 PEST 模型（P——Politics，E——Economy，S——Society，T——Technology）；用户行为分析时使用 5W2H 模型（5W——What、Why、Who、When、Where，2H——How、How Much）；客户价值分析时采用 RFM 模型［最近一次消费（Recency）、消费频率（Frequency）、消费金额（Monetary）］；销售推广分析时常采用多维指标监测等。根据分析目标选择适合的分析方法与模型才能保证分析的准确性与有效性。

4. 实用性

电子商务数据分析是为企业决策服务的，因此在保证其专业性和科学性的同时，不能忽略其现实意义。在进行数据分析时，还应考虑指标可解释性、报告可读性、结论的指导意义与实用价值。

5. 趋势性

市场所处的环境是不断变化的，在进行电子商务数据分析时，要以发展的眼光来看待问题，眼光不能局限于当前现状与滞后指标，要充分考虑社会宏观环境、市场变化与先行指标。

1.3　电子商务数据分析的主要任务

电子商务数据分析的主要任务分为行业分析、客户分析、产品分析及运营分析四类。

▶▶ 1.3.1 行业分析

行业分析通常由营销、运营岗位完成，该岗位可设置在营销部、运营部，其与数据开发部、公司战略管理部等均有配合及合作。行业分析流程包括行业数据采集、市场需求调研、产业链分析、细分市场分析、市场生命周期分析、行业竞争分析等。

1. 行业数据采集

根据行业特性确定数据指标筛选范围，然后做出符合业务要求的数据图表模板；整合行业数据资源，使用合适的方式收集数据并完成数据图表的制作。

2. 市场需求调研

通过客户行为、行业特性及业务目标要求设计调研问卷；通过网络调研、深度访谈等方法发放与回收调研问卷；通过 Excel 等数据处理工具对回收的调研问卷进行数据清洗，从而得到可靠的样本数据。

3. 产业链分析

通过对行业中供应商、制造商、经销商、客户等环节之间交互关系的分析，绘制交互关系示意图；通过对前期的市场需求调研及交互关系的分析，制作产业链的合理性评估表。

4. 细分市场分析

根据细分市场历史数据确定相应的优势细分市场，并编制优势细分市场列表；根据产品特点和消费者需求关联目标细分市场，并编制关联目标细分市场列表；通过定性与定量的分析方法进行匹配度分析，并编制消费者与产品匹配度列表。

5. 市场生命周期分析

根据细分市场历史数据判定该细分市场所处的生命周期；通过行业资讯、领域专家意见，以及细分市场历史数据确定该细分市场所处生命周期中的机遇与挑战；根据细分市场所处生命周期给出改善建议。

6. 行业竞争分析

通过网络等渠道进行同类企业市场信息收集，并进行同类企业与本企业市场相关性与差异性的分析，同时编写市场差异性分析报告；通过 SWOT 分析法（Strengths、Weaknesses、Opportunities、Threats）分析自身企业的机遇与挑战，并编制 SWOT 分析图表。

▶▶ 1.3.2 客户分析

客户分析通常由客户运营岗位完成。该岗位设置在运营部，与市场部、品牌部、策划部、客服部、设计部、物流部等均有配合及合作。客户分析流程包括客户数据收集、客户特征分析（客户画像）、客户行为分析、客户价值评估、目标客户精准营销（营销策略制定和资源配置）、销售效果跟踪等。

1. 客户数据收集

了解 B 端（企业端）及 C 端（消费者端）的不同客户数据收集渠道；熟悉公司品牌及产品定位、客户定位，以及各业务部门的客户数据需求；根据客户的访问、浏览、购买、评价等行为数据对客户数据属性标签进行收集、整理；熟练运用 Excel、客户关系管理（Customer Relationship Management，CRM）、评价分析、舆情监控等客户数据收集分析工具（软件）；利用问卷、调研等数据收集方法收集客户数据，并对数据进行清洗和处理。

2. 客户特征分析

了解 B 端及 C 端的客户行为属性区别；根据客户的购买行为、购买地域、购买金额、购买次数等对客户进行特征分析；熟悉地域、性别、年龄等客户基础属性，并据此进行相关归类和分析；借助 Excel、CRM 等工具对客户特征进行挖掘分析及梳理。

3. 客户行为分析

对客户的评价行为、购买趋势、购买喜好、营销喜好、产品喜好等行为进行分析；根据客户行为分析制定不同渠道的内容模式，挖掘客户接受度较高的营销方式。

4. 客户价值评估

分析 B 端及 C 端的客户价值行为；熟悉客户特征、回购率、客单价、地域等客户行为分析的概念和行为价值；了解各业务部门对客户数据的需求，基于需求挖掘客户价值并进行相关价值评估。

5. 目标客户精准营销

熟悉 B2B 及 B2C 平台的区别，了解 B 端及 C 端不同平台的客户精准分析、营销策略及营销规则工具；熟悉各电子商务平台的客户推广营销渠道及推广方法；掌握消费者心理，基于推广渠道，了解短信、电子邮件、自媒体、直播等营销渠道，并制订各渠道的精准推广计划；根据制订的推广计划协调公司相关资源，最终完成营销计划的投放。

6. 销售效果跟踪

熟悉营销回购率、转化率、投资回报率等指标；对各渠道的客户营销数据进行总结、分析、对比，输出各渠道的销售效果报告，调整各渠道的客户运营策略；跟踪各渠道的销售效果及投资回报率，给各业务部门提出业务建议，并协助各渠道进行客户营销模式的调整。

▶▶ 1.3.3 产品分析

产品分析通常由产品、客服运营岗位完成。该岗位设置在产品部、运营部、客服部，与设计部、美工部、生产部等均有配合及合作。产品分析流程包括竞争对手分析、客户特征分析、产品需求分析、产品生命周期分析、客户体验分析，最后通过调研报告形成合理化建议，对产品开发及市场走向进行预测。

1．竞争对手分析

通过分析目标客户、定价策略、市场占有率等，确定竞争对手；对竞争对手的价格、产品、渠道、促销等方面进行数据调研、归纳、整理；通过 SWOT 分析法得出竞争对手的产品及自身产品的优劣势。

2．客户特征分析

根据研究目的确定典型客户特征的分析内容；做好客户年龄、地域、消费能力、消费偏好等数据的收集与整理工作；通过 Excel 等工具分析客户数据，赋予不同的人群标签。

3．产品需求分析

根据典型客户特征分析结果，收集客户对产品需求的偏好；通过整理、分析客户对产品需求的偏好，提出产品开发的价格区间、功能卖点、产品创新、包装物流等建议，并通过产品的不断升级和迭代，提高客户对产品及品牌的持久黏性。

4．产品生命周期分析

利用 Excel 等工具汇总产品部、运营部、客服部等的产品销售数据；密切监控季节、气温、地域等因素对产品销售周期性数据的变化及波动的影响；协助指导采购、生产等部门合理安排采购及生产计划。

5．客户体验分析

通过客户访谈或工具软件收集并了解客户体验现状；跟踪和分析客户对产品的反馈，监测产品使用状况并及时提出改进方案；识别客户痛点及发现市场，组织有价值的典型客户参与产品设计，并评估产品价值及客户体验。

▶▶ 1.3.4　运营分析

运营分析通常由产品、客服岗位完成。该岗位设置在产品部、运营部、客服部，与设计部、美工部、生产部等均有配合及合作。运营分析流程包括销售数据分析、推广数据分析、客服数据分析。

1．销售数据分析

通过评估历史销售数据等进行企业销售目标的定位；通过市场调研来归纳、整理调研数据，并设计销售指标；运用 Excel 等工具或调用平台数据，制定销售业绩、价格体系、区域布局、产品结构、销售业绩异动等指标；通过建立多维报表，明确销售任务，得出整体销售分析指标；

通过内部报告系统或数据采集工具获取销售数据；通过与客服部的沟通获取销售反馈信息。对数据进行清洗和整理，以保证数据的有效性和完整性；对整体销售情况进行分析，包括销售额分析、销售量分析、季节性分析、产品结构分析、价格体系分析；对销售区域进行分析，包括区域分布分析、重点区域分析、区域销售异动分析；对产品线进行分析，包括产品系列结构分布分析、产品-区域分析；对价格体系进行分析，包括价格体系构成分析、价格-产品分析、价格-区域分析。根据既往数据进行预测，包括总体销售预测、区域销售预测、季节性销售变化预测；对电子商务平台特有的指标，如客户流失率、客单价、跳失率等进行分析及预测（具体指标参见附录 A）；对数据可视化方案进行设计，结合业务场景设计出实用的可视化方案，并应用可视化方案对已分析出的销售数据结果进行展现。

2. 推广数据分析

通过公司现有商务推广数据及公司现状、商品维度、外部竞争数据等确定数据分析的目标；根据数据分析目标和公司现有商务推广数据，制定分析原则和分析策略；根据数据分析目标、分析原则和分析策略，确定详细的分析步骤及时间规划；根据整体规划划分阶段目标，通过 Excel 及 PPT 等分析汇报工具规划分析方案。根据具体推广业务和推广方式，对数据进行合并或拆分操作，以便对数据进行分析；根据业务和分析工具，对数据进行标准化、归一化操作或对定性数据进行量化操作；根据现有推广数据，分析各种推广方式、推广渠道对不同人群的推广效果；对适合不同人群的推广方式和推广渠道，提出合理的推广建议；根据现有推广数据，分析各种推广方式、推广渠道的整体效果，并对分析出的各种推广渠道整体效果进行可视化展现。

3. 客服数据分析

根据企业目标、运营过程、历史数据、企业环境等进行分析目标设计；通过调研企业领导及各层次人员，收集历史数据及其递增幅度，定义成本、人员留存、营业利润、人均销售收入等指标，以达到提升运营质量、降低成本、开展精准营销等企业目标；将具体的问题抽象成指标，以达成特定目标；通过收集基本数据，计算成本、网站成交额、买家评价率、退款完结率等指标；通过数据分析工具，分析转化率、响应时间、销售额等指标，以及售前、售中、售后指标，并将数据结果以图表的方式展现给客户。

本章知识小结

本章主要介绍了电子商务数据分析的基本原理，包括电子商务数据分析的相关概念、意义、流程、原则、主要任务。电子商务数据分析能帮助企业实现由产品驱动向数据驱动转型。电子商务数据分析包括确定分析目的与框架、数据收集、数据处理与集成、数据分析、数据可视化、撰写数据分析报告六个环节，兼具科学性、系统性、针对性、实用性和趋势性的原则。电子商务数据分析的主要任务可以归纳为行业分析、客户分析、产品分析和运营分析 4 类。

本章考核检测评价

1. 判断题

（1）数据分析只有有了大数据才能进行。
（2）在进行 EDA 分析之前，一般都有预先设定的模型，侧重于已有假设的证实或证伪。
（3）数据分析是为了提取有用信息和形成结论而对数据加以详细研究和概括总结的过程。
（4）数据越多，代表信息就越多。
（5）CDA 指对已有的数据在尽量少的先验假定下进行探索，侧重于在数据之中发现新的特征。

2. 单选题

（1）电子商务数据分析的流程依次是（ ）。
  A．确定目的与框架、数据收集、数据处理与集成、数据分析、数据可视化、撰写报告
  B．确定目的与框架、数据处理与集成、数据收集、数据分析、数据可视化、撰写报告
  C．确定目的与框架、数据收集、数据处理与集成、数据可视化、数据分析、撰写报告
  D．确定目的与框架、数据可视化、数据收集、数据处理与集成、数据分析、撰写报告
（2）在数据收集阶段，内部渠道不包括（ ）。
  A．顾客的购买记录   B．客户访谈
  C．客户问卷调查   D．产品展销会
（3）（ ）数据分析指对已有的数据在尽量少的先验假定下进行探索，侧重于在数据之中发现新的特征。
  A．探索性   B．验证性   C．定性   D．客观
（4）电子商务数据分析的原则不包括（ ）。
  A．针对性   B．实用性   C．高效性   D．系统性
（5）（ ）分析是把一组数据按相似性和差异性分为几个类别。
  A．回归   B．分类   C．聚类   D．关联

3. 多选题

（1）在电子商务数据分析流程中，数据处理与集成阶段的处理对象包括（ ）。
  A．残缺数据 B．错误数据 C．重复数据 D．外部数据
（2）电子商务数据分析的主要任务包括（ ）。
  A．行业分析 B．客户分析 C．产品分析 D．运营分析
（3）元数据可以分为（ ）。
  A．固有性元数据 B．操作性元数据 C．描述性元数据 D．管理性元数据
（4）（ ）是大数据的特点。
  A．规模性 B．有效性 C．多样性 D．高速性

（5）云计算包括的层次有（　　）。

A．IaaS　　　　　　B．PaaS　　　　　　C．MaaS　　　　　　D．SaaS

4. 简答题

（1）简述数据分析的含义。

（2）简述大数据的作用。

（3）简述电子商务数据分析的基本流程。

（4）简述电子商务数据分析的原则。

（5）简述电子商务数据分析的主要任务。

5. 案例题

矿泉水是传统快消品（快速消费品）类目销量最大的商品之一。农夫山泉公司在全国有十多个水源地。一瓶超市售价为 2 元的 550ml 饮用水，其中 3 毛钱花在了运输上。自 2011 年起，农夫山泉公司对接 SAP 的创新性数据库平台 SAP HANA，同等数据量的计算速度从过去的 24 小时缩短到了 0.67 秒，近乎实时计算的结果使农夫山泉公司实现了精准的物流成本管控。农夫山泉公司在全国范围内的 10 000 多名业务员每天将采集到的图片、视频、声频传回杭州总部，有了强大的数据分析能力进行支持，近年来农夫山泉公司保持着 30%～40%的年零售额增长率。根据上述案例思考以下问题：

（1）农夫山泉公司在采集数据时使用了什么方法？

（2）农夫山泉公司在分析数据时使用了什么工具？

（3）数据分析对推动企业发展有什么作用与意义？

第2章

电子商务数据分析模型

【章节目标】

1. 了解电子商务数据分析模型的概念和应用步骤
2. 掌握 PEST 模型、5W2H 模型、逻辑树模型
3. 重点掌握漏斗模型

【学习重点、难点】

1. PEST 模型、5W2H 模型、逻辑树模型的概念
2. 根据电子商务运营数据计算和展现漏斗模型

【案例导入】

基于 SWOT 分析的辽宁省企业电子商务发展策略研究

城市电子商务发展是一项系统工程,通过数据调研结果分析辽宁省企业电子商务发展现状,运用 SWOT 分析法,对辽宁省企业电子商务发展具有的优势与劣势、面临的发展机遇与挑战进行系统分析,构建 SWOT 矩阵,提出了辽宁省企业电子商务发展的 4 种策略。

（1）SO 策略:利用区位优势,发展跨境电子商务,加快工业生产创新,建立电子商务培养基地,加强区域合作。

（2）WO 策略:引进成功电子商务企业的同时大力培育本土电子商务企业,推动大型企业建立行业化的电子商务平台,带动产业链上下游企业发展,完善电子商务高级人才引进机制。

（3）ST 策略:发挥区位优势,积极发展农村电子商务,开拓各行业线上线下融合创新模式,有效应对各地区抢占电子商务市场的竞争状况。

（4）WT 策略:加大财政支持力度和人才引进力度,鼓励小微企业创新创业,加强物流基础设施建设。

通过上述 SWOT 战略组合对辽宁省企业电子商务的发展战略有了更加清晰的认识与把握,对于提升辽宁省对外发展水平,提高城市竞争力,推动老工业基地新一轮全面振兴具有重要的指导意义。

上述案例给我们带来怎样的启示？SWOT 模型是战略管理的重要工具之一。数据分析模型

的基本流程包括：通过对问题进行整理分析，明确分析思路，设计分析框架，运用具体方法进行分析，最后得到的结论可为电子商务决策提供辅助支持。

案例来源：祁宁. 基于 SWOT 分析的辽宁省企业电子商务发展策略研究[J]. 辽宁经济，2017（02）：48-51.

随着电子商务的快速发展，其处理过程需要对大量的数据进行采集、存储和分析。数据分析模型是数据分析的基石，通过搭建数据分析模型，并根据模型中的内容，具体细分到不同的数据指标进行细化分析，最终得到想要的结果或结论。所谓数据分析模型，就是将研究对象进行一种抽象，通过明确范围（从哪些方面、内容或指标）及角度开展数据分析，进而研究因素之间相互依赖且相互制约的关系。要进行一次完整的数据分析，首先要明确分析思路，如从哪几个方面开展数据分析，各方面都包含什么内容或指标；其次要设计出分析框架，根据框架中包含的内容，再运用具体的分析方法进行分析。通过数据分析模型进行研究，其优势在于：理顺分析思路，确保数据分析结构体系完整；把问题分解成相关联的部分，能体现复杂问题的内在关系；为后续数据分析的开展指引方向；确保分析结果的有效性和正确性。

在市场营销和管理学领域存在大量的分析模型，其中 PEST 模型、SWOT 模型、5W2H 模型、逻辑树模型、4P 与 4C 理论、漏斗模型都非常适用于电子商务数据分析。SWOT 模型、4P 与 4C 理论在管理学和营销学课程中已有讲解，本书将详细介绍其他 4 类数据分析模型。

2.1 PEST 模型

▶▶ 2.1.1 PEST 模型的主要内容

PEST（P 表示政治，E 表示经济，S 表示社会，T 表示技术）模型是对企业所处宏观环境进行分析的模型。

1. 政治环境

政治环境指一个国家的社会制度、执政党性质，以及政府的方针、政策、法令等。不同的国家有不同的社会性质，不同的社会制度对组织活动有不同的限制和要求。即使社会制度不变的同一国家，在不同时期，由于执政党的不同，其政府的方针特点、政策倾向对组织活动的态度和影响也是不断变化的。政治环境的关键指标包括政治体制、经济体制、财政政策、税收政策、产业政策、投资政策、专利数量、国防开支水平、政府补贴水平、民众对政治的参与度等。

2. 经济环境

经济环境分为宏观和微观两个方面：宏观上指一个国家的人口数量及其增长趋势、国民收入、国民生产总值及变化情况，这些指标反映了国民经济的发展水平和发展速度；微观上指企业所在地区的消费者的收入水平、消费偏好、储蓄情况、就业程度等因素，这些因素决定了企业目前及未来的市场大小。经济环境的关键指标包括 GDP 及增长率、进出口总额及增长率、利率、汇率、通货膨胀率、消费价格指数、居民可支配收入、失业率、劳动生产率等。

3. 社会环境

社会环境指一个国家或地区的居民的文化水平、宗教信仰、风俗习惯、审美观念、价值观等。文化水平会影响居民的需求层次；宗教信仰和风俗习惯会影响（禁止或抵制）某些活动的进行；价值观会影响居民对组织目标和组织活动的认可；审美观念会影响人们对组织活动的内容、方式及活动成果的态度。社会环境的关键指标包括人口规模、性别比例、年龄结构、出生率、死亡率、种族结构、妇女生育率、生活方式、购买习惯、教育状况、城市特点、宗教信仰状况等。

4. 技术环境

技术环境除要考查与企业所处领域直接相关的技术手段的发展变化之外，还应及时了解国家对科技开发的投资和支持重点、该领域技术发展动态和研究开发费用总额、技术转移和技术商品化速度，以及专利及其保护情况等。技术环境的关键指标包括新技术的发明和进展、技术折旧和报废速度、技术更新速度、技术传播速度、技术商品化速度、国家重点支持项目、国家投入的研发费用、专利个数、专利保护情况等。

▶▶ 2.1.2　基于 PEST 理论的案例分析

PEST 多用于分析行业、企业的宏观环境变化。行业、企业的 PEST 分析图如图 2.1 所示。

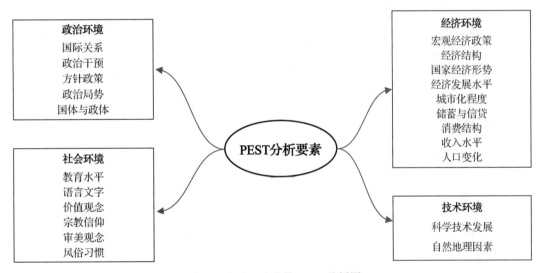

图 2.1　行业、企业的 PEST 分析图

下面以发展纺织品跨境电子商务为例进行 PEST 分析。

纺织业在中国的发展历史久远，属于传统产业，国内有较大的纺织品需求量，同时国外市场对中国纺织品的依赖度较高。但是由于受近年来经济危机的影响，纺织品外部市场开始呈现萎缩状态，各个国家为了保护当地纺织业不受中国市场的冲击，不断提高贸易壁垒。中国虽然具有较为完整的产业链,但是行业内竞争激烈,导致纺织品同质化问题严重。近年来,跨境电子商务的快速发展为中国纺织业转型升级指明了方向。以中国轻纺城为例,通过从纺织业跨境电子商务发展的宏观环境出发,运用 PEST 模型探讨发展纺织业跨境电子商务外部环境的变化。

1. 政治层面

1)国家层面的政策支持

从近十年来国家陆续发布的电子商务政策和法规中进行分析。在 2011 年之前,政策多集中于电子商务发展规划,着力于推动电子商务行业的健全发展。在 2011 年之后,发展的核心点侧重于跨境电子商务。2013 年,国务院办公厅发布的《关于实施支持跨境电子商务零售出口有关政策的意见》中明确指出发展跨境电子商务对提高国际市场份额、转变国内生产结构具有深远意义。跨境电子商务与现代化信息服务业相结合,跨境电子商务的商品将经过更加精细地划分和营销,有利于产品品质的提高。国务院办公厅于 2015 年发布的《关于促进跨境电子商务健康快速发展的指导意见》中指出,如今国家财政体系支持企业开展相关的跨境电子商务项目,并优化海关监控、规范跨境电子商务的经营行为、完善电子商务的出口结算和税收政策,同时积极提供财政金融支持。2018 年,财政部、海关总署、税务总局共同发布《关于完善跨境电子商务零售进口税收政策的通知》,旨在促进跨境电子商务零售进口行业的健康发展,营造公平竞争的市场环境。

2)地方层面的政策支持

国家层面的跨境电子商务多集中于从宏观角度进行阐述,并未细分至各个行业,地方层面的跨境电子商务政策多集中于当地支柱性产业。以中国轻纺城为例,中国轻纺城是绍兴纺织企业销售集聚地,其产业链完整,市场销售大约占中国成品布料市场销售量的 30%~40%,并且中国轻纺城的电商平台的发展十分快速。绍兴市政府为了使当地的纺织产业与现代电子商务相结合,不断推出相关的政策,如发布《关于进一步促进电子商务发展的若干意见》《绍兴市电子商务发展规划》《绍兴市人民政府关于加快绍兴市电子商务发展的实施意见》,旨在推动当地特色重点产业和电子商务相结合,以求更快更好地发展。

2. 经济层面

1)产业经济基础方面

中国轻纺城所在的柯桥区 2018 年产业结构为 2.8∶53.7∶43.5,工业处于绝对优势地位的同时,服务业规模也在不断地提高。其中,规模化的纺织业实现产值已达到 2200 亿元,各类纺织品企业近万家,印染布产量占全国的 1/3,坯布产量占全球的 1/4。同时,中国轻纺城有常驻境外采购商 5000 余人,境外代表机构千余家,全球约有 1/4 的面料在此交易。

2)产业结构方面

中国轻纺城虽然拥有纺织品产量巨大、规模大、设备和工业技术先进等优势,但是产业结构不合理导致其低价竞争、利润率不断下滑、产品同质化严重、创新不足、产能过剩、品牌意识薄弱,阻碍了纺织业的可持续发展。通过电子商务的发展可促进产业结构优化、资源合理配置、产品质量提高,同时中国轻纺城的跨境电子商务有利于其他产业结构的同步升级,如推动纺织品相关行业的电子支付、信息内容服务、物流配送等相关现代服务业和电子信息制造业的发展。

3. 社会层面

1）消费者生活方式的变化

随着互联网技术的发展，网络购物成为主要生活方式之一。网络购物能使消费者处于虚拟经济环境中，他们可自由选择和购买需要的商品，从而不断降低信息的不对称性，拉近消费者和商家的距离。纺织品跨境电子商务的主要特点为全球化、个性化、低成本化。境外消费者通过跨境电子商务对纺织品进行全球化搜索，其产品不再局限于周边市场。通过跨境电子商务，客户可以与商家充分协商，根据要求设计纺织品的面料、色度、长短等，使其更易于满足客户的个性化需求。同时，由于跨境电子商务的发展，纺织品贸易中的搜索成本、协商成本、决策成本都有不同程度的下降，尽管存在跨境物流成本、法律风险等多方面的制约，但消费者可以在权衡后进行消费选择，因此跨境电子商务对纺织品消费起到了极大的促进作用。

2）人口因素方面

中国轻纺城的纺织业在本质上为劳动密集型产业，而跨境电子商务为传统生产和现代服务业相结合。近年来，劳动力成本的上升成为粗放式纺织业发展的一大障碍。同时，中国轻纺城的电商基础薄弱、专业人才缺乏也成为阻碍电商产业发展的重要问题。

4. 技术层面

虽然传统制造业并未随网络技术的发展而消失，但其局限性日益明显。将制造业与现代化服务业结合可突破这一局限性。随着互联网技术的发展，"互联网+贸易"日益重要，跨境电子商务就是其中的一种形式。企业双方或企业与个人通过互联网平台进行贸易、信息传递、资料保存等可提高效率和便利性。传统的信息单向传递向双向互动性转变，使企业运营成本进一步降低，采购、配送、售后服务更加完善。对于中国轻纺城来说，在综合化电商渠道成熟之际，垂直化电商平台正成为电商行业发展的新动力。中国轻纺城培育了如网上轻纺城、中纺交易网等专业的电商平台，迅速提高了当地纺织业的核心竞争力。

2.2 5W2H 模型

▶▶ 2.2.1 5W2H 模型的核心要素

5W2H 模型又叫七问分析法，其由第二次世界大战中美国陆军兵器修理部首创。5W2H 模型针对 5 个 W（Why、What、Who、When、Where）及 2 个 H（How、How much）提出 7 个关键词，然后进行数据指标的选取，再根据选取的数据指标进行分析。

（1）Why：为什么？为什么要这么做？理由何在？原因是什么？

（2）What：是什么？目的是什么？做什么工作？

（3）Who：谁？由谁来承担？谁来完成？谁负责？

（4）When：何时？什么时间完成？什么时机最适宜？

（5）Where：何处？在哪里做？从哪里入手？

（6）How：怎么做？如何提高效率？如何实施？方法是什么？

（7）How much：多少？做到什么程度？数量如何？质量水平如何？费用产出如何？

5W2H 模型是用户行为分析和业务场景分析的常用模型。5W2H 模型的优势：简单、方便，易于理解和使用，富有启发意义；可以准确界定问题、清晰表述问题，提高工作效率；可以有效掌控事件的本质，完全抓住事件的主骨架；有助于思路的条理化，杜绝盲目性；有助于全面思考问题，从而避免在流程设计中遗漏项目。

2.2.2　5W2H 模型的应用步骤

1. 设计相关问题

（1）Why：为什么采用这项技术？为什么停用？为什么变成红色？为什么要做成这种形状？为什么以机器代替人力？为什么产品的制造要经过这么多环节？为什么非做不可？

（2）What：条件是什么？哪一部分工作要做？目的是什么？重点是什么？与什么有关系？功能是什么？规范是什么？工作对象是什么？

（3）Who：谁来办最方便？谁会生产？谁是顾客？谁被忽略了？谁是决策人？谁会受益？

（4）When：何时完成？何时安装？何时销售？何时是最佳营业时间？工作人员何时最容易疲劳？何时产量最高？何时完成最适宜？需要几天才算合理？

（5）Where：何处最适宜某物生长？何处生产最经济？从何处购买？何处可以作为销售点？安装在何处最合适？何处有资源？

（6）How：怎么做最省力？怎么做最快？怎么做效率最高？怎么改进？怎么得到？怎么避免失败？怎么谋求发展？怎么增加销路？怎么达到效率？怎么才能使产品更加美观大方？怎么使产品用起来更方便？

（7）How much：功能指标达到多少？销售量为多少？成本为多少？输出功率为多少？效率为多少？尺寸为多少？质量为多少？

2. 找出主要优缺点

如果现行的做法或产品经过 7 个问题的审核已无懈可击，那么认为这一做法或产品可取。如果 7 个问题中有一个问题的答复不能令人满意，那么表示这一做法或产品在这方面有待改进。如果哪方面的答复有独创的优点，那么可扩大做法或产品在这方面的效用。

3. 设计新产品

克服原产品的缺点，扩大原产品独特优点的效用，实现产品的升级换代或开发新产品。

2.2.3　5W2H 模型的应用案例

S 平台是中国排名前五位的电商平台，其销售各种电子产品。M 品牌电热水器想要入驻 S 平台，而 S 平台是否要经销 M 品牌的电热水器？下面应用 5W2H 模型进行谈判与决策。

M 品牌电热水器销售经理对 S 平台入驻审核负责人的 5W2H 回答如下。

What：M 品牌是美国销量第一的热水器品牌，其进入中国市场已三年，市场销售平淡，已投资 8000 万美元在中国建设生产基地，并根据中国住房的特点改进了产品外观及性能。M 品牌的电热水器产品种类齐全，从超薄实用型到家庭供（暖）水中心级的产品一应俱全，而且产品具有耗电量低、储热时间长等优点。

Who：M 品牌的目标消费群从单身贵族到白领之家，主要以中高收入的都市白领人群（月入 10 000～20 000 元）为主要对象。因此，其品牌风格是都市化、时尚化的，产品外观设计也极为精致。

Where：M 品牌的现有渠道模式分为两种，一种是各大商场、电器连锁店、专卖店的店铺式终端销售，另一种是与高档住宅捆绑销售渠道，即直接装入在建住房的卫生间捆绑销售。

When：2019 年，M 品牌的销售目标是建立 15 个终端专柜、2～4 个形象店、5 万户消费者数据库系统，实现 8000 万元销售额。

Why：M 品牌从产品设计到定价、宣传等都是以都市白领为对象的，因为这类消费群更注重生活的方便性及家居的美观性。M 品牌的产品比市场上其他的燃气热水器、太阳能热水器能更好地满足目标消费群的需求，尤其是 M 品牌电热水器的创新隔电安全技术，强调产品外观美学的造型，解决了过去电热水器粗大笨重的弊病，有更强的吸引力。

How：为配合网络销售渠道开发，M 品牌可提供专业客服及网络渠道销售代表，并由 M 品牌市场部免费培训；积极参加 S 平台组织的全年度各类大型的打折促销活动；建立企业门户网站并与 S 平台连接；寻找合适的品牌代言人，并积极参与 S 平台的网络直播活动等。

How much：预计全年投入各类促销推广费用 2000 万元，用以支持 S 平台电商销售渠道建设、品牌宣传及促销活动。关于产品价格，M 品牌承诺给 S 平台的价格不高于同行经销商，并争取给 S 平台更多的贸易优惠条件。

经过上述谈判，S 平台充分了解了 M 品牌想入驻 S 平台的规划与设计思路，再结合对 M 品牌投资的确实性、人员的专业化程度及营销组织性质的考查后，可以做出经销 M 品牌电热水器的决策。

2.3 逻辑树模型

▶▶ 2.3.1 逻辑树模型的基本内容

逻辑树又称问题树、演绎树或分解树，是分析问题常用的工具之一。它将问题的所有子问题分层罗列，从最高层开始，逐步向下扩展。把一个已知问题当成树干，然后开始考虑这个问题和哪些问题有关；每想到一点，就给这个问题所在的树干加一个树枝，并标明这个树枝代表什么问题。一个大的树枝上还可以有小的树枝，以此类推，最后找出与问题相关的所有项目。构建逻辑树模型要遵守以下 3 种原则。

（1）要素化：把相同问题总结归纳成要素。

（2）框架化：将各要素组成框架，并遵守不重不漏原则。

（3）关联化：框架内的各要素保持必要的相互联系，简单而不孤立。

逻辑树模型既能帮助厘清思路，避免进行重复和无关的思考，又能保证解决问题的完整性，将工作细化成便于操作的具体任务，以确定各部分的优先顺序，明确责任到人。

▶▶ 2.3.2 三种逻辑树

常用的逻辑树主要有议题树、假设树和是否树三种类型。这三种逻辑树基本可以应对所有问题类型。

1. 议题树

当对问题不了解或需要对问题进行全面分解以确保不遗漏任何一个方面时，可以使用议题树，即在解决问题的初始阶段使用议题树。议题树的主要形式是先提出一个问题，然后将这一问题细分为多个与其内在逻辑相联系的副议题。议题树结构如图 2.2 所示。构建议题树的注意事项：相邻层级具有内在逻辑上的直接联系；同一层级上的内容需要满足相互独立、完全穷尽的原则。这样构建的议题树是完整展现了所有不同原因、结构化的逻辑树。议题树的特点在于它比较可靠，但是实施的过程比较缓慢，通常用在解决问题的初期阶段。

2. 假设树

当对问题已经有了较为充足的了解，并针对问题提出了某种假设的解决方案且需要验证假设是否成立时，应该采用假设树，即假设树用于验证假设。假设树的主要形式是先假设一种解决方案，然后通过已有的论据对该方案进行证明。对于某种假设方案，只有当所有论点都支持该方案时，该假设方案才可以得到验证，否则会被推翻，如图 2.3 所示。对于每一个论点都可以进行分解，直至分解到可以被基本假设证实或证伪为止。假设树的特点在于它的处理方式比议题树更快，解决问题的效率更高，通常用在对问题已有了足够解的阶段。

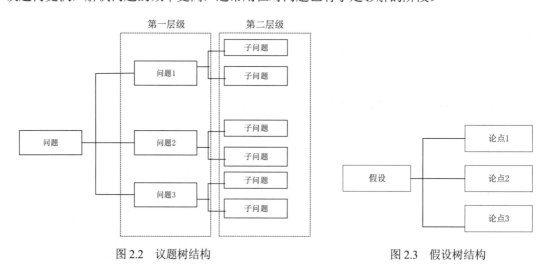

图 2.2 议题树结构　　　　　图 2.3 假设树结构

3. 是否树

是否树的结构比议题树和假设树的结构要简单得多，其主要形式是先提出一个问题，然后对这一问题进行判断与分析，分析的结果只有两种，非"是"即"否"。是否树结构如图 2.4 所示。在对问题进行分析前，有些结果已有标准方案。如果答案为"是"，那么应用事先准备好的标准方案即可；如果答案为"否"，那么进行下一轮的判断与分析，即对具体情况进行具体分析，再根据结果确定不同的答案，最后得出解决方案。是否树的特点在于它简单明了，对问题的解决能够果断标准，不拖泥带水，而且在判定过程中，只要根据标准去衡量得到的结果是否符合即可。

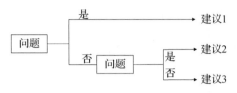

图 2.4　是否树结构

　　需要特别说明的是，在尚不明确问题具体情况，并且需要对问题进行全盘分析时，使用议题树；在对问题已经有一定的了解，并且有了一种假设方案时，对假设方案进行验证，使用假设树；在对问题不仅足够了解，而且针对一些结果已经有了标准方案，需要在方案中进行选择时，使用是否树。另外，分析模型中选用的指标根据具体应用场景的不同应有所区别。

▶▶ 2.3.3　基于逻辑树模型的案例分析

　　下面通过建立逻辑树模型来分析提高婴儿用品销量的方法。某电商平台主要销售婴儿用品，为提高婴儿用品销量，结合营运情况和用户画像构建逻辑树模型，如图 2.5 所示。

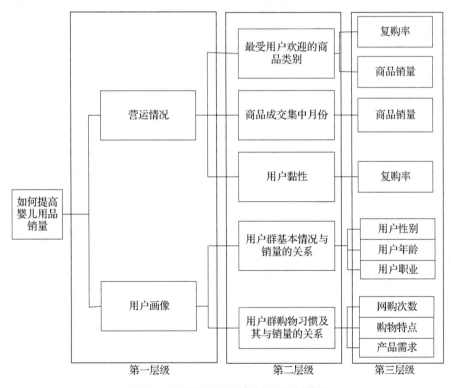

图 2.5　提高婴儿用品销量的逻辑树模型

建立议题树的逻辑树模型，研究的主问题为如何提高婴儿用品销量，细分为第一层级的营运情况和用户画像两个问题。对于营运情况，可细分为第二层级最受用户欢迎的商品类别、商品成交集中月份和用户黏性。其中，最受用户欢迎的商品类别又可划分为包括复购率、商品销量的第三层级。同理，商品销量和复购率又分别为商品成交集中月份和用户黏性的第三层级指标。对于用户画像可细分为用户群基本情况与销量的关系、用户群购物习惯及其与销量的关系两个第二层级，再具体细化为第三层级。然后，通过研究第二、第三层级的问题，得到解决第一层级问题的答案，最后通过第一层级，解释具体问题。

2.4　漏斗模型

▶▶ 2.4.1　漏斗模型的相关概念

1. 转化率

漏斗模型指对多个自定义事件序列按指定顺序依次触发的流程中的量化转化模型，即整个事件从起点到终点有多个环节，每个环节都会产生用户流失，用户数量依次递减，每一环节都会有一个转化率。对于电子商务网站来说，转化率是从当前一个页面进入下一个页面的人数比率。例如，访问某个淘宝店铺首页的用户有 30 人，而从首页点击进入某一商品页面的用户有 12 人，那么从首页到这个商品页面的转化率就是 12/30=40%。若要分析关键流程的转化率，则需要先添加并集成自定义事件。一旦用户触发了初始事件，其可以有一定的时间来完成漏斗。假设漏斗的有效期是 7 天，即用户触发初始事件后有 7 天的时间来完成漏斗，而 7 天后完成的转化将不会计算在该漏斗内。

2. 关键路径分析

根据用户的访问路径计算每个页面到下个页面的转化率，但实际上用户的访问路径是随意的、无序的，用户在访问一个网站时可能会经常进行后退、返回主页或直接点击某个链接等操作，不同用户的访问路径的重合度可能只有 1%，分析这些无序的路径是毫无意义的，需要抓住重点——关键路径的转化率。网站中的一些关键路径，即用户是为了某个目标而进入一个相对标准的有序路径的，用户的目标就是为了到达"出口"，而不是随意游荡。例如，电子商务网站的注册流程、购物流程，以及应用型网站的服务使用流程等都可视为关键路径。

▶▶ 2.4.2　漏斗模型的应用

漏斗模型不仅显示了用户从进入流程到实现目标的最终转化率，而且展示了整个关键路径中每一环节的转化率。基于访问路径，漏斗模型衍生出了路径分析方法，包括关键路径、扩散路径、收敛路径、端点路径。其中，每一条路径都是一个漏斗。通过对关键路径（如注册流程、购物流程等）转化率的分析，来确定整个流程的设计是否合理、各步骤的优劣、是否存在优化的空间等，进而提高最终目标的转化率。

将漏斗模型与趋势、比较和细分等方法相结合，对流程中各步骤的转化率进行综合分析，具体如下。

（1）趋势（Trend）：从时间轴的变化情况进行分析，适用于对某一流程或某一步骤进行改进或优化的效果监控。

（2）比较（Compare）：通过比较类似产品或服务间购买或使用流程的转化率，发现某些产品或应用中存在的问题。

（3）细分（Segment）：细分来源或不同的客户类型在转化率上的表现，发现一些高质量的来源或客户，通常用于分析网站的广告或推广的效果及投资回报率（Return On Investment，ROI）。

▶▶ 2.4.3　关于漏斗模型的应用案例

针对电子商务网站的一般购物流程，计算各阶段的转化率并绘制漏斗模型。

1. 构建用户访问的关键路径

一般可以将消费者在电子商务网站上的购物流程细化为 5 步，主要包括：浏览商品、将商品放入购物车、决定购买后生成订单、通过在线支付工具支付订单、收到商品完成交易，如图 2.6 所示。

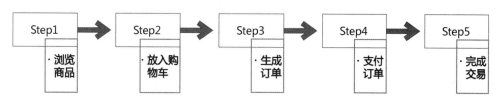

图 2.6　在电子商务网站上的购物流程

2. 计算关键路径的转换率

以上述购物流程为例，可以分别统计出这 5 步中每一步的人数，从而计算并得到每一步的转化率，如表 2.1 所示。

表 2.1　关键路径的转化率

流　　程	浏览商品页面	放入购物车	生 成 订 单	支 付 订 单	完 成 交 易
人数	1000	400	300	200	170
每环节转化率	100%	40%	75%	67%	85%
总体转化率	100%	40%	30%	20%	17%

3. 绘制漏斗模型

漏斗模型不仅显示了用户从进入流程到实现目标的最终转化率，而且展示了关键路径中每一步或每一环节的转化率。若使用 Excel 2019 版，则可直接插入漏斗模型；若使用的是 Excel 之前的版本，则具体操作步骤如下。

将表 2.1 的数据输入 Excel 工作表中，同时计算出占位数据，计算公式：占位数据=(开始环节人数-当前环节人数)/2，如图 2.7 所示。

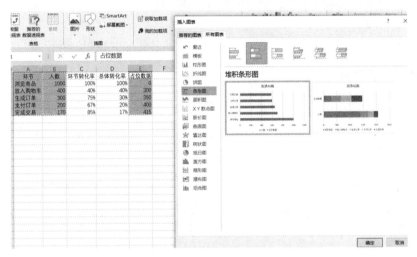

图 2.7　为制作漏斗模型计算占位数据

在"插入图表"对话框中，选择"堆积条形图"，如图 2.8 所示，再选择"人数"和"占位数据"两列的数据，制作堆积条形图，如图 2.9 所示。

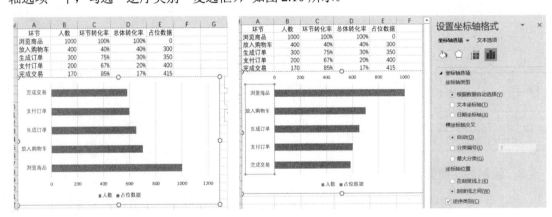

图 2.8　插入堆积条形图

调整堆积条形图的纵坐标轴（选中纵坐标轴，单击鼠标右键，设置坐标轴格式，在"坐标轴选项"中，勾选"逆序类别"复选框），如图 2.10 所示。

图 2.9　制作堆积条形图　　　　　　图 2.10　调整纵坐标轴

将"人数"和"占位数据"数据居中显示（单击鼠标右键，选择"数据"，单击将"人数"下移，调整"人数"和"占位数据"显示的顺序），如图 2.11 所示。

图 2.11　调整"人数"和"占位数据"的位置

选中"占位数据"所在的条形，通过将"占位数据"所在条形设置为无色无边框，从而使其隐藏，如图 2.12 所示。

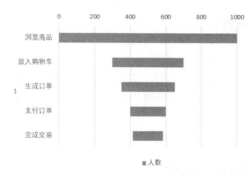

图 2.12　隐藏"占位数据"条形

加入总体转化率数据（选中堆积条形图，单击鼠标右键，在"设置数据标签格式"对话框中，勾选"单元格中的值"复选框，并选中"总体转化率"的所有值，取消勾选"值"），将"人数"数据居中显示，如图 2.13 所示。

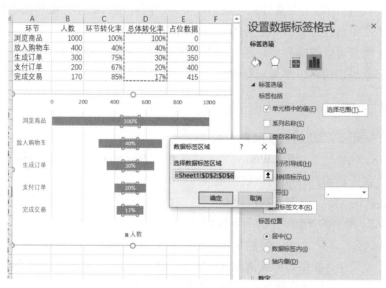

图 2.13　显示漏斗模型中的转化率数据

绘制漏斗模型的最后结果如图 2.14 所示。

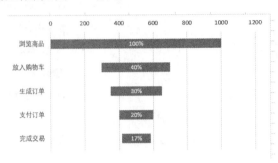

图 2.14　绘制漏斗模型的最后结果

本章知识小结

本章主要学习了电子商务数据分析模型，主要包括 PEST 模型、5W2H 模型、逻辑树模型及漏斗模型。通过系统化学习，这些模型能够在实际的电子商务数据分析中加以利用并得出有效的解决方案。

本章考核检测评价

1. 判断题

（1）PEST 模型是一种企业所处的宏观环境分析模型。

（2）PEST 分析法的四个要素分别为政治环境、经济环境、法律环境和技术环境。

（3）5W2H 是用户行为分析和业务场景分析的常用模型。

（4）5W2H 模型可以准确界定问题、清晰表述问题，提高工作效率。

（5）当对问题提出假设方案再进行验证时，应使用是否树。

2. 单选题

（1）以下不属于 5W2H 的核心要素的是（　　）。

　　A．What　　　　　B．Who　　　　　C．How many　　　D．How much

（2）以下不属于逻辑树模型的原则的是（　　）。

　　A．要素化　　　　B．系统化　　　　C．框架化　　　　D．关联化

（3）在 5W2H 模型的 What 分析中不包括（　　）。

　　A．是什么　　　　B．目的是什么　　C．客户是谁　　　D．做什么工作

（4）在漏斗模型中，如果访问某博主博客首页的用户有 30 人，而从首页点击进入本文章的用户有 12 人，那么从首页到这篇文章的转化率为（　　）。

　　A．无法计算　　　B．30%　　　　　C．40%　　　　　D．50%

（5）在逻辑树模型中，适合解决问题初期阶段的模型为（　　）。

    A．议题树   B．是否树   C．论证树   D．假设树

3. 多选题

（1）在 PEST 模型中，4 个要素包括（　　）。

    A．政治环境   B．经济环境   C．社会环境   D．技术环境

（2）属于 PEST 模型技术环境的关键指标的是（　　）。

    A．专利个数   B．研发费用   C．技术传播速度   D．重点支持项目

（3）以下可以被视为电子商务中的关键路径的是（　　）。

    A．注册流程   B．购物流程   C．客服过程   D．浏览过程

（4）逻辑树的基本类型分别为（　　）。

    A．议题树   B．是否树   C．论证树   D．假设树

（5）以下（　　）指标属于 PEST 分析中的社会环境。

    A．失业率   B．出生率   C．政府补贴水平   D．购买习惯

4. 简答题

（1）简述 5W2H 模型的应用步骤。

（2）什么是 PEST 模型？该模型包含哪些方面？

（3）辨析逻辑树三种模型的主要区别。

（4）简述逻辑树模型的 3 种原则。

（5）简述 5W2H 模型的主要内容。

5. 案例题

（1）请分析在"逐步形成以国内大循环为主体、国内国际双循环相互促进的新发展格局"的背景下，我国电子商务行业发展的 PEST 模型。

（2）针对某一网上店铺购物流程中的 5 个主要环节，计算总体转化率和每环节转化率，并绘制漏斗模型。

第 3 章

电子商务数据分析方法

【章节目标】

1. 了解静态指标和动态指标的含义
2. 掌握相关分析的计算过程
3. 重点掌握一元线性回归的计算过程，了解多元线性规划和非线性回归的计算过程
4. 重点掌握移动平均和指数平滑两种时间序列预测模型
5. 了解聚类分析等数据挖掘算法的主要计算过程

【学习重点、难点】

1. 正确区分电子商务主要数据指标的分类
2. 准确计算相关系数
3. 计算线性回归模型的参数并建立回归模型
4. 对时间序列数据进行移动平均和指数平滑处理
5. K-means 聚类算法的计算步骤与应用

【案例导入】

神奇的购物篮分析

　　在一家超市中，人们发现了一个特别有趣的现象：尿布与啤酒这两种风马牛不相及的商品居然摆在一起。但这一奇怪的举措居然使尿布和啤酒的销量大幅增加了。这可不是一个笑话，而是一直被商家津津乐道的发生在美国沃尔玛连锁超市的真实案例。原来，美国的妇女通常在家照顾孩子，所以她们经常会嘱咐丈夫在下班回家的路上为孩子买尿布，而丈夫在买尿布的同时会顺手购买自己爱喝的啤酒。这个发现为商家带来了大量的利润，但是如何从浩如烟海又杂乱无章的数据中发现啤酒销售和尿布销售之间的联系呢？这又给了我们什么样的启示呢？这个案例说明，通过分析商品大数据，利用能够找出商品之间关联关系的数据分析算法，进一步提取客户的购买行为，能够为商业决策提供辅助的决策支持。

　　案例来源：高勇. 啤酒与尿布：神奇的购物篮分析[M]. 北京：清华大学出版社，2008.

3.1 统计分析

在电子商务数据分析与应用的实践中，针对不同的分析目的，分析方法不尽相同，但其主要包括统计分析与数据挖掘两大类。其中，统计分析方法包括静态分析指标、动态分析指标、统计指数、抽样推断、相关分析与回归分析等内容。

▶▶ 3.1.1 静态分析指标

静态分析指标是用来说明社会经济现象数量特征的。由于社会经济现象及其发展的复杂性，静态分析指标呈现多样性，可以将其归纳为 4 类：总量指标、相对指标、平均指标和变异指标。

1. 总量指标

总量指标是反映社会经济现象在一定时间、地点和条件下的总体规模或水平的统计指标。它的表现形式为绝对数，故又称为统计绝对数。例如，某家淘宝店铺的总营业额、员工总数、产品销售总量等，都是反映社会经济现象总量的，均可视为总量指标。如表 3.1 所示，2020 年 10 月的店铺总交易量 399 单可视为总量指标。

表 3.1   2020 年 10 月某网店 11 名员工的工资收入与当月交易量

员 工 编 号	年龄/岁	工资/元	交易量/单
1001	28	4800	30
1002	33	5200	45
1003	28	4800	29
1004	26	5000	43
1005	25	4900	30
1006	23	4800	28
1007	28	5000	32
1008	23	4900	31
1009	32	5200	44
1010	28	5000	42
1011	34	5500	45
合计		55 100	399

2. 相对指标

两个有联系的统计指标的比率称为相对指标。与总量指标伴随有量纲单位不同，相对指标在绝大多数情况下采用无名数标识。无名数是一种抽象化的数值，多用倍数、系数、成数、百分数等表示。例如，2018 年某天猫店铺的总营业额为 2017 年的 125.7%，如图 3.1 所示，该店铺与同行业其他店铺相比，其物流服务评分高于同行业平均分 53.82%。

3. 平均指标

平均指标是同类社会经济现象总体各单位的某一数量标志在一定时间、地点和条件下的数量差异抽象化的代表性水平指标，其数据表现为平均数。平均指标可以反映社会经济现象总体的综合特征，也可以反映各变量值分布的集中趋势。平均指标按计算和确定的方法不同，可分为算术平均数、调和平均数、众数和中位数等。例如，某天猫店铺员工的平均工资、某店铺平均评价值等。如图 3.1 所示，该天猫店铺的描述相符平均分为 4.9、服务态度平均分为 4.9、物流服务平均分为 4.9。

图 3.1　某天猫店铺与同行业其他店铺的对比数据

【温馨提示】

算术平均数、调和平均数、众数和中位数的应用

2020 年 10 月某网店 11 名员工的工资收入与当月交易量如表 3.1 所示。

（1）算术平均数。例如，计算本月全部员工的月平均工资，则 11 名员工的月工资总额为 55 100 元，月平均工资为 5009 元（55 100/11）。

（2）调和平均数。例如，计算编号为 1001~1005 号员工的本月平均交易量，公式为 5/(1/30+1/45+1/29+1/43+1/30)=34.1，即这 5 名员工的本月平均交易量为 34.1 单。

（3）众数。例如，计算该网店员工年龄的一般水平。经过汇总可知，在该网店 11 名员工中，25、26、32、33、34 岁各 1 名，23 岁 2 名，28 岁 4 名，因此，28 是该网店员工年龄的众数。

（4）中位数。例如，计算该网店员工年龄的中位数。首先将年龄数据从小到大排列，由于该组数据由 11 个数据组成，因此选择排在第 6 位的员工年龄 28 作为中位数。

4. 变异指标

变异指标是综合反映总体各单位标志值变异程度的指标。它显示了总体中变量数值分布的离散趋势，是说明总体特征的另一种重要指标，与平均数的作用相辅相成。变异指标按计算的方法不同分为极差、四分位差、平均差、标准差和方差等。

【温馨提示】

极差、四分位差、平均差、标准差和方差的应用

仍采用如表 3.1 所示的表格数据分析该网店员工的工资收入变异指标。

（1）极差。工资极差=最大工资额-最小工资额=5500-4800= 700 元。

（2）四分位差。四分位差是上四分位数（Q3，位于 75%）与下四分位数（Q1，位于 25%）

的差。首先将 11 名员工的工资收入从小到大排列，Q1 的位置是 3，对应 4800 元；Q3 的位置是 9，对应 5200 元，因此四分位差为 5200-4800=400 元，表明该网店有 50% 的员工的月工资收入在 4800 元～5200 元，最大差异为 400 元。

（3）平均差。月工资收入的平均差为 ∑(每位员工的工资收入-月平均工资)/员工总数=1745.5/11=158.64 元。

（4）标准差和方差。方差是各数据与其算术平均数的离差二次方的平均值，而方差的平方根即标准差。因此，本例题中，月工资收入的方差为 42 644.64，标准差为 206.51 元。

▶▶ 3.1.2　动态分析指标

动态分析又称时间数列分析，主要用来描述和探索现象随时间发展变化的数量规律，对处于不断发展变化的社会经济现象，从动态的角度进行分析。通过对以下内容的学习，可利用各种动态分析指标对社会经济现象进行分析。

1. 动态数列

动态数列指将同类指标在不同时间上的数值按时间的先后顺序排列起来而形成的统计数列，又称为时间数列。它是一种常见的经济数据表现形式。

2. 动态数列分类

动态数列主要分为以下 3 类。

（1）绝对数动态数列：把一系列同类的总量指标按时间先后顺序排列起来而形成的动态数列。例如，某网店 2020 年 10 月 1 日—2020 年 10 月 5 日的访客数量形成绝对数动态数列，如表 3.2 所示。

（2）相对数动态数列：把一系列同类的相对指标按时间先后顺序排列起来而形成的动态数列。例如，某网店 2020 年 10 月 1 日—2020 年 10 月 5 日的支付转化率形成相对数动态数列，如表 3.2 所示。

（3）平均数动态数列：把一系列同类的平均指标按时间先后顺序排列起来而形成的动态数列。例如，某网店 2020 年 10 月 1 日—2020 年 10 月 5 日的平均客单价形成平均数动态数列，如表 3.2 所示。

表 3.2　某网店 2020 年 10 月 1 日—2020 年 10 月 5 日的动态数列

指　　标	2020 年 10 月 1 日	2020 年 10 月 2 日	2020 年 10 月 3 日	2020 年 10 月 4 日	2020 年 10 月 5 日
访客数/人	980	1201	1120	789	902
支付转化率/%	5.54	6.89	4.99	6.02	8.14
平均客单价/元	33.98	45.75	56.25	29.76	48.25

【知识拓展】

典型的电子商务数据指标分类

电子商务数据很复杂，数据来源渠道也多样化，因此电子商务数据分析的指标也很多。在本书的附录 A 中，流量指标属于静态指标，转化指标属于动态指标。请同学们参照附录 A 中对各指标的具体解释，考虑其他电子商务数据指标中还有哪些属于静态指标、哪些属于动态指标。

▶▶ 3.1.3 统计指数

统计指数分析法是经济分析中广泛应用的一种方法。其中，最具代表性的就是关于物价指标的编制，即用现行价格与过去价格的对比来反映价格的变化情况，后来过渡到综合反映多种商品价格的变动情况。

1. 统计指数的作用

统计指数在社会经济领域应用广泛，这是因为统计指数具有独特的功能，能够发挥重要的作用，具体表现在以下几个方面。

（1）综合反映了复杂社会经济现象总体在时间和空间方面的变动方向和变动程度。这是统计指数最重要的作用。在社会经济现象中存在着大量不能直接加总或不能直接对比的复杂总体，为了反映和研究它们的变动方向和变动程度，只有编制统计指数才能得到解决。

（2）分析和测定了社会经济现象总体变动受各因素变动的影响。在社会经济现象总体中包含着数量因素和质量因素，通过编制数量因素指数和质量因素指数，可以分析和测定各因素变动对总体变动的影响。

（3）研究了平均指标变动及其受水平因素和结构因素变动的影响。平均指标中包含水平因素和结构因素，因此可以编制可变组成指数、不变组成指数和结构影响指数，从而研究平均指标的变动及其各因素变动对平均指标变动的影响。

2. 统计指数的类型

按不同的研究目的和要求，统计指数可进行以下分类。

1）个体指数和总指数

按研究对象的范围不同，统计指数可分为个体指数和总指数。个体指数反映某种社会经济现象中个别事物变动的情况，如某一种商品物价的变动情况；总指数则综合反映某种事物包括若干个别事物总的变动情况，如若干商品总的物价变动情况。有时为了研究需要，在介于个体指数与总指数之间，还编制了组指数（或类指数），组指数的编制方法与总指数相同。

2）数量指标指数和质量指标指数

按表示的特征不同，统计指数可分为数量指标指数和质量指标指数。数量指标指数反映社会经济现象总体的规模和水平的变动状况，如产量指数、职工人数指数等；质量指标指数反映社会经济现象总体内涵质量的变动，如商品物价指数、劳动生产率指数等。

3）动态指数和静态指数

统计指数按其本来的含义，都是指动态指数，但在实际运用过程中，其含义渐渐推广到了静态事物和空间对比，因此产生了静态指数。静态指数指在同一时间条件下，对不同单位、不同地区的同一事物数量进行对比形成的指数；或者对同一单位、同一地区的计划指标与实际指标进行对比形成的指数。

4）定基指数和环比指数

按在指数数列中采用的基期不同，统计指数可分为定基指数和环比指数。定基指数指在数列中以某一固定时期的水平作为对比基准的指数；环比指数指以其前一时期的水平作为对比基准的指数。

5）综合指数和平均指数

按研究方法不同，统计指数可分为综合指数和平均指数。综合指数是将不可直接度量的指数化指标通过同度量因素转化为可以合计的总量指标，然后将不同时期的总量指标进行对比，以综合反映社会经济现象的动态变化。平均指数是以个体指数为基础，通过简单平均或加权平均的方法计算总指数。这两种指数是独立的指数形式，且存在内在的联系。

【知识拓展】

电子商务发展指数

2019 年 5 月，2019 中国国际大数据产业博览会期间，《中国电子商务发展指数报告（2018）》正式发布[①]。报告认为，近年来我国电子商务发展取得了规模影响持续扩大、体系逐步完善、法制环境不断健全等成就。同时，报告从规模、成长、渗透、支撑 4 个方面对各省电子商务的发展水平进行了综合测评。

（1）规模指数：反映电子商务发展的市场规模，主要考查各省电子商务交易额、网络零售额、有电子商务活动的企业数等指标。该指数值越高，表明该地区电子商务的市场规模越大。规模指数可以反映当前电子商务市场自身的发展水平。

（2）成长指数：反映电子商务发展的成长水平，主要通过增长率考查各省在电子商务交易与零售额等方面的表现。该指数值越高，表明该地区电子商务成长潜力越大。成长指数可以反映电子商务发展的未来预期。

（3）渗透指数：反映各省电子商务对经济活动的影响程度，表明电子商务对传统经济发展的影响。该指数值越高，表明该地区的经济活动中电子商务渗透程度越高，电子商务对传统产业的影响也越大。

（4）支撑指数：反映各省与电子商务发展相关的保障能力，主要考查各省在电子商务相关的物流设施、人力资本及技术环境等方面的建设情况。该指数值越高，表明该地区电子商务的发展环境越好。

基于对上述 4 个指数的综合分析，广东省连续四年领跑全国，先导省份包括广东、浙江、北京、上海和江苏。省级电商梯队基本形成，后发省份突围存在困难。电子商务规模整体呈现“东强西弱”的局势，集群效应显现。

▶▶ 3.1.4 抽样推断

抽样推断（Sample Inference）是在抽样调查的基础上，利用样本的实际资料计算样本指标，并据此推算总体相应数量特征的一种统计分析方法。统计分析的主要任务是反映社会经济现象总体的数量特征。但在实际工作中，不可能、也没有必要每次都对总体的所有单位进行全面调

---

① 资料来源：中华人民共和国国家互联网信息办公室，http://www.cac.gov.cn/2019-05/29/c_1124554997.htm。

查。在很多情况下，只需抽取总体的部分单位作为样本，然后通过分析样本的实际资料来估计和推断总体的数量特征，以达到对社会经济现象总体的认识。

1. 抽样推断的作用

抽样推断的作用主要包括：在无法进行全面调查或进行全面调查有困难时，可采用抽样调查来推断总体特征；采用抽样调查可以节省费用和时间，以提高调查的时效性和经济效果；可用来对全面资料进行检验和修正；可用于工业生产过程的质量控制；可通过对某种总体的假设进行检验来判断这种假设是否正确，以决定行动的取舍。

2. 抽样推断的内容

1）全及总体和样本总体

全及总体是研究对象，样本总体是观察对象，两者是既有区别又有联系的不同范畴。全及总体又称为母体，简称总体，指所要认识的、具有某种共同性质的许多单位的集合体。样本总体又称为子样，简称样本，指从全及总体中随机抽取出来的、代表全及总体的那部分单位的集合体。样本的单位数称为样本容量，通常用小写英文字母 n 来表示。随着样本容量的增大，样本对总体的代表性越来越高，并且当样本单位数足够多时，样本平均数接近总体平均数。例如，针对 100 万名淘宝用户，随机抽取 1000 名进行网络购物满意度调查，则 100 万名淘宝用户就是总体，而被抽中的 1000 名淘宝用户则构成样本。

2）总体参数和样本统计量

总体参数又称为全及指标，是根据总体各单位的标志值或标志属性进行计算，并反映总体某种属性或特征的综合指标。常用的总体参数有总体平均数（或总体成数）、总体标准差（或总体方差）。样本统计量又称为样本指标，是由样本各单位标志值计算出来反映样本特征，并用来估计总体参数的综合指标（抽样指标）。样本统计量是样本变量的函数，用来估计总体参数，因此与总体参数相对应。样本统计量有样本平均数（或抽样成数）、样本标准差（或样本方差）。

3）样本容量和样本个数

通常将样本容量不少于 30 个的样本称为大样本，不及 30 个的样本称为小样本。社会经济统计的抽样调查多属于大样本调查。样本个数又称为样本可能数目，指从一个总体中可能抽取的样本个数。一个总体有多少样本，则样本统计量就有多少种取值，从而形成样本统计量的分布，此分布是抽样推断的基础。

4）重复抽样和不重复抽样

重复抽样指从总体单位中抽取一个单位进行观察，记录后再放回总体中，然后抽取下一个单位，连续抽取样本。不重复抽样指从总体单位中抽取一个单位进行观察，记录后不再放回总体中，然后在余下的总体中抽取下一个单位。

3. 抽样推断在电子商务数据分析中的应用

假设某网店有 4 名物流人员，每人的日出库量分别为 40、50、70、80 件。先随机抽取 2 人，分别采用重复抽样和不重复抽样的方式，计算样本统计量。

首先根据重复抽样和不重复抽样形成样本，如表 3.3 所示。在重复抽样的条件下，样本平均数的平均数为 960/16=60 件，样本平均误差为 $(2000/16)^{1/2}$ =11.18 件。在不重复抽样的条件下，样本平均数的平均数为 720/12=60 件，样本平均误差为$(1000/12)^{1/2}$=9.13 件。

表 3.3　重复抽样和不重复抽样的样本内容

样本单位：件

序　号	重　复　抽　样			不　重　复　抽　样		
	样本变量 x_1	样本平均数	离差平方和	样本变量 x_2	样本平均数	离差平方和
1	40，40	40	400	/	/	/
2	40，50	45	225	40，50	45	225
3	40，70	55	25	40，70	55	25
4	40，80	60	0	40，80	60	0
5	50，40	45	225	50，40	45	225
6	50，50	50	100	/	/	/
7	50，70	60	0	50，70	60	0
8	50，80	65	25	50，80	65	25
9	70，40	55	25	70，40	55	25
10	70，50	60	0	70，50	60	0
11	70，70	70	100	/	/	/
12	70，80	75	225	70，80	75	225
13	80，40	60	0	80，40	60	0
14	80，50	65	25	80，50	65	25
15	80，70	75	225	80，70	75	225
16	80，80	80	400	/	/	/
	合计	960	2000	合计	720	1000

3.2　相关分析与回归分析

相关分析与回归分析是数理统计中两种重要的统计分析方法，应用非常广泛。这两种方法从本质上来讲有许多共同点，它们都是从数据内在逻辑方面分析变量之间的联系的。相关分析是回归分析的基础和前提，只有当两个或两个以上的变量之间存在高度的相关关系时，进行回归分析寻求其相关的具体形式才有意义。

▶▶ 3.2.1　相关分析

1. 相关关系的概念

相关关系指变量之间存在的一种不确定的数量依存关系，即当一个变量的数值发生变化时，另一个变量的数值也相应地发生变化，但变化的数值不是确定的，而是在一定范围内的。例如，广告是提高销售量的重要手段，但广告投入不是销售量增加的唯一影响因素，产品的质量、价格、销售方式等都会对销售量产生影响。在研究广告投入与销售量的关系时，发现广告投入的增加一般会带来销售量的增长，但广告投入每增加一个固定的量，销售量并不是以确定的量增加的，而是表现为一个随机变量。广告投入与销售量的这种关系就是相关关系。

在现实社会经济生活中，现象之间的这种相关关系是非常普遍的，一个变量的变化往往不止受到一个变量的影响。当我们在考查一个变量与其中一个影响变量的关系时，由于其他因素的存在，二者之间的量化关系不是完全确定的，而是带有随机的成分。统计研究的就是这种受随机因素影响而不能唯一确定的变量关系。

2. 相关关系的种类

1）按程度分类

（1）完全相关：两个变量之间的关系是一个变量的数量变化由另一个变量的数量变化唯一确定，即函数关系。

（2）不完全相关：两个变量之间的关系介于不相关和完全相关之间。

（3）不相关：如果两个变量彼此的数量变化互相独立，那么两个变量之间没有关系。

2）按方向分类

（1）正相关：两个变量的变化趋势相同，从散点图可以看出各点散布的位置是从左下角到右上角的区域，即当一个变量的值由小变大时，另一个变量的值也由小变大。

（2）负相关：两个变量的变化趋势相反，从散点图可以看出各点散布的位置是从左上角到右下角的区域，即当一个变量的值由小变大时，另一个变量的值由大变小。

3）按形式分类

（1）线性相关（直线相关）：当相关关系的一个变量变动时，另一个变量也相应地发生均等的变动。

（2）非线性相关（曲线相关）：当相关关系的一个变量变动时，另一个变量也相应地发生不均等的变动。

4）按变量数目分类

（1）单相关：只反映一个自变量和一个因变量的相关关系。

（2）复相关：反映两个及两个以上的自变量同一个因变量的相关关系。

（3）偏相关：当研究因变量与两个或多个自变量相关时，如果把其余的自变量看成不变的（当作常量），只研究因变量与其中一个自变量之间的相关关系，那么称为偏相关。

变量 X 和变量 Y 的相关关系示意图如图 3.2 所示。

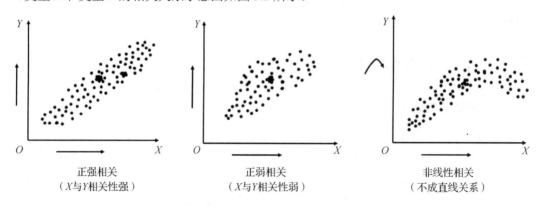

图 3.2　变量 X 和变量 Y 的相关关系示意图

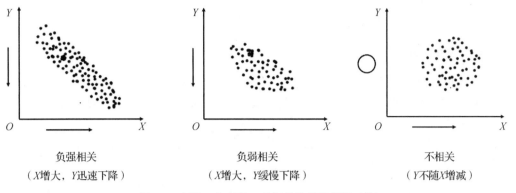

图 3.2　变量 X 和变量 Y 的相关关系示意图（续）

3. 相关系数

相关系数 R 是描述变量 x 与 y 之间线性关系密切程度的一个数量指标。

$$R = \frac{\sum\limits_{i=1}^{n} x_i y_i - n\overline{xy}}{\sqrt{\sum\limits_{i=1}^{n} x_i^2 - n\overline{x}^2}\sqrt{\sum\limits_{i=1}^{n} y_i^2 - n\overline{y}^2}} = \frac{l_{xy}}{\sqrt{l_{xx}l_{yy}}} \quad (-1 \leqslant R \leqslant 1) \tag{3-1}$$

式中，$\overline{x} = \dfrac{1}{n}\sum\limits_{i=1}^{n} x_i$，$\overline{y} = \dfrac{1}{n}\sum\limits_{i=1}^{n} y_i$，$l_{xx} = \sum\limits_{i=1}^{n}(x_i - \overline{x})^2$，$l_{yy} = \sum\limits_{i=1}^{n}(y_i - \overline{y})^2$，$l_{xy} = \sum\limits_{i=1}^{n}(x_i - \overline{x})(y_i - \overline{y})$。

当 $R=1$ 时，表示完全正相关；当 $R=-1$ 时，表示完全负相关；当 $R=0$ 时，表示不相关。查相关系数临界值表，若 $R>R_\alpha(n-2)$，则线性相关关系显著，通过检验，可以进行预测；反之，没有通过检验。若不查表，通过经验判断，则 R 的范围在 0.3～0.5 表示低度相关；R 的范围在 0.5～0.8 表示显著相关；R 的范围在 0.8 以上表示高度相关。

▶▶ 3.2.2　回归分析

1. 一元线性回归分析

一元线性回归分析是处理两个变量 x（自变量）和 y（因变量）之间关系的最简单模型，研究的是这两个变量之间的线性相关关系。

$$y_i = a + bx_i + u_i \quad (i = 1, 2, \cdots, n) \tag{3-2}$$

式（3-2）称为一元线性回归模型（One Variable Linear Regression Model）。其中，u_i 是一个随机变量，称为随机项；a，b 两个常数可通过最小二乘法求得，称为回归系数（参数）；i 表示变量的第 i 个观察值，共有 n 组样本观察值。

2. 多元线性回归分析

多元线性回归模型（Multivariate Linear Regression Model）的基本假设是在对一元线性回归模型的基本假设基础之上，还要求所有自变量彼此线性无关，这样随机抽取 n 组样本观察值就可以进行参数估计了。

$$y_i = b_0 + b_1 x_1 + b_2 x_2 + \cdots + b_k x_k + u_i \quad (i = 1, 2, \cdots, n) \tag{3-3}$$

3. 非线性回归分析

在许多实际问题中，不少经济变量之间的关系为非线性的，可以通过变量代换把本来应该用非线性回归方式处理的问题近似转化为线性回归问题，再进行分析预测，如表 3.4 所示。

表 3.4　常见的非线性模型及线性变换的方式

非线性模型	函 数 形 式	变 换 方 式	线 性 模 型
幂函数形式	$y = a\, x^b$	$y' = \log_2 y$ $x' = \log_2 x$ $a' = \log_2 a$	$y' = a' + bx'$
双曲线形式	$1/y = a + b(1/x)$	$y' = 1/y$ $x' = 1/x$	$y' = a + bx'$
对数函数形式	$y = a + b \log_2 x$	$x' = \log_2 x$	$y = a + bx'$
指数函数形式	$y = a\mathrm{e}^{bx}$	$y' = \ln y$ $a' = \ln a$	$y' = a' + bx$
多项式曲线形式	$y = b_0 + b_1 x + b_2 x^2 + \cdots + b_k x^k$	$x_1 = x, \ x_2 = x^2 \cdots x_k = x^k$	$y = b_0 + b_1 x_1 + b_2 x_2 + \cdots + b_k x_k$

▶▶ 3.2.3　相关分析与回归分析的应用

1. 案例数据

某网店通过付费流量进行推广，该网店的运营总监认为，网店的付费流量投入与用户访问量、网店利润是正相关的。同时，流量、访问量与网店利润的变化均存在一定联系。利用 Excel 对如表 3.5 所示的数据进行相关分析与回归分析。

表 3.5　某网店的运营数据

日　　期	付费流量投入/元	访问量/次	网店利润/元
2020/09/01	1659	3420	520.5
2020/09/02	1989	4662	522.9
2020/09/03	2195	4925	527.1
2020/09/04	2255	4831	531.5
2020/09/05	2329	5302	534.7
2020/09/06	2375	5535	537.4
2020/09/07	2364	5815	540.4
2020/09/08	2354	6348	543.2
2020/09/09	2418	6561	545.3
2020/09/10	2534	6644	551.5
2020/09/11	2568	6883	554.6
2020/09/12	2835	6844	557.9

2. 相关分析的操作

在 Excel 的"数据分析"模块中找到相关系数，单击"确定"按钮，如图 3.3 所示。如果未发现"数据分析"选项，那么通过单击"文件→选项→加载项→分析工具库"，再单击"确定"按钮，加载"数据分析"模块。

在打开的"相关系数"对话框中，单击"输入区域"右侧的折叠按钮，在工作表中选择数据区域"$B$1：$C$13"，设置分组方式为"逐列"，再单击输出区域"$B$15"，最后单击"确定"按钮，如图 3.4 所示。

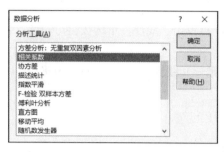

图 3.3　选择"相关系数"功能

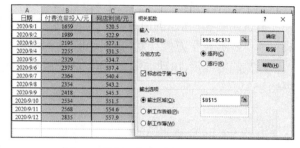

图 3.4　设置"相关系数"的相关参数

单击"确定"按钮后，可在表格的"$B$15"区域得到结果，如图 3.5 所示，表明付费流量投入与网店利润之间存在正相关，相关系数约为 0.924，属于高度相关关系。

3. 回归分析的操作

1）利用 Excel 图表进行回归分析

单击"插入"选项卡，选择图表选项中的"XY（散点图）"，再单击散点图中"带平滑线的散点图"选项，如图 3.6 所示。

	付费流量投入/元	网店利润/元
付费流量	1	
网店利润	0.923723182	1

图 3.5　相关系数的结果

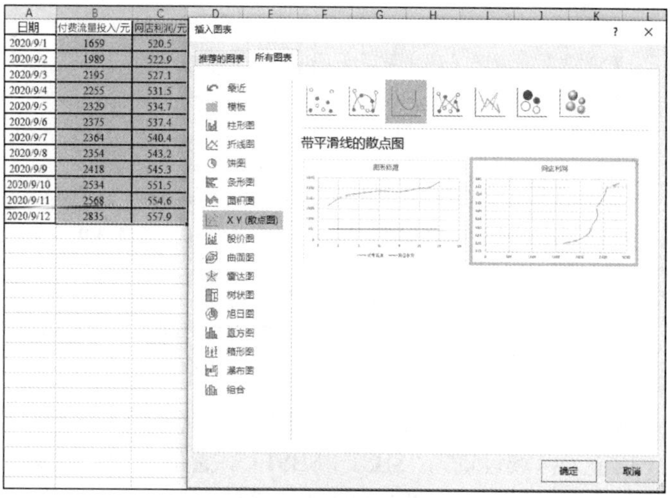

图 3.6　绘制散点图

对如图 3.6 所示的散点图进行优化处理，将横轴最小值设置为"1500"，如图 3.7 所示。

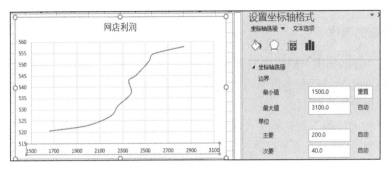

图 3.7　设置散点图的横坐标

右击如图 3.7 所示的曲线，选择"添加趋势线"，再单击"线性"单选按钮，勾选"显示公式"和"显示 R 平方值"复选框，如图 3.8 所示。

添加趋势线后，出现如图 3.9 所示的线性趋势线，则一元线性回归公式为 $y=0.0382x+450.07$，$R^2=0.8533$。

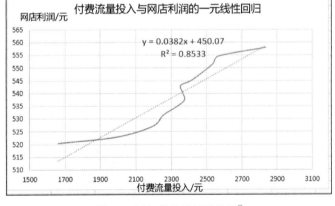

图 3.8　添加趋势线的选项　　　　图 3.9　添加趋势线的效果图①

2）应用数据分析的回归功能

在数据分析的"分析工具"下拉列表框中选择"回归"选项，单击"确定"按钮，如图 3.10 所示。

网店利润为 Y 值，因此 Y 值输入区域设置为"\$C\$1：\$C\$13"；付费流量投入为 X 值，因此 X 值输入区域设置为"\$B\$1：\$B\$13"，置信度设置为 95%，计算结果的输出区域从"\$B\$15"开始。单击"确定"按钮，如图 3.11 所示。

_____

① 图中的字母 x、y、R 应为斜体，但该公式为计算机自动生成，无法修改。

单击"确定"按钮后，出现如图 3.12 所示的一元线性回归分析结果，包括各参数值及模型检验的结果。图 3.12 中的阴影数据与趋势线结果相同。

图 3.10　回归分析功能

图 3.11　一元线性回归分析选项

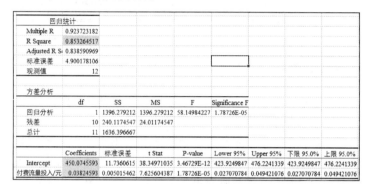

图 3.12　一元线性回归分析结果

若要继续进行付费流量投入、访问量与网店利润之间的二元线性回归分析，则其操作过程与上述步骤基本相同，仅需要将 X 值输入区域设置为"$B$1:$C$13"、Y 值输入区域设置为"$D$1:$D$13"，如图 3.13 所示。

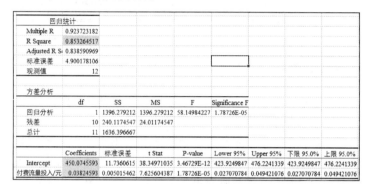

图 3.13　二元线性回归模型的参数设置

单击如图 3.13 所示的"确定"按钮，得到如图 3.14 所示的二元线性回归分析结果，则二元线性回归模型的公式为 $y=0.0123x_1+0.0078x_2+466.47$，$R^2=0.9232$，检验值 F 为 54.14。其中，付费流量投入为 x_1，店铺访问量为 x_2，网店利润为 y。

回归统计	
Multiple R	0.9608677
R Square	0.9232668
Adjusted R Square	0.9062149
标准误差	3.7352078
观测值	12

方差分析

	df	SS	MS	F	Significance F
回归分析	2	1510.8307	755.41533	54.144737	9.603E-06
残差	9	125.566	13.951778		
总计	11	1636.3967			

	Coefficients	标准误差	t Stat	P-value	Lower 95%	Upper 95%	下限 95.0%	上限 95.0%
Intercept	466.47395	10.620032	43.923968	8.209E-12	442.44976	490.49813	442.44976	490.49813
付费流量投入/元	0.0123214	0.009822	1.2544745	0.2412688	-0.009897	0.0345404	-0.009897	0.0345404
访问量/次	0.0077594	0.002708	2.8654018	0.0186157	0.0016336	0.0138852	0.0016336	0.0138852

图 3.14 二元线性回归分析结果

【数据视野】

大数据相关性大于因果性

传统的数据分析更多是追求因素关系的。例如，在进行实验设计时，通过控制某个变量的变化来评估其对相关结果的影响，以确定是不是这个变量产生的影响。在大数据时代，面对激烈的竞争环境，不过多地追求因果关系，更多是通过相关分析，找到事物之间的联系，再依据数据相关分析结果，快速做出决策。这也许会是企业取得竞争优势的基础。

虽然电子商务大数据可以直接通过顾客评论、退货、投诉等数据，很快地分析出顾客的流失特征，但是这些分析很难明确地回答一个顾客真正流失的原因。通过大数据可以分析得出有过差评的顾客流失可能性更高的结论，但这是流失顾客表现出来的一个特征，而真正导致顾客流失的原因是不是与物流也存在关系呢？很难下一个明确的结论，只能是猜测，但并不重要了，重要的是已经通过这些相关指标，识别出了谁可能会流失，从而产生事前预警，这才是商业分析的最大价值。重视相关性，不是不要因果关系，因果关系还是基础，科学的基石还是要的，只是在高速信息化的时代，为了得到即时信息，实时预测，在快速的大数据分析技术下，找到相关性信息，就可预测用户的行为，支持企业的快速决策。

3.3 时间序列分析

3.3.1 时间序列数据

随着计算机技术和大容量存储技术的发展及多种数据获取技术的广泛应用，人们在日常事务处理和科学研究中积累了大量数据。被保存的数据绝大部分都是时间序列类型的数据。所谓时间序列数据，就是按照时间先后顺序排列各观测记录的数据集。时间序列数据在社会生活的各个领域都广泛存在，如金融证券市场中每天的股票价格变化；商业零售行业中某项商品每天的销售额；气象预报研究中某一地区每天的气温与气压的读数；在生物医学中某一症状的病人在每个时刻的心跳变化等。不仅如此，时间序列数据也是反映事物运动、发展、变化的一种最常见的图形化描述方式。

3.3.2　移动平均方法

1. 一次移动平均法

一次移动平均法是在算术平均法的基础上加以改进的，其基本思想是每次取一定数量周期的数据平均，再按时间顺序逐次推进。每推进一个周期，舍去前一个周期的数据，增加一个新周期的数据，再进行平均。一次移动平均法一般只应用于一个时期后的预测（预测第 $t+1$ 期）。

一次移动平均数 $M_t^{(1)} = \dfrac{y_t + y_{t-1} + \cdots y_{t-N+1}}{N}$，$M_t^{(1)}$ 代表第 t 期一次移动平均值，N 代表在计算移动平均值时选定的数据个数。一般情况下，N 越大，修匀的程度越强，波动也越小；N 越小，对变化趋势反应越灵敏，但修匀的程度越差。在实际预测中，可以利用试算法，即选择几个 N 值进行计算，比较它们的预测误差，从中选择预测误差较小的 N 值。

2. 二次移动平均法

当时间序列具有线性增长的发展趋势时，用一次移动平均法预测会出现滞后偏差，表现为对线性增长的时间序列的预测值偏低。这时，可通过二次移动平均法来计算。二次移动平均法是将一次移动平均再进行一次移动平均，然后建立线性趋势模型。

二次移动平均法的线性趋势预测模型：

$$\hat{y}_{t+\tau} = \hat{a}_t + \hat{b}_t \tau \tag{3-4}$$

式中，截距为 $\hat{a}_t = 2M_t^{(1)} - M_t^{(2)}$，斜率为 $\hat{b}_t = \dfrac{2}{N-1}\left(M_t^{(1)} - M_t^{(2)}\right)$，$\tau$ 为预测超前期。$M_t^{(1)}$ 为第 t 期一次移动平均值；$M_t^{(2)}$ 为第 t 期二次移动平均值，计算公式为 $M_t^{(2)} = \dfrac{M_t^{(1)} + M_{t-1}^{(1)} + \cdots + M_{t-N+1}^{(1)}}{N}$，$N$ 代表在计算移动平均值时选定的数据个数。

3.3.3　指数平滑方法

1. 一次指数平滑法

设时间序列为 $y_1, y_2, \ldots, y_t$，则一次指数平滑公式为

$$S_t^{(1)} = \alpha y_t + (1-\alpha)S_{t-1}^{(1)} \tag{3-5}$$

式中，$S_t^{(1)}$ 为第 t 期的一次指数平滑值；α 为加权系数，$0 < \alpha < 1$。

2. 二次指数平滑法

当时间序列没有明显的变动趋势时，使用第 t 期一次指数平滑法就能直接预测第 $t+1$ 期的值。但当时间序列的变动呈现直线趋势时，用一次指数平滑法来预测存在着明显的滞后偏差。

修正的方法是在一次指数平滑的基础上再进行一次指数平滑，利用滞后偏差的规律找出曲线的发展方向和发展趋势，然后建立直线趋势预测模型，即二次指数平滑法。

设一次指数平滑为 $S_t^{(1)}$，则二次指数平滑 $S_t^{(2)}$ 的计算公式为

$$S_t^{(2)} = \alpha S_t^{(1)} + (1-\alpha)S_{t-1}^{(2)} \tag{3-6}$$

若时间序列 $y_1, y_2, ..., y_t$ 从某时期开始具有直线趋势，且认为在未来时期也按此直线趋势变化，则其与趋势移动平均类似，可用以下直线趋势模型来预测：

$$\hat{y}_{t+T} = a_t + b_t T \quad (T = 1, 2, \cdots t) \tag{3-7}$$

式中，t 为当前时期数；T 为由当前时期数 t 到预测期的时期数；$\hat{y}_{t+T}$ 为第 $t+T$ 期的预测值；a_t 为截距，b_t 为斜率，其计算公式为 $a_t = 2S_t^{(1)} - S_t^{(2)}$，$b_t = \dfrac{\alpha}{1-\alpha}(S_t^{(1)} - S_t^{(2)})$。

▶▶ 3.3.4 季节指数方法

1. 季节指数水平法

季节指数水平法指变量在一年内以季（月）的循环为周期特征，通过计算变量的季节指数来达到预测目的的一种方法。季节指数水平法的预测过程：首先分析判断时间序列数据是否呈季节性波动。通常可将 3～5 年的资料按月或季展开，绘制历史曲线图，通过观察其在一年内有无周期性波动来做出判断；然后将各种因素结合起来考虑，即考虑它是否还受长期趋势变动的影响、是否受随机波动的影响等。

季节指数水平法的计算步骤如下。

第一步：收集 3 年以上各年中各月或季数据 Y_t，形成时间序列。

第二步：计算各年同季或同月的平均值 $\overline{Y}_i$：$\overline{Y}_i = \sum\limits_{i=1}^{n} Y_i / n$，$Y_i$ 为各年各月或各季观察值，n 为年数。

第三步：计算所有年度所有季或月的平均值 $\overline{Y}_0$：$\overline{Y}_0 = \sum\limits_{i=1}^{n} \overline{Y}_i / n$，$n$ 为一年季数或月数。

第四步：计算各季或各月的季节比率 f_i（季节指数）：$f_i = \overline{Y}_i / \overline{Y}_0$。

第五步：计算预测期趋势值 $\hat{X}_t$。趋势值是不考虑季节变动影响的市场预测趋势估计值，它的计算方法有多种，如可以以观察年的年均值除以一年的月数或季数。

第六步：建立季节指数水平预测模型，即 $\hat{Y}_t = \hat{X}_t \cdot f_t$。

2. 季节指数趋势法

季节指数趋势法指在时间序列观察值既有季节周期变化，又有长期趋势变化的情况下，首先建立趋势预测模型，然后在此基础上求得季节指数，最后建立数学模型进行预测的一种方法。

季节指数趋势法的计算步骤如下。

第一步：以一年的季数 4 或一年的月数 12 为 N，对观察值的时间序列进行 N 项移动平均。由于 N 为偶数，因此应对相邻两期的移动平均值再平均后对正，形成新序列 M_t，并以此为长期趋势。

第二步：将各期观察值除以同期移动平均值，得到季节比率 f_t（$f_t = Y_t / M_t$），以消除趋势。

第三步：将各年同季或同月的季节比率平均，季节平均比率 F_i 可消除不规则变动。i 表示某季度或月份。

第四步：计算时间序列线性趋势预测值 $\hat{X}_t$，模型为 $\hat{X}_t = a + bt$。这里可采用移动平均法：

$$b = \frac{M_t \text{末项} - M_t \text{首项}}{M_t \text{项数}} ; \quad a = \frac{\sum_{t=1}^{n} Y_t - b\sum_{t=1}^{n} t}{n} 。$$

第五步：求季节指数趋势预测值 $\hat{Y}_t = \hat{X}_t \cdot F_i$。

▶▶ 3.3.5　时间序列分析算法实例

已知某天猫店铺 2016～2019 年季度零售额数据，请对如表 3.6 所示的时间序列数据进行分析。

1. 时间序列数据的折线图

表 3.6　某天猫店铺 2016—2019 年季度零售额

序　号	年	季	销售额/万元	序　号	年	季	销售额/万元
1	2016	1	340	9	2018	1	530
2		2	210	10		2	480
3		3	300	11		3	520
4		4	360	12		4	670
5	2017	1	460	13	2019	1	690
6		2	410	14		2	580
7		3	450	15		3	620
8		4	570	16		4	750

单击"插入"图表中的"折线图"选项，如图 3.15 所示。

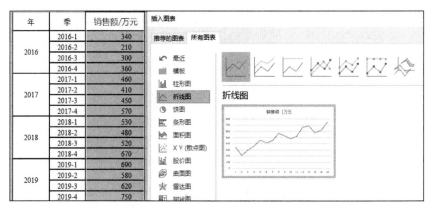

图 3.15　折线图选项

得到销售额时间序列数据的折线图，如图 3.16 所示。

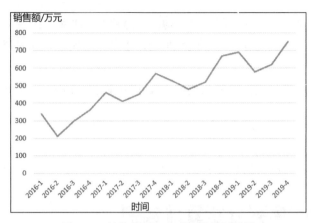

图 3.16　销售额时间序列数据的折线图

2. 时间序列数据的一次移动平均

在数据分析的"分析工具"下拉列表框中选择"移动平均"选项，单击"确定"按钮，如图 3.17 所示。

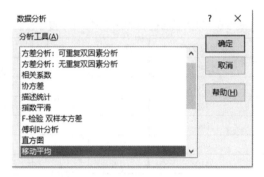

图 3.17　移动平均功能选项

输入区域设置为"$C$1：$C$17"；间隔设置为 3；输出区域设置为"$D$2"，勾选"图表输出"复选框，单击"确定"按钮，如图 3.18 所示。

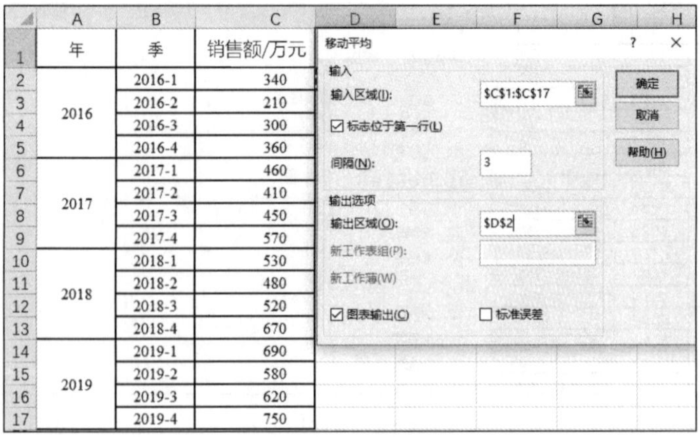

	A	B	C
1	年	季	销售额/万元
2	2016	2016-1	340
3		2016-2	210
4		2016-3	300
5		2016-4	360
6	2017	2017-1	460
7		2017-2	410
8		2017-3	450
9		2017-4	570
10	2018	2018-1	530
11		2018-2	480
12		2018-3	520
13		2018-4	670
14	2019	2019-1	690
15		2019-2	580
16		2019-3	620
17		2019-4	750

图 3.18　移动平均的操作选项

在单击"确定"按钮后，出现如图3.19所示的一次移动平均结果，以及原值与移动平均值的对比图。

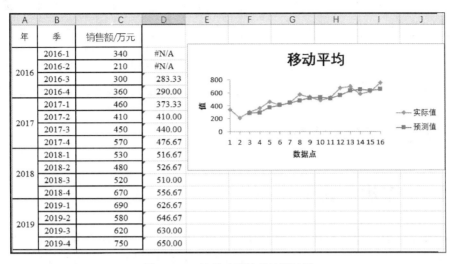

图 3.19　一次移动平均的计算结果

3. 时间序列数据的季节指数趋势法模型

使用如表3.6所示的销售额时间序列数据，并采用季节指数趋势法进行计算，如表3.7所示。其中，季节比率平均值算法如表3.8所示。

表 3.7　各季销售额时间序列数据

年	季	销售额 Y_t/万元	移动平均值 $N=4$	对正平均值 M_t（$N=2$）	季节比率 f_t	长期趋势 $\hat{X}_t$	预测值 $\hat{Y}_t$
2016	1	340	—	—	—	288.43	313.8
	2	210	—	—	—	316.14	284.2
	3	300	302.5	317.5	0.9449	343.85	319.2
	4	360	332.5	357.5	1.0070	370.56	402.9
2017	1	460	382.5	401.3	1.1462	399.27	434.5
	2	410	420.0	446.3	0.9187	426.98	383.9
	3	450	472.5	481.3	0.9350	454.69	422.1
	4	570	490.0	498.8	1.1427	482.40	523.1
2018	1	530	507.5	516.3	1.0265	510.11	555.1
	2	480	525.0	537.5	0.8930	537.82	483.6
	3	520	550.0	570.0	0.9123	565.53	525.0
	4	670	590.0	602.5	1.1120	593.24	643.3
2019	1	690	615.0	627.5	1.0996	620.95	675.7
	2	580	640.0	650.0	0.8923	648.66	583.2
	3	620	660.0	—	—	676.37	627.9
	4	750	—	—	—	704.08	763.5

表 3.8　季节比率平均值算法

季	2016	2017	2018	2019	比率合计	平均比率	调整比率
1	—	1.1463	1.0265	1.0996	3.2724	1.0908	1.0881
2	—	0.9187	0.8930	0.8923	2.7040	0.9013	0.8991
3	0.9 449	0.9350	0.9123		2.7922	0.9307	0.9284
4	1.0 070	1.1427	1.1120	—	3.2617	1.0872	1.0844

3.4　聚类分析

3.4.1　聚类的定义

聚类（Clustering）是将数据划分成群组的过程，用来研究如何在没有训练的条件下把对象划分为若干类。通过确定数据之间在预先制定的属性上的相似性来完成聚类任务，这样最相似的数据就聚集成簇（Cluster）。聚类与分类不同，聚类的类别取决于数据本身，而分类的类别是由数据分析人员预先定义好的。使用聚类分析算法的用户不但需要深刻地了解所用的特殊技术，而且要知道数据收集过程的细节及拥有应用领域的专家知识。

3.4.2　K-means 算法

K-means 算法接受输入量 k，然后将 n 个数据对象划分为 k 个聚类，以便使获得的聚类满足：同一聚类中数据对象的相似度较高，而不同聚类中数据对象的相似度较小。聚类相似度是利用各聚类中数据对象的均值获得一个"中心对象"（引力中心）来进行计算的。

K-means 算法的工作过程如下。

首先从 n 个数据对象中任意选择 k 个数据对象作为初始聚类中心，而对于剩下的其他数据对象，则根据它们与这些聚类中心的相似度（距离），分别将它们分配给与其最相似的聚类中心代表的聚类；然后计算每个所获新聚类的聚类中心（该聚类中所有对象的均值）。不断重复这一过程直到标准测度函数开始收敛为止。一般采用误差平方和作为标准测度函数，即准则函数 E。

$$E = \sum_{i=1}^{k} \sum_{x \in C_i} d^2(x, z_i) \tag{3-8}$$

设待聚类的数据集为 $X=\{x_1, x_2, \cdots, x_n\}$，将其划分为 k 个簇 C_i，则均值为 z_i，即 z_i 为簇 C_i 的中心($i=1, 2, \cdots, k$)。E 为所有数据对象的误差平方的总和，$x \in X$ 为空间中的点，$d(x, z_i)$ 为点 x 与 z_i 间的距离，它们可以利用明氏、欧氏、马氏或兰氏距离求得。样本点分类和聚类中心的调整是迭代交替进行的两个过程。

3.4.3　聚类分析算法实例

设有数据样本集合 $X=\{1,5,10,9,26,32,16,21,14\}$，将 X 聚为 3 类，即 $k=3$。随机选择前 3 个

数值为初始的聚类中心，即 $z_1=1$，$z_2=5$，$z_3=10$（采用欧氏距离进行计算）。

第一次迭代：按 3 个聚类中心将样本集合分为 3 个簇：{1}，{5}，{10,9,26,32,16,21,14}。对产生的簇分别计算平均值，得到的平均值点填入步骤 2 的 z_1、z_2、z_3 栏中（见表 3.9）。

第二次迭代：通过平均值调整数据对象所在的簇，重新聚类，即将所有点按距离平均值点 1，5，18.3 最近的原则重新分配，得到三个新的簇：{1}，{5,10,9}，{26,32,16,21,14}。将其填入步骤 2 的 C_1、C_2、C_3 栏中（见表 3.9）。重新计算簇平均值点，得到新的平均值点为 1，8，21.8。

以此类推，当进行到第五次迭代时，得到的三个簇与第四次迭代的结果相同，而且准则函数 E 收敛，迭代结束，如表 3.9 所示。

表 3.9　K-means 算法计算过程

步　骤	z_1	z_2	z_3	C_1	C_2	C_3	E
1	1	5	10	{1}	{5}	{10,9,26,32,16,21,14}	433.43
2	1	5	18.3	{1}	{5,10,9}	{26,32,16,21,14}	230.8
3	1	8	21.8	{1}	{5,10,9,14}	{26,32,16,21}	181.76
4	1	9.5	23.8	{1,5}	{10,9,14,16}	{26,32,21}	101.43
5	3	12.3	26.3	{1,5}	{10,9,14,16}	{26,32,21}	101.43

本章知识小结

本章主要学习了与电子商务数据分析相关的模型方法，主要包括两大类，一类是统计分析，包括静态分析指标、动态分析指标、统计指数、抽样推断、相关分析与回归分析等内容；另一类是数据挖掘模型，主要是从大量的数据中发现隐含的、事先未知的、潜在的、有用的信息，或者知识、规则、规律、模式，其主要包括时间序列分析模型、聚类分析算法等。

本章考核检测评价

1. 判断题

（1）总量指标属于静态分析指标。

（2）平均数动态数列是把一系列同类的相对指标数值按时间先后顺序排列形成的。

（3）一般情况下，样本容量超过 20 个样本即可视为大样本。

（4）某次计算得到相关系数 R 为 0.58，可认为两类变量之间存在显著相关。

（5）在指数平滑方法中，若认为近期影响高于远期影响，则加权系数 α 可大一些。

2. 单选题

（1）以下不属于相对指标的是（　　　）。

    A. 倍数　　　　　　B. 成数　　　　　　C. 百分数　　　　　　D. 中位数

（2）按相关程度划分，以下不属于相关关系的是（   ）。

    A．完全相关   B．正相关

    C．不相关   D．不完全相关

（3）求解线性回归模型参数的方法称为（   ）。

    A．相关系数   B．聚类分析

    C．最小二乘   D．关联规则

（4）聚类分析算法停止的标志是（   ）收敛。

    A．聚类数   B．聚类中心

    C．准则函数   D．相似度

（5）能够在没有训练的条件下把对象划分为若干类的算法是（   ）。

    A．回归分析   B．关联规则

    C．聚类分析   D．分类分析

3. 多选题

（1）平均指标包括（   ）。

    A．算术平均数   B．调和平均数

    C．众数   D．中位数

（2）按表示的特征不同，统计指数可分为（   ）。

    A．数量指标指数   B．定基指数

    C．质量指标指数   D．动态指数

（3）以下属于按形式分类的相关关系的有（   ）。

    A．线性相关   B．非线性相关

    C．偏相关   D．曲线相关

（4）以下可以被认为是时间序列数据的有（   ）。

    A．股票价格   B．每日气温

    C．心跳变化   D．地震强度

（5）在聚类分析中，可作为测量类间距离方法的有（   ）。

    A．明氏距离   B．欧氏距离

    C．马氏距离   D．兰氏距离

4. 简答题

（1）什么是变异指标？

（2）简述统计指数的作用。

（3）简述回归分析模型的主要形式。

（4）简述 K-means 算法的工作过程。

（5）简述季节指数水平法的主要步骤。

5. 案例题

（1）Target 百货商店的怀孕预测指数案例。

数据分析可以驱动市场营销、成本控制、产品和服务、管理和决策及商业模式的创新。Target

顾客数据分析部高级经理 Andrew Pole 根据 Target 迎婴聚会（Baby Shower）的登记表建立了一个购买商品与妊娠阶段之间的相关模型，选出了 25 种典型商品的消费数据，构建了"怀孕预测指数"。通过这个指数，Target 能够在很小的误差范围内预测到顾客的怀孕情况，并把孕妇优惠广告寄发给顾客。根据 Andrew Pole 的数据模型，Target 制订了全新的广告营销方案，结果 Target 的孕期用品销售呈现了爆炸性的增长。然后 Target 从孕妇这个细分顾客群向其他各种细分客户群推广。

根据上述案例思考以下问题。

（1）在商业领域，数据分析的作用有哪些？

（2）上述案例中应用了哪些数据分析方法？

（3）数据分析与保护用户隐私之间，应如何注意数据分析的伦理性？

（4）请同学们分组讨论，还有哪些成功的数据分析案例？

第4章

数据的采集

【章节目标】

1. 了解数据获取的概念和方法
2. 熟悉网络数据的爬取方式和工具
3. 了解店铺数据获取的主要渠道和方法
4. 掌握调查问卷的设计方法与注意事项

【学习重点、难点】

1. 网络数据的爬取技术
2. 店铺数据获取的主要渠道
3. 调查问卷的设计与数据统计

【案例导入】

数据采集技术在京东电商成本控制方面的应用

京东运用大数据建立采购与库存成本控制体系。

（1）采购成本控制。京东利用其数据优势收集并存储消费者评价，然后利用数据分析技术对消费者偏好进行预测，并对产品的材质、性能进行分析汇总，同时将信息传递给上游供应商、生产商，以降低供应商生产成本和研发成本，最终降低商品成本。此外，京东利用数据分析技术建立供应商数据库，快速准确地筛选优质供应商，以降低交易成本与订货成本。

（2）存货管理成本控制。京东利用大数据分析技术建立存货实时管理系统，根据商品历史销售量、供货商配送速度和质量等因素，精准预测各种商品的库存临界值和补货量，在商品库存达到警戒线时，选择满足订单需求的供货商自助下单，快速及时地进行补货，以降低缺货成本。这样不仅减少了对企业资金的占用及不必要的持有成本，而且提高了存货周转率，进而提高了京东对供应商的议价能力。

由上述案例可知，实时采集采购与库存数据并进行分析处理帮助京东消除了供应链中的无效成本，从而达到了有效控制和降低成本的目标。

案例来源：曹舒佩.大数据在电商供应链成本控制方面运用的研究—以京东为例[J].经济研究导刊，2021(05):121-123.

4.1 电子商务相关数据的获取

在进行数据分析之前，首先需要完整、真实、准确地收集和获取数据，以便量化数据分析工作的开展。获取电子商务相关数据的常见途径：从公开数据源获取、利用网络爬虫抓取数据及设计调查问卷收集数据。特别地，针对电子商务平台和卖家，可以通过网站后台获取运营数据。

1. 公开数据源

比较权威的公开数据源包括国际货币基金组织、世界银行、世界卫生组织、经济合作和发展组织、UCI 数据库等。

国际货币基金组织官网上发布了世界经济展望、地区经济展望、全球金融稳定报告、国际收支统计等数据和信息。

世界银行的公开数据中提供了世界各国的发展数据，数据指标包括健康、公共部门、农业与农村发展、城市发展、基础设施、环境等。

世界卫生组织官网上提供了全球卫生观察数据，包括死亡和全球卫生预测、卫生公平监测、孕产妇和生殖健康数据、新生儿和儿童死亡率等。

经济合作和发展组织官网上发布的统计数据包括创业及商业统计数据、财政统计数据、国际贸易和国际收支统计数据等。

UCI 数据库是加州大学欧文分校（University of California，Irvine）提出的、用于机器学习的数据库。这个数据库目前共有 588 个数据集，而且其数目还在不断增加。UCI 数据集包含社会科学、物理学、计算机科学/工程、经济学等方面的数据。

2. 网络爬虫

由于网络爬虫可以自动访问网页并记录网页对应的内容，因此其常被用作数据获取工具。这里主要介绍用作数据获取工具的网络爬虫。网络爬虫是一类批量自动地访问网页的工具，其核心功能是访问网页。网页中的素材存在于网站所在的服务器上，当这个服务器收到一个访问请求时，它会把对应的素材发送到请求发出的地方，这就是人们通过浏览器可以看到别人服务器上的内容的原因。换句话说，浏览器是一种访问网页的工具，大部分编程语言中都有访问网页的工具包，如 Python 语言的 urllib、R 语言的 curl 及众多的独立框架。这些工具实现了一个主要的功能，即向目标服务器发送请求，并等待接收目标服务器的反馈。例如，当浏览器访问淘宝网的主页时，可以看到服务器返回了 HTML 文件、图片素材等内容，这些内容被浏览器重新组织渲染，形成了用户看到的网页的样子。编程语言中的网页访问工具可以获得同样的内容，并且可以对其进行分析与记录。

为了获取数据，只有访问页面的功能还不够方便，需要批量自动地完成。使用编程语言可以方便地定义访问顺序、数据储存方式及处理异常的机制。"批量自动"功能很容易实现，相当于批量用程序做其他工作。网络爬虫的困难之处在于解析从服务器收到的内容，并将它变成我们感兴趣的数据。这里可能需要对字符串进行处理，我们可以借助第三方的网页源代码处理工具包，如 Beautiful Soup 等。

此外，由于批量网络爬虫需要等待服务器响应，效率相对较低，因此可以通过多进程、多线程的设计来充分利用资源。利用网络爬虫获取数据有技术难度，需要熟练掌握 R 或 Python 等语言。市面上也有不少成熟的网络爬虫工具，如八爪鱼、Web Scraper 等。这些工具操作简单且功能强大，具有可视化功能，无须编写代码，只需参考模板就可以快速获取网站公开数据。

3. 问卷调查

调查是获取一手数据的重要方式之一。通常而言，调查指为了了解总体的某些属性特征，而对其中的所有或部分个体开展信息搜集的系统方法。之所以称其为"系统方法"，是因为在成本和数据质量的约束下，方案设计、数据收集、加工和分析等环节需要遵循一系列的基本原则。调查方法多种多样，我们可以从不同的角度来讨论分类，这里主要关注问卷调查。

问卷调查的主要工作流程如图 4.1 所示。

（1）明确调查目的。这通常是由研究问题确定的，也就是想通过此项调查获得哪些数据来支撑研究。

（2）规划调查方案。一个好的调查方案有助于明确调查的具体细节，为顺利开展调查夯实基础。调查方案应包含但不限于如下内容：调查背景和目的、调查对象和内容、抽样调查、调查流程，以及数据收集方法、分工、进度安排和预算。

（3）设计调查问卷。问卷内容决定会采集到什么样的数据。

（4）发放问卷，执行调查。结合由调查方案确定的抽样方法和样本量，具体执行本次调查。在发放问卷之前，注意对访员进行适当培训，以控制数据质量。

（5）分析数据。这一步实际包含对数据的编码、核查、预处理和分析，前三者是重要基础。

（6）撰写调查报告。在普通的数据分析报告的基础上，调查报告应补充介绍调查方法、描述样本特征（包括样本量、样本的人口学特征等）等内容。

图 4.1　问卷调查的主要工作流程

4.2　网络数据的爬取

▶▶ 4.2.1　网络爬虫的基础知识

网络爬虫已成为获取网络数据资源的有效方式。网络爬虫又称为网络蜘蛛或 Web 信息采集器，它是一种按照指定规则自动抓取或下载网络资源的计算机程序或自动化脚本。对网络爬虫狭义上的理解：利用标准网络协议（如 HTTP、HTTPS 等），根据网络超链接和信息检索方法（如深度优先）遍历网络数据的软件程序。对网络爬虫功能上的理解：确定待采集的 URL 队列，获取每个 URL 队列对应的网页内容（如 HTML 和 JSON 等），根据用户要求解析网页中的字段（如标题），并存储解析得到的数据。

网络爬虫须知

网络爬虫作为一项技术，应该服务于社会。在使用该技术的过程中，应遵守 Robots 协议（互联网行业数据抓取的道德协议），同时需要注意对数据涉及的知识产权和隐私信息进行保护。另外，在采集数据时，不要频繁地请求网页，防止给数据提供者的服务器造成不良影响。在使用采集的数据时，需要注意是否涉及商业利益和相关法律。

▶▶ 4.2.2　网络爬虫的两种主流工具

1. 八爪鱼

1）介绍八爪鱼

八爪鱼是深圳视界信息技术有限公司研发的一款业界领先的网页数据采集软件，它具有使用简单、功能强大等优点。八爪鱼可简单快速地将网页数据转化为结构化数据，并存储于 Excel 或数据库等，而且其可提供基于云计算的大数据云采集解决方案，以实现精准、高效、大规模地采集数据。八爪鱼智能模式可实现输入网址全自动化导出数据，是国内首个大数据一键采集平台。八爪鱼的规则配置流程模拟人的思维模式，贴合用户的操作习惯，并且提供 4 种操作模式，以满足不同的个性化应用需求，如图 4.2 所示。简易模式内置上百种主流网站数据源，存放了国内一些主流网站爬虫采集规则，如京东、天猫、大众点评等热门采集网站，只需参照模板简单设置参数，就可以快速获取网站公开数据，节省了制定规则的时间及精力。对于大部分电子商务平台上的卖家，直接自定义规则可能有难度，在这种情况下，可以使用简易模式。

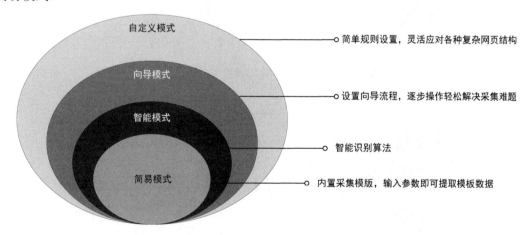

图 4.2　4 种数据采集操作模式

2）在简易模式下"京东商品列表采集"

采集京东商品数据有很多作用，如可以分析京东商品价格变化趋势，了解评价数量、竞品销量和价格，分析竞争店铺等，以快速掌握市场行情，帮助企业进行决策。下面重点介绍八爪鱼在简易模式下"京东商品列表采集"的使用过程及注意要点。

（1）下载八爪鱼软件并登录。打开八爪鱼软件官方下载界面，单击"立即下载"按钮，如图 4.3 所示。下载八爪鱼软件并安装，安装完毕后打开软件，然后进行账户注册与登录。

（2）设置京东商品列表抓取规则。进入登录界面即可看到主页上的"热门采集模板"，单击"京东"选项，如图 4.4 所示。

图 4.3　官方网站下载界面

图 4.4　选择"简易采集"

京东爬虫内置了 6 条规则，这里仅以"京东列表页数据采集（list 开头网址）"举例说明，单击"查看详情"，如图 4.5 所示。

图 4.5　选择"京东列表页数据采集（list 开头网址）"

（3）掌握模板的使用方式。"采集模板"页面详细介绍了模板的使用方式，如图 4.6 所示，"采集字段预览"包括商品名称、总评价数、店铺名称、价格、采集时间、当前页面网址、店铺类型、选购指数等；"采集参数预览"包括列表页网址，如图 4.7 所示；"示例数据"则以表格形式给出爬取的数据，如图 4.8 所示，最后单击"立即使用"按钮。

图 4.6 采集模板详情页

图 4.7 采集参数预览

商品名称	价格	店铺名称	店铺链接	商品详情链接	总评价数	选购指数	店铺类型	当前页面网址
小米电视4X 65...	2799.00	小米京东自营...	https://mall.jd...	https://item.jd...	53万+	3.6	自营	https://list.jd.c...
小米电视4X 43...	1099.00	小米京东自营...	https://mall.jd...	https://item.jd...	62万+	1.9	自营	https://list.jd.c...
小米电视4A 65...	2799.00	小米京东自营...	https://mall.jd...	https://item.jd...	53万+	8.7	自营	https://list.jd.c...
小米电视4A 32...	799.00	小米京东自营...	https://mall.jd...	https://item.jd...	110万+	6.3	自营	https://list.jd.c...
小米电视4A 70...	2999.00	小米京东自营...	https://mall.jd...	https://item.jd...	12万+	2.2	自营	https://list.jd.c...
小米电视4A 55...	1899.00	小米京东自营...	https://mall.jd...	https://item.jd...	101万+	7.4	自营	https://list.jd.c...
小米全面屏电...	899.00	小米京东自营...	https://mall.jd...	https://item.jd...	110万+	1.9	自营	https://list.jd.c...
海信（Hisense...	1599.00	海信电视京东...	https://mall.jd...	https://item.jd...	34万+		自营	https://list.jd.c...

图 4.8 示例数据

（4）保存并运行京东列表页数据采集规则。填入本次爬取任务的任务名及对应的任务组（默认为"我的任务组"），输入需要爬取的 URL，这里要求必须以"list"开头，单击"保存并启动"按钮，如图 4.9 所示。

图4.9　填写并启动爬虫

图4.10　启动采集

在弹出的"启动任务"对话框中单击"启动本地采集"按钮，如图 4.10 所示，即用本地网络发送请求。"启动云采集"指用云服务器资源向目标服务器发送请求，适用于时间长、数据量较大的爬虫任务。本示例以"启动本地采集"为例。

单击"启动本地采集"按钮后会弹出一个新窗口，窗口上半部分显示实时网页画面，可以看到网页在不断地下拉，说明正在爬取数据。在采集过程中，可以随时单击"停止采集"按钮停止数据采集，如图 4.11 所示。

图4.11　数据采集中

在采集结束后，可以单击"导出数据"按钮导出数据，如图 4.12 所示。

八爪鱼提供多种可选的数据存储方式，包括 Excel（xlsx）、CSV 文件、HTML 文件、JSON、导出到数据库等，如图 4.13 所示。本示例选择 Excel（xlsx），保存的数据如图 4.14 所示。

图 4.12　导出数据

图 4.13　选择导出数据格式

图 4.14　保存的数据

2. Web Scraper

Web Scraper 是一个轻量级的 Chrome 浏览器爬虫插件，用于抓取任意 Web 页面并使用几行 JavaScript 代码从中提取结构化数据。它能够加载 Web 页面并实现动态抓取。Web Scraper 既可在用户界面中手动配置和运行，又可使用 API 运行，还可将抓取的数据以各种格式导出并保存到本地，如 JSON、XML 或 CSV 文件。对于一般的爬取需求，Web Scraper 都能满足，若需要更加灵活地爬取数据，则需要使用 Python 等编程语言来实现爬虫。

1）Web Scraper 的安装

如果网络状况较好，那么 Web Scraper 可选择在 Chrome 网上应用商店下载，也可在其他提供下载的网站下载，下载后保存有一个.crx 文件。

（1）打开 Chrome 浏览器，找到"扩展程序"，如图 4.15 所示。

（2）打开开发者模式，如图 4.16 所示。

（3）将下载下来的.crx 文件的后缀名更改为"zip"并解压，单击"加载已解压的拓展程序"按钮，选中解压后的文件夹，部署过程和结果如图 4.17 所示。

2）Web Scraper 抓取数据的操作实例

以抓取 CSDN 博客条目为例，展示 Web Scraper 的基本使用方法。首先，打开 CSDN 网站的博客首页，搜索"web scraper"关键词，搜索结果如图 4.18 所示，并记下当前的 URL，即 https://so.csdn.net/so/search/all?q=web%20scraper&t=all&p=1&s=0&tm=0&lv=-1&ft=0&l=&u=。

图 4.15　找到"扩展程序"

图 4.16　打开开发者模式

图 4.17　部署过程和结果

图 4.18　搜索结果

　　按 F12 键，弹出调试窗口，也可单击鼠标右键，再单击"检查"选项，将调试工具置为窗口下半部分，便于之后的抓取操作。此时，可以从菜单中看到最后一项"Web Scraper"，然后单击该选项，可以看到 3 个子菜单，单击"Create new sitemap"→"Create sitemap"，创建一个

新网站地图，并填写刚才得到的 URL，再自拟一个名称。注意，名称最好使用英文名，再单击
"Create Sitemap" 按钮，如图 4.19 所示。

图 4.19　创建新网站地图

　　此时，只有一个根节点，单击 "Add new selector"，创建一个新的选择器，给选择器命名，
将 Type 栏选为 "Element"，表示要抓取的是元素节点，因为 Web Scraper 是基于 DOM 的抓取
工具，所以它会将 HTML 页面解析为一个节点树，在根节点下还有元素、元素属性、文本等节
点类型。单击 Selector 栏的 "Select" 按钮，移动鼠标指针到页面上，会发现鼠标指针自动框选
元素，调整鼠标指针到合适的位置，将一整个条目都框住。为了选取所有文章，需要框选多个
节点，当框选一定数量的节点后，工具会自动帮我们选择相同结构的节点。选择完毕后，单击
"Done selecting!"，文章元素的选择结果如图 4.20 所示，勾选 "Multiple" 选项，代表选择多个
节点。

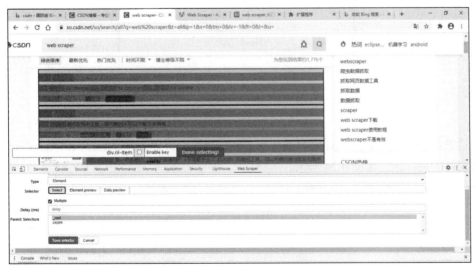

图 4.20　文章元素的选择结果

　　单击 Selector 栏的 "Element preview"，可以看到已选择的元素；单击 "Data preview" 可以

看到数据预览。由于本次选择的是 Element 节点，它包含子节点，因此数据预览无法显示，只适用于文本类型节点的预览。单击"Save selector"可以保存选择器，保存选择器后的页面如图 4.21 所示。

图 4.21　保存选择器后的页面

同样，还可以再次编辑、删除选择器或预览选择器选中的元素或数据。为了爬取文章或资源的标题和日期，再添加两个选择器，将 Type 栏选为"Text"，不要勾选"Multiple"选项，将 Parent Selectors 栏选为"pages"，因为一个 pages 元素只有一个子元素，如图 4.22 所示。

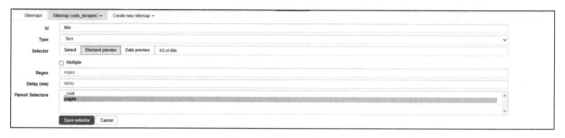

图 4.22　创建子选择器

为了看到层次清晰的选择器结构，单击"Sitemap（web_scraper）"→"Selector Graph"，可以看到该网页的选择器父子结构，如图 4.23 所示。

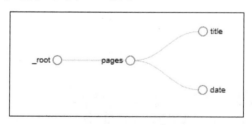

图 4.23　选择器树

框选选择器节点，单击"pages"选择器的数据预览，可以看到"title"和"date"子节点自动变成表格的列标题，如图 4.24 所示。

图 4.24　pages 的数据预览

单击"Sitemap（web_scraper）"→"Scrape"，可以选择以一定的时间段和响应时间爬取网页，如图 4.25 所示。

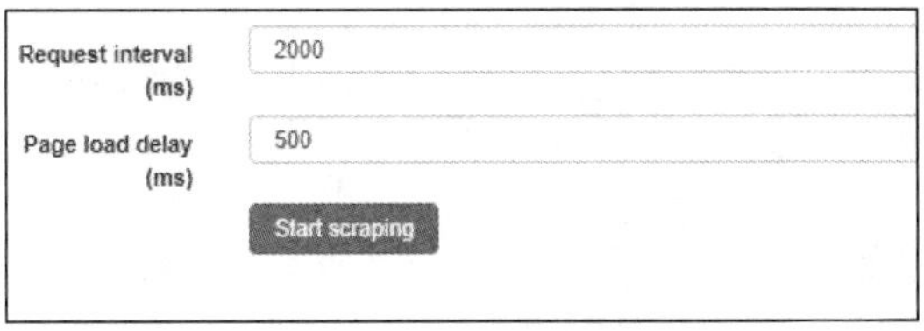

| Request interval (ms) | 2000 |
| Page load delay (ms) | 500 |

Start scraping

图 4.25　开始爬取数据

单击"Start scraping"，弹出一个新的页面，在该页面中爬取选择器对应的数据，爬取成功后，可以单击"Sitemap（web_scraper）"→"Browse"，预览爬取的数据，如图 4.26 所示。

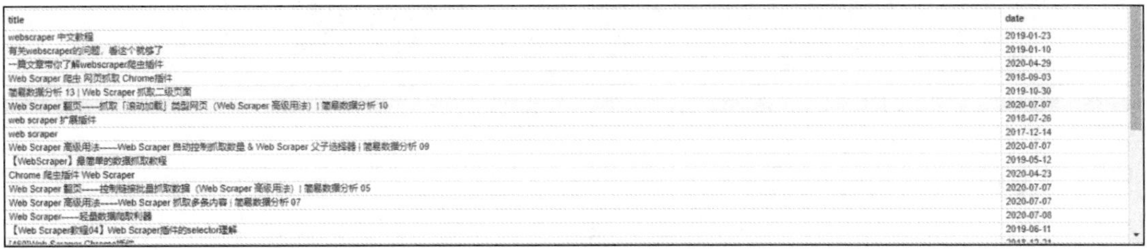

title	date
webscraper 中文教程	2019-01-23
有关webscraper的问题，看这个视频了	2019-01-10
一篇文章带你了解webscraper爬虫插件	2020-04-29
Web Scraper 爬虫 网页抓取 Chrome插件	2018-09-03
简易数据分析 13｜Web Scraper 抓取二级页面	2019-10-30
Web Scraper 翻页——抓取「滚动加载」类型网页（Web Scraper 高级用法）简易数据分析 10	2020-07-07
web scraper 扩展插件	2018-07-26
web scraper	2017-12-14
Web Scraper 高级用法——Web Scraper 轻松控制抓取数量 & Web Scraper 父子选择器｜简易数据抓取教程	2020-07-07
【WebScraper】最简单的数据抓取教程	2019-05-12
Chrome 爬虫插件 Web Scraper	2020-04-23
Web Scraper 翻页——控制链接批量抓取数据（Web Scraper 高级用法）简易数据分析 05	2020-07-07
Web Scraper 高级用法——Web Scraper 抓取多条内容｜简易数据分析 07	2020-07-07
Web Scraper——轻松爬取数据的利器	2020-07-08
【Web Scraper教程04】Web Scraper插件的selector详解	2019-06-11
【460】Web Scraper Chrome插件	2018-12-21

图 4.26　数据预览

单击"Sitemap（web_scraper）"→"Export data as CSV"→"Download now!"，以 CSV 文件的格式将爬取的数据保存到本地，如图 4.27 所示。

保存到本地的 CSV 文件如图 4.28 所示。

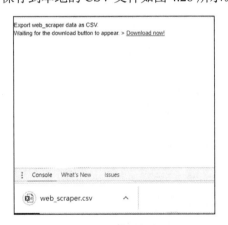

图 4.27　数据保存

图 4.28　保存到本地的 CSV 文件

▶▶ 4.2.3　Python 爬取数据

使用 Python 爬取数据需要使用者具有一定的 Python 基础，包括 Python 的下载、环境配置、安装方法，以及基本语法和函数的使用、脚本的执行等，可通过其他书籍或网上资源来习得。下面介绍使用 Python 爬取数据的思路和基本操作，淘宝网站数据源如图 4.29 所示。

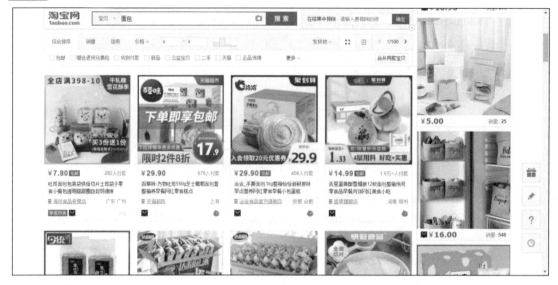

图 4.29　淘宝网站数据源

假设要爬取淘宝网的商品数据，执行如下程序：访问站点；定位所需的信息；得到并处理信息。这个简单的程序定义了一个网络爬虫程序普遍的流程。这个程序执行后会生成一个"crawdata.txt"文本文档，打开文本文档后可看到输出商品的序号、价格、商品名称等信息，如图 4.30 所示，也可进一步将文本文档导入到 Excel 中进行数据分析（将文本文档导入 Excel 的操作参见 5.1.1 节）。

```
crawdata.txt - 记事本
文件(F)  编辑(E)  格式(O)  查看(V)  帮助(H)
序号   价格      商品名称
1      29.80     友臣魔方吐司营养面包懒人早餐速食食品充饥
2      29.90     百草味-方物吐司550g芝士葡萄面包营整箱养早餐网红零食糕点
3      29.90     洽洽_手撕面包1kg整箱恰恰新鲜原味早点营养网红零食早餐小包蛋糕
4      14.99     舌里蛋酥黄娘娘12枚面包整箱休闲零食品早餐月饼网红美食小吃
5      2.98      今统生吐司单包全麦鸡蛋仔糕北海道手撕吐司面包蛋糕早餐休闲零食
6      22.80     达利园巧克力派1kg整箱蛋糕蛋黄派宿舍零食耐吃糕点早餐面包小吃
7      34.80     盼盼梅尼耶干蛋糕700g整箱奶香味面包干饼干饼午条夜宵充饥零食
8      22.90     明高 现做现发全麦吐司面包杂粮切片整箱粗粮早餐0无糖精代餐饱腹
9      18.00     南京千里酥 爆浆香葱麻薯网松卷 肉松面包早餐手工糕点网红蛋糕
10     22.80     豪士乳酸菌小口袋面包健康零食早餐蛋糕休闲小吃充饥夜宵年货整箱
11     29.90     纯蛋糕面包整箱早餐油食营养学生充饥夜宵懒人零食品小吃休闲年货
12     22.00     南京酵墅 凡尔赛玫瑰 欧包网红面包早餐甜品零食糕点心南京美食
13     21.90     【百草味-手撕面包1kg】全麦蛋糕早餐营养食品 休闲零食小吃整箱
14     29.60     碧翠园黑麦全麦面包无糖精无油杂粮代餐健身减低脱脂整箱粗粮早餐
15     25.80     休闲农场三明治蒸蛋糕小面包整箱包邮儿童早餐食品夹心西式糕点心
16     33.80     友臣肉松饼2.5斤整箱休闲小吃零食早餐面包传统糕点食品整箱散装
17     27.80     手撕面包整箱营养早餐速食蛋糕点充饥夜宵懒人零食品小吃休闲年货
18     22.90     玛呖德紫米面包全麦代餐夹心奶酪味吐司蛋糕点营养早餐食品整箱
19     29.90     李子柒紫薯蒸米糕夹心甜点休闲零食特产发糕早餐面包糕点540g/盒
20     29.80     信合味达全麦面包黑麦无糖精无油粗粮杂粮00吐司脂肪热量代餐早餐
21     44.80     友臣正宗肉松饼新年礼盒整箱充饥零食夜宵食品年货美食饼干面食
22     23.80     雪媚娘咸蛋黄新年货小零食小吃早餐面包整箱网红休闲食品夜宵充饥
23     28.90     豪士早餐吐司乳酸菌口袋夹心面包休闲小吃健康零食速充饥夜宵整箱
24     39.90     诺贝达港式鸡蛋仔蛋糕整箱面包营养早餐充饥夜宵零食小吃网红蛋糕
```

图 4.30　打印爬取的信息

爬取淘宝网商品数据的网络爬虫程序核心代码如下。

```
#CrawTaobaoPrice.py
import requests
import re
#访问站点，保存 HTML 信息
```

```
def getHTMLText(url):
    try:
        headers = {
            'user-agent': 'Mozilla/5.0 (Linux; Android 6.0; Nexus 5
Build/MRA58N) AppleWebKit/537.36 (KHTML, like Gecko) Chrome/87.0.4280.88 Mobile
Safari/537.36',
            'cookie':***,#登录淘宝网后获取 cookie 信息
        }
    r = requests.get(url,headers=headers,timeout=50)
        r.raise_for_status()
        r.encoding = r.Apparent_encoding
        return r.text
    except:
        print("gethtml1 出了问题")
        return ""
#定位价格、标题
def parsePage(ilt, html):
    try:
        plt = re.findall(r'\"view_price\"\:\"[\d\.]*\"',html)
        tlt = re.findall(r'\"raw_title\"\:\".*?\"',html)
        for i in range(len(plt)):
            price = eval(plt[i].split(':')[1])
            title = eval(tlt[i].split(':')[1])
            ilt.Append([price , title])
    except:
        print("parsePage 出了问题")
#保存数据
def printGoodsList(ilt):
    tplt = "{:4}\t{:8}\t{:16}"
    count = 0
    with open('crawdata.txt','a+') as f:
        f.write(tplt.format("序号", "价格", "商品名称")+'\n')
        for g in ilt:
            count = count + 1
            # print(tplt.format(count, g[0], g[1]))
            f.write(tplt.format(count, g[0], g[1])+'\n')
#主程序
def main():
    goods = '面包'
    depth = 3
    start_url = 'https://s.taobao.com/search?q=' + goods
    infoList = []
    for i in range(depth):
        try:
            url = start_url + '&s=' + str(44*i)
            html = getHTMLText(url)
            parsePage(infoList, html)
```

```
        except:
            continue
    printGoodsList(infoList)
```

通过上述示例不难发现，网络爬虫的核心任务就是访问某个站点（一般为一个 URL 地址），然后提取 HTML 文档中的特定数据，最后对数据进行保存、整理。当然，根据具体的应用场景，网络爬虫可能还需要很多其他功能，如自动抓取多个页面、处理表单、对数据进行存储或清洗等。掌握一些网络爬虫程序编写方法，不仅能实现定制化的功能，而且能在某种程度上拥有一个高度个性化的"浏览器"。因此，学习网络爬虫的相关知识是很有必要的。

4.3 店铺数据获取的主要渠道

在数据化电商运营时代，数据能够直观地反映店铺的运营情况，因此电商从业人员必须学会收集和分析店铺数据。店铺访客量怎么减少了？支付转化率怎么下降了？这些都可以通过数据分析找到原因，并提出具有针对性的解决方案，从而提升和优化店铺运营手段。本节以电商卖家的视角切入，介绍数据分析中的第一步——数据的获取渠道，具体包括店铺流量数据、商品数据、交易数据、客户服务和物流服务数据及市场和竞争数据的收集渠道。

▶▶ 4.3.1 流量数据

流量是非常重要的电商指标。一个店铺的流量来源有很多，有免费的、付费的、站内的、站外的。下面主要介绍站内免费流量数据、站内付费流量数据和自主流量数据的收集指标和采集方法。

1. 站内免费流量数据

各平台站内免费流量的来源有很多，要想收集站内免费流量数据，首先一定要清楚站内免费流量的结构，如哪些是店铺已经做了的引流，哪些是店铺还可以去做的引流。下面介绍淘系（阿里巴巴、淘宝、天猫）平台的流量结构。

1）流量的来源结构

淘系平台站内免费流量的入口有很多，主要流量以无线端为主，入口也以无线端为主，主要流量来源如下。

（1）手淘搜索。手淘搜索是人找货，指消费者通过搜索关键词找到店铺和产品。手淘搜索流量巨大且精准，店铺内的手淘搜索流量大，代表店铺产品的权重（得分）高。要想做好手淘搜索，必须做好店铺的整体布局，并尽可能地提高店铺产品的权重。消费者能否通过关键词搜索到店铺产品，取决于店铺产品的标题是否匹配搜索的关键词，所以要取好店铺产品的标题。

（2）手淘首页。手淘首页流量虽然很大，但流量不稳定，且转化率不高，受人群影响大。要想手淘首页流量稳定，需要靠单品的 UV（独立访客）价值、转化率及店铺的访客数、精准的人群标签来维持。

（3）手淘微淘。首先，需要注意的是，并不是每一个类目都适合做微淘。如果店铺的消费人群能满足一个条件——粉丝黏度高，那么适合做微淘。其次，微淘是内容营销的"代表作"，对内容文案的功底要求很高，而且微淘要会讲"故事"，如同新媒体，吸引眼球的"故事"才能引起关注。对于微淘来说，就是 140 字的"故事"。蹭热点是微淘常用的营销方法，但是想要达到预期的效果，对时间效应要求极高。微淘分等级 L0～L6[①]，一般来说，只要做到 L3 以上就能获得公域流量（首页流量"猜你喜欢"的位置）。

（4）淘系平台站内活动。淘系平台站内活动较多，如天天特价、淘金币、每日好货、聚划算等。淘系平台会不定时地发布一些活动，但需要注意的是，很多站内活动的转化率偏低，要根据店铺的实际情况选取合适的活动来参加。

（5）淘系平台类目频道。淘系平台的一些类目设有专门的频道，如 ifashion、酷动城、汇吃、极有家等。服装类目的新势力周、极有家的造家季等活动都是针对某一类目的活动，店铺需要关注相关类目。

（6）其他。手淘消息中心、手淘旺信、手淘其他店铺商品详情、拍立淘、手淘社区、淘宝群等，这些是每一个店铺都可以去做的站内免费引流方式，其操作简单，门槛低。店铺可以先尝试各种免费引流方式，然后长期坚持并筛选出最适合店铺的方式，最后重点投入。

2）数据查询工具/入口

在明确了淘系平台站内免费流量的来源后，接下来要了解从哪里可以查询到这些数据。对于卖家而言，可以使用官方平台的数据工具。生意参谋是淘系平台店铺商家数据分析的工具。生意参谋可以提供全面的店铺数据分析，它是淘系平台店铺商家的得力助手。生意参谋能一站式地进行数据分析，并针对性地给出诊断结果和解决方案。从以下两个入口可进入生意参谋首页。

（1）商家中心入口。登录账号进入商家中心，单击"商家地图"→"营销＆数据管理"→"生意参谋"。

（2）千牛入口。登录千牛软件，单击"店铺管理"→"商家中心"；找到"数据中心"模块，单击"生意参谋"；进入生意参谋首页。

【知识拓展】

生意参谋——专业的电商数据分析平台

生意参谋虽然可以为商家提供数据，让商家对数据进行分析，然后对自己的店铺进行布局规划，但其功能区分还是非常明显的，具体可分为两大类。一是帮助淘系平台店铺商家对自己的店铺进行经营分析。生意参谋提供的功能主要包括：流量（整体监控、流量概况、访客分析、引流效果、入店来源、入店关键词、转化效果、店铺承接、优化工具、我的收藏词，排名查询）；商品（整体监控、商品概况、商品排行、异常商品、商品管理、新品分析、单品运营、单品分析、相关工具、标题优化）；客户（整体概览、客户分析、机会风险、客户明细、客户特征、客户档案、相关工具、公司查询）；营销（数据作战室、作战大屏、营销活动、大促活动、伙拼活动、营销工具、工具效果）；交易；服务。二是为淘系平台店铺商家提供行业整体的大盘数据，使其了解自己店铺经营类目的整体市场行情。生意参谋中的"市场竞争"功能模块主要包括：

---

① 微淘等级是对商家内容创作或内容组织能力、粉丝运营能力、账号健康度等进行综合评估的值。

市场概况、市场看板、供需洞察、行业大盘、店铺排行、商品排行、属性排行、搜索词排行、搜索词查询、竞争洞察、竞店对比、零售市场洞察、跨境商机等。

2. 站内付费流量数据

1）淘系平台站内付费流量来源

直通车、淘宝客、钻石展位是淘系平台三大站内付费流量的来源方式。这 3 种方式各有优劣，商家可根据自身需要和推广预算进行选择，但付费流量的占比不宜过高。

（1）直通车。当买家搜索的关键词和商家设置的关键词相匹配时，商品便能展现在有需求的买家面前，获得精准流量。直通车是根据点击数收费的，按照商家出价高低及商品各方面权重高低进行排序，每个 IP 点击一次主图收一次费，单一时间段不重复收取同一 IP 的费用。在观察直通车推广数据时，需要采集以下数据指标：展现量、点击量、点击率、点击转化率、投入产出比和关键词质量得分。

展现量指推广的商品在直通车展位上出现的次数。账户中显示的展现量只是直通车展位的展现量，不包括自然搜索。直通车展位如图 4.31 所示，如果商品的展现量少，那么商家应该提高出价。

图 4.31　直通车展位

点击量指买家单击通过直通车展示的商品次数，即商家通过直通车推广，买家看到展位上的商品后，点击一次记一次点击量。如果商品的点击量不够，一方面要考虑商品展现量是否足够，另一方面要分析是不是商品主图或标题不够吸引人，从而进行优化。

点击率指直通车展位的点击率。点击率的计算公式：点击率=点击量/展现量；点击率的影响因素包括直通车位置、流量精准度、主图吸引力、标题优化程度等。

点击转化率指成交的单数与点击量的比值，即在所有点击进入商品详情的访客中，成交人数占总点击人数的比例。点击转化率的计算公式：点击转化率=成交笔数/点击量。除点击率及点击转化率以外，还需要考虑直通车的 PPC，即"Pick（挑选）+Promote（提升）+CTR（点击率）"。简单来说，就是点击付费广告，其计算公式：PPC=花费点击量。这些数据直接关系到商家最关心的问题——投入产出比。

投入产出比指投入与产出的比值，其计算公式：投入产出比=总成交金额/花费。这个数据不需要手动计算，可以在直通车的报表里直接查看。

关键词质量得分：对直通车商家来说，关键词质量得分意味着推广的效果，它是对一个关键词的评价，即给关键词打分。分数根据每个关键词的具体数据进行统计，得分会影响扣费和排名。

（2）钻石展位。钻石展位根据千次展现计算收费。按出价高低顺序展现，系统将各时间段的出价按照竞价高低排名，价高者优先展现，在出价最高者的预算消耗完之后，轮到下一位，以此类推，直到该小时流量全部消耗完，排在后面的无法展现。在分析钻石展位推广效果时，首页可以查看单日投放的具体数据指标。在账户报表中可以查看钻石展位账户整体报表、展示网络报表、视频网络报表和明星店铺报表四大报表。这四大报表涵盖了钻石展位运营的主要数据指标。

（3）淘宝客。淘宝客是一种按成交计费的推广模式，也是帮助商家推广商品并获取佣金，通过推广赚取收益的一类人。淘宝客只要从淘宝客推广专区获取商品代码，买家通过淘宝客的推广购买该商品后，他们就可以得到由商家支付的佣金。

2）数据查询工具

在直通车、钻石展位及淘宝客开通服务之后，淘系平台卖家可以通过阿里巴巴集团官方出品的千牛工作平台，查询付费推广的各项数据，包括卖家工作台、消息中心、阿里旺旺、生意参谋、商品管理等主要功能，以及采集推广效果数据，掌握付费推广为店铺带来的流量数据，以了解投放效果。

3. 自主流量数据

在各项流量数据中，自主流量多来自老客户，他们主要通过购物车、收藏夹、直接访问等方式访问店铺，这部分流量的转化率相对较高。对商家而言，消费者自主访问的流量越多，就越可以降低推广力度，省下更多的推广和运营成本。

1）自主流量结构

自主流量有以下 5 种主要渠道。

（1）收藏夹。收藏夹分为"店铺收藏"和"宝贝收藏"，消费者通过之前浏览收藏的商品链接进入店铺。

（2）我的淘宝。这部分流量主要来自"我的淘宝"中"足迹"和"红包卡券"两个模块，"足迹"是消费者浏览过的商品内容；"红包卡券"是消费者收到的商家优惠红包、卡券等。

（3）已买到的商品。这部分流量是消费者的复购行为产生的流量。

（4）直接访问。通过直接搜索商家店铺或宝贝，单击"进入"后产生的流量，或者是点进他们的链接进入店铺产生的流量。

（5）购物车。这部分流量指访客单击"购物车"下方的"你可能还喜欢"区域进入商家店铺而产生的流量。

2）数据查询工具

淘系平台可以选择千牛工作平台的生意参谋进行操作。登录千牛软件，单击从左向右数的第三个模块，打开千牛工作台。在千牛工作台首页"数据中心"模块找到"生意参谋"，单击进入生意参谋首页。

▶▶ 4.3.2　商品数据

电商平台需要定期分析商品的销售情况，如不同商品的成交转化情况、访客浏览情况及售后服务情况等，从时间、商品的类别、价格等多个维度进行商品数据分析。

1. 店铺商品效果数据

1）店铺商品效果数据指标

除了需要观测店铺的整体运营数据，更重要的是针对店铺商品效果数据进行分析，对数据表现一般或销量不太乐观的商品进行优化，甚至下架。例如，某商品在最近一段时间内带来的访客数、转化率及收藏加购人数均处于较低水平，那么应该对该商品进行针对性的优化，可参考的数据指标如下。

（1）核心数据：商品访问数据（包括商品访客数、商品浏览量、有效访问商品数、详情页评价停留时长、详情跳出率等）和商品加购收藏数据（包括访问收藏转化率、访问加购转化率）。

（2）全量商品排行（实时、7 天、30 天）：可分为访问类数据、转化率数据和服务类数据。

（3）商品 360：可对全店商品展开销售分析、流量来源分析、标题优化、内容分析、客群分析、关联搭配及服务分析。

2）数据查询工具

通过生意参谋的品类罗盘进行商品数据查询，为商家提供全店商品实时监控、商品人群精准营销、新品上市效果追踪、异常商品问题诊断等丰富的产品运营场景服务，其主要功能有人群管理精准应用、宝贝标题精细优化、竞争单品对比剖析。

2. 主推品单品分析数据

1）主推品单品分析数据指标

商家通常会选择几款合适的商品作为店铺的主推品，当确定了主推品之后，若商家想要了解商品的运营效果，可以在单品分析中找到对应的数据结果。

（1）流量来源：可以分析引流来源的访客质量、关键词的转化效果、来源商品贡献率，使商家清楚引流的来源效果。

（2）销售分析：可以使商家清楚地看到商品在一个时段的变化趋势，并据此总结商品销量变化规律；依据商品销量的变化规律，可以适当地调整策略以迎合变化，从而提升店铺转化率。

（3）客群洞察：通过获得商品吸引消费者的具体特征来了解店铺访客的特点，从而迎合消费者的需求。

（4）关联搭配：根据系统的关联搭配，商家可以选择合适的商品进行关联销售，促进销量。

2）数据查询工具

通过生意参谋能一站式地进行数据分析，具体操作步骤：登录淘宝千牛软件，单击"店铺管理"→"商家中心"；找到"数据中心"模块，单击"生意参谋"；单击"商品"模块，进入单品分析界面。

▶▶ 4.3.3　交易数据

交易数据是商家经营店铺需要监控的数据之一。交易数据最能体现店铺的经营情况，但在实际的店铺运营中，新手往往不懂该分析哪些交易数据，因此有效收集交易数据对店铺分析意义重大。面对众多的电商卖家，以哪些交易数据作为分析指标成了推动商家发展需解决的重点问题。

1. 店铺交易数据

1）店铺交易数据指标

在大数据时代，店铺交易数据分析结果一直是店铺运营及后期决策调整的重要指标。一般来讲，店铺交易数据的分析离不开交易的数量、类目、渠道、金额及转化率等。企业一般都是从交易分析功能界面去收集、统计淘系平台店铺的交易数据的，具体可从以下3个模块采集。

（1）交易概况数据。店铺交易概况可在交易总览模块里查看。交易概况的数据指标有很多种，如访客数、下单买家数、下单金额、支付买家数、支付金额、客单价、下单转化率、下单支付转化率和支付转化率等。其中，下单转化率、下单支付转化率和支付转化率是3个非常重要的指标。这3个指标主要用于分析店铺来访客户成功支付转化的具体情况，如果下单支付转化率不理想，那么需要反思客服问题。商家应加强客服人员的技能培训，加速客户买单，提高下单支付转化率。

（2）交易构成数据。交易构成数据主要从4个维度来采集，包括终端构成数据、类目构成数据、价格段构成数据及资金回流构成数据。

（3）交易明细数据。交易明细数据指对每一笔成交记录做的详情统计，包括订单创建时间、支付时间、支付金额、确认收货金额、商品成本及运费成本。分析交易明细数据可以方便商家掌握店铺的利润情况。

2）数据查询步骤

登录千牛软件，打开千牛工作平台，进入生意参谋工作界面；进入生意参谋首页后，单击"交易"板块。在左侧列表中，单击"交易概况"找到交易趋势，选择需要统计的周期，在"交易趋势"模块中单击右边的"下载"按钮。在左侧列表中，单击"交易构成"，分别在终端构成、类目构成、价格段构成和资金回流构成模块中，单击"下载"按钮。在左侧列表中，单击"交易明细"，对数据进行收录统计。

2. 主推品交易数据

1）主推品交易数据指标

店铺交易数据是店铺运营中至关重要的信息之一，反映了店铺的整体运营状况，而主推品交易数据则反映了店铺主推的单品或爆款产品的交易信息数据，主要指以下几类。

（1）下单买家数与支付买家数。下单买家数指在统计时间内拍下商品的去重买家人数，一个人拍下多件商品或多笔订单只能算一个下单买家；支付买家数指在统计时间内支付商品的去重买家人数，一个人支付多笔订单只能算一个支付买家。

（2）下单件数与支付件数。下单件数指在统计时间内拍下的商品总件数；支付件数指在统计时间内拍下并支付的商品累计件数。

（3）下单金额与支付金额。下单金额指在统计时间内买家下单的商品总金额；支付金额指在统计时间内拍下并支付的商品总金额。

（4）下单支付转化率与支付转化率。下单支付转化率指下单买家转化成支付买家的比例，其计算公式：下单支付转化率=(下单且支付的买家数/下单买家数)×100%；支付转化率指访客转化成支付买家的比例，其计算公式：支付转化率=(支付买家数/访客数)×100%。

2）数据查询工具/入口

运用生意参谋中的品类板块可以搜索单个产品，然后进入单品交易数据板块，分析商品成为热销品的可能性。"商品洞察"中的"商品360"包括销售分析、流量来源、标题优化、内容分析、客群洞察、关联搭配、服务分析等7个功能模块。

▶▶ 4.3.4　客户服务和物流服务数据

作为电商卖家，当客户咨询产品时，第一时间回复可以为客户提供良好的服务体验。店铺的客户服务质量及物流服务效率是提升店铺转化率的各项关键因素。

1. 客户服务数据

客户服务质量影响着消费者的忠诚度。客户服务的目的是让消费者在购买商品的过程中享受到优质的服务体验，提高消费者对店铺的满意度，从而提升商品回购率。店铺要提高销售额、店铺业绩，优质的客户服务是不可或缺的。

1）客户服务数据指标

店铺的客服人员在整个购物流程中扮演着越来越重要的角色，客服人员已经不再是简单的"聊天工具"，而是直接面对买家的销售员，客服人员的咨询转化率影响着店铺的销售额。以下是分析店铺客服水平的主要数据指标。

（1）服务体验。服务体验是消费者对店铺和商品进行全面体验的过程。淘系平台借助生意参谋助力商家提升客户服务水平。天猫商家服务体验数据指标包括描述相符评分、首次品质退款率、纠纷退款率、退货退款自助完结时长、仅退款自主完结时长、物流服务评分、到货时长、揽收及时率和旺旺回复率。淘宝商家服务体验数据指标包括退款完结时长、退款率、纠纷退款率、纠纷退款笔数、介入率、品质退款率、投诉率、品质退款商品个数。

（2）接待响应。接待响应指消费者在进行商品咨询时，店铺客服人员的响应能力。接待响应包括接待能力、接待效率及接待评价3部分。

（3）客服销售。客服销售重点分析的是客服人员的贡献转化数据，重点监测的指标有客服支付金额、客服支付买家数、客服支付件数、客服客单价、客服下单金额、客服下单件数、客服询单下单转化率、客服询单支付转化率、客服询单人数等。

（4）售后维权。客户服务还有一个重要的环节就是售后服务，售后服务已经成为消费者选择商家的一个重要参考依据。商家通过分析售后维权数据，可以了解一段时期内店铺的商品退款率、投诉率及退货率等。售后维权分为维权概况和维权分析两部分。在维权概况中可以看到退款率、纠纷退款率、介入率、投诉率、品质退款率等数据。商家一定要提高退款速度、降低退款率，这对店铺权重的提升有很大的帮助。维权概况分为维权趋势及TOP退款商品(近30天)，商家要及时关注，以避免不良指标持续上升。维权分析包括退款原因分析及退款商品分析，这部分数据对于商家服务的提高及商品的分析起到了很好的作用。

2）数据查询工具

生意参谋的服务洞察功能主要用于监测子账号的各项服务数据，重点面向客服主管、一线客服等人员，提供数据监测分析、客服管理协同及客服辅助支持等产品服务，帮助商家提升客服管理与执行能力。服务洞察的核心功能如下。

（1）售前服务分析，用于考查客服团队的接待能力、响应速度及成交转化率。

（2）实时监测单个客服，用于对比多个客服的服务能力及服务效果，提升整体服务水平。

（3）提供店小蜜全自动服务分析数据，用于与人工客服结合，实现双重监控。

（4）提供客服团队绩效考核方案，用于帮助团队快速成长。

2. 物流服务数据

1）物流服务数据结构

电子商务平台的物流服务数据一直是商家比较难以把控和收集的数据，只有掌握其数据结构才能分析诊断出店铺产品在物流途中发生的异常。淘系平台的物流服务数据包括创建订单数、发货订单数、揽收订单数、签收订单数等。

（1）创建订单数。创建订单数指店铺现有的订单总数，包含店铺的已发货订单及未发货订单，即店铺物流汇总情况。

（2）发货订单数。发货订单数指商家已发货的订单数。对于买家创建的订单，商家要及时发货才能提高物流服务。发货订单数与创建订单数之间还有一个重要数据——发货率。发货率的计算公式：发货率=(发货订单数/创建订单数)×100%。商家要及时处理每天的新增订单，并第一时间发货，因为发货率影响着店铺物流卖家服务评级系统（Detail Seller Rating，DSR）的评分，随之影响店铺的权重。

（3）揽收订单数。揽收指发件人把货物送到快递公司，快递公司收件并发出，再通过快递网络送至收件人手中。在发货订单数与揽收订单数中还存在揽收率，其计算公式：揽收率=(揽收订单数/发货订单数)×100%。例如，7 月 29 日，某店铺的发货订单数为 87 单，揽收订单数为 34 单，那么根据揽收率的计算公式可以得到当天的揽收率约为 39%。

（4）签收订单数。快递已签收代表快递员已经把快递送到收件人处，当收件人确认签收后，商家后台能够看到实时更新的签收订单数。签收率的计算公式：签收率=(签收订单数/发货订单数)×100%。例如，商家已发货 4000 件，签收 3200 件，那么该店铺的签收率为 80%。

2）数据查询工具

淘系平台中的物流洞察功能由生意参谋和菜鸟网络联合发布，其可以为零售电商提供全面、实时的物流监控，帮助商家洞察物流仓储问题，提升物流时效和客户体验，降低仓储成本。找到生意参谋工具，进入物流板块的物流洞察模块可查看相关数据。在物流洞察模块可以通过整体概况、异常雷达、效能提升 3 类数据来查看店铺的物流情况。

（1）整体概况。在物流概况中查看整个店铺的创建订单数、发货订单数、揽收订单数和签收订单数、发货率、签收率等物流情况。在物流分布中查看全国各地快递的揽收情况、签收情况等。在物流监控中查看异常订单并了解异常原因，如一些订单揽签超 7 日、派签超 2 日等。

（2）异常雷达。异常雷达分为异常概况和订单跟踪。通过异常概况可以看出快递公司异常分布和收货地域异常分布，找到店铺的快递异常数据是十分重要的。通过订单跟踪能够及时发现物流或快递订单的异常，包括物流详情超时未更新、物流发货超时、快递揽收超时、快递派签超时等情况。

（3）效能提升。效能提升分为实时诊断和体验诊断。实时诊断能分析从支付到签收的不同节点消耗的时间。例如，当发现发货时间比较长时，商家可以联系仓库人员加快发货速度。体验诊断通过物流体验总览能够查看物流 DSR 数据、物流差评率、物流退货退款率。例如，物流差评率中的分布图包括速度差评、包裹破损、虚假签收、额外收费等问题的占比情况，商家能通过快递体验诊断问题，尝试与客户沟通或更换快递公司。

▶▶ 4.3.5　市场和竞争数据

市场和竞争数据是商家在前期开展市场调研时需要收集的重要数据。随着市场竞争的加剧，加之消费者行为的多变，使得市场调研更加重要，商家需要精准收集市场和同行的信息，以便制定相应的营销策略。本节将介绍淘系平台的市场行业数据、竞争店铺运营数据、竞争店铺同款产品（竞品）数据。

1. 市场行业数据

1）市场行业数据指标

市场调查是商家在销售产品前期必不可少的重要环节。市场行业数据主要包括行业概况、产品排行类目、商家排行、产品属性等。商家通常使用生意参谋的市场洞察模块统计市场行业数据，该模块从 5 个维度统计分析了相关数据指标，分别是市场监控数据、供给洞察数据、搜索洞察数据、客群洞察数据及机会洞察数据。

（1）市场监控数据。市场监控数据是帮助商家快速监控市场概况的一个重要维度，其包括两个功能模块，分别是类目卡片和我的监控，可提供实时的市场行业数据。

① 类目卡片：展示店铺订购的全部类目的市场洞察产品，商家可通过单击页面顶部的卡片快速切换类目。类目卡片可提供每个类目近 30 天的店铺概况、店铺行业排名、店铺支付金额及店铺支付占比。

② 我的监控：提供当前监控的店铺、商品、品牌的实时排名信息。商家可监控同行业排名较为靠前的店铺数据，并与自身数据进行对比。同时，该模块还提供详细的店铺交易指数、流量指数及行业排名，可实时监控其他店铺信息，帮助商家快速获取行业信息，以便调整产品规划。

（2）供给洞察数据。供给洞察板块可帮助商家对总体行业趋势及整个市场商品的排行概况进行统计，其主要包括两个功能模块，分别是市场大盘和市场排行。

① 市场大盘：主要提供行业趋势、行业构成和卖家概况 3 方面数据，帮助商家了解整体市场结构，全方位洞悉行业大盘与趋势、行业构成。同时，该模块还可以查看近 3 年的统计数据，数据指标非常全面。行业趋势数据指标包括访客数、浏览量、收藏人数、收藏次数、加购人数等，还包括非一级类目下展示的客群指数、搜索人气、搜索热度、交易指数及各指标对比上周期的变化率。

② 市场排行：提供所选类目下实时和离线的 TOP 店铺、商品及品牌排行，通过排行榜可

查看每个商品、店铺、品牌近 30 天的核心指标趋势。同时，商家还可以对该商品、店铺、品牌进行监控，使之成为固定监控对象。

（3）搜索洞察数据。搜索洞察模块可通过搜索行为探测热销属性及产品排行 TOP500 的数据，帮助商家精准定位市场机会，深度解析需求趋势、转化率及人群画像等。它包含搜索排行、搜索分析和搜索人群 3 个子模块。

① 搜索排行：主要提供热门搜索词排行，通过了解快速上升趋势中的各类搜索词，发现高价值热词并进行运营体验优化。同时，为搜索词计算各关联延展词，包含搜索词、品牌词、核心词和修饰词等，帮助商家快速精准地定位市场机会。

② 搜索分析：主要提供搜索词分析，支持 3 个搜索词进行对比，帮助商家了解特定搜索词的整体趋势、搜索词相关词构成和类目构成，以便优化标题。

③ 搜索客群：主要提供搜索词对应客群属性画像和购买偏好，以便商家对客群精准投放。

（4）客群洞察数据。客群洞察模块是为了帮助商家细分市场、精准营销及调整战略而开发的功能模块，用于了解在选定行业下，用户客群的特征分布和购买偏好。这与搜索客群在本质上没有区别，只是更细致和精准。客群洞察模块主要分为行业客群和客群透视两个子模块。

① 行业客群：主要提供客群变化趋势、客群属性画像和购买偏好。商家可以选择不同指标，如地区、性别等，以查看对应指标下客群的分布情况，该模块最长可提供 90 天的数据。

② 客群透视：主要提供多维度的客群分析功能，通过多种指标，如年龄、地域等自定义交叉组合，定位目标人群，分析消费特定趋势，了解客群特性，帮助商家完成更精准的品牌与活动营销。同时，该模块最长可查看 12 个月的趋势指数。

（5）机会洞察数据。机会洞察模块可提供产品属性和市场 TOP500 排行的数据，同时支持周期对比及从不同维度分析行业，可灵活高效地发掘市场。该模块分为产品洞察和属性洞察两个子模块。

① 产品洞察：能够帮助商家了解当前市场上热门产品型号的排行情况，以及查询热销产品 TOP 500 排行数据。

② 属性洞察：提供当前市场上热门属性排行情况、热门属性趋势及详细分析，帮助商家精准制定新品扩展计划，以及精准定位市场机会。

2）数据查询工具

淘系平台市场行业数据是通过千牛工作平台的生意参谋来查看的，其包含市场监控、供给洞察、搜索洞察、客群洞察及机会洞察 5 个模块，可满足市场大盘全景洞察、市场机会深度解析、市场客群多维透视及实时监控分析等四大核心场景的分析诉求，以帮助商家清晰了解市场结构，深度挖掘潜在客户需求，为市场扩展提供决策支持。

2. 竞争店铺运营数据

正所谓"知己知彼，百战不殆"，在店铺的运营过程中，除了要了解自身店铺的运营情况，还要了解竞争店铺的运营状况。在确定竞争店铺之前，要先清楚自身店铺的定位和产品定位。店铺的客单价、消费人群、装修风格和营销策略都会受到产品定位的影响。当买家看到一个产品，最直观的信息就是商家给出的产品定位，因此对产品进行正确的定位是非常重要的。在确定产品定位后，就可以寻找与之类似的竞品了。本小节主要学习在淘系平台上如何准确找到合适的竞争店铺，并通过什么渠道获得其运营数据。

1）竞争店铺的查找方式

在店铺的运营过程中，先锁定竞争店铺，并对其进行相关数据的收集与分析，再根据分析结果制定相应的策略。快速识别并锁定竞争店铺的方法主要有搜索词、销量、店铺属性和店铺综合数据等。

（1）搜索词。搜索与店铺商品最符合的搜索词，再按商品单价选定竞争店铺，具体可以根据店铺商品的属性、性价比等因素进一步锁定竞争店铺。

（2）销量。以销量为搜索维度，通过搜索找出相关卖家；按销量的高低对店铺进行排序，随后找到自身店铺商品所在的排位，圈定与自身店铺商品排名相邻、风格接近的几家店铺作为竞争店铺，并进行数据收集。

（3）店铺属性。根据自身店铺的行业属性进行筛选，通过关键词搜索找到与自身店铺产品风格相似的店铺，并在此属性下，搜索主关键词和自身店铺类似且获得的流量差不多的店铺，那么这些店铺就是要选择的竞争店铺。店铺类型、粉丝数量、信用等级、店铺创立时间和店铺商品数量等信息都是衡量该店铺是否可作为竞争店铺的标准，通过这些信息可以锁定竞争店铺。

（4）店铺综合数据。通过生意参谋的数据，以及相关竞争店铺的推荐来锁定竞争店铺。登录生意参谋，找到竞争类目中的竞争店铺识别；选择自身店铺所属类目，生意参谋会根据自身店铺的情况，筛选出较为合适的竞争店铺；选择相应店铺，即可看到该店铺的相关运营数据；通过对相关数据展开分析，最终筛选出合适的店铺作为竞争店铺。

2）竞争店铺运营数据结构

要想改善店铺的运营情况，需要了解店铺的运营数据结构，并清楚哪些数据是需要分析的。淘系平台竞争店铺运营数据由以下4部分组成。

（1）竞争店铺可监控的核心指标。竞争店铺可监控的核心指标包括访客数、流量指数、交易指数、各级转化率、搜索人气、收藏人气、加购人气、预售定金指数和上新商品数等。其中，各级转化率主要指访客收藏转化率、访客加购转化率和访客支付转化率。

（2）交易构成。交易构成包括商品类目与客单价，客单价的高低会对转化率产生一定影响。

（3）入店来源。通过将竞争店铺的入店关键词和访客数等数据与自身店铺的相应数据进行对比，快速了解竞争店铺入店关键词与自身店铺的差距。关于流量，需要关注的是付费流量、搜索流量及收藏流量等相关数据。

（4）顾客流失。按竞争群体分析该批竞争群体同自身店铺的顾客流失的关系和详细路径，具体包括顾客流失关键指标、顾客流失路径、顾客流失 TOP 店铺和顾客流失 TOP 商品四大模块的流失分析。

3）数据查询工具

运用生意参谋可收集淘系平台卖家竞争店铺的信息。该软件的数据纵横、市场行情和竞争情报可直接查阅、获取、监控竞争店铺的商品、流量、交易等数据。此外，还有一些第三方工具，如店侦探、看店宝、淘数据、轻淘客和创客工具箱等，也可收集到竞争店铺的很多精准信息。

3. 竞品数据

1）竞品数据结构

为了更好地分析竞品，商家需要明确竞品的数据结构。淘系平台的竞品数据结构分析可以从以下 3 个维度展开，分别是关键指标对比数据、入店搜索词数据和入店来源数据。

（1）关键指标对比数据。关键指标对比数据是对两个主要商品参数进行对比，再选择不同时间维度将本店商品与竞品进行对比，得到本店商品的优势与劣势。在观察关键指标对比数据时，需要采集以下数据指标：流量指数、交易指数、搜索人气、收藏人气和加购人气。

（2）入店搜索词数据。入店搜索词指消费者通过哪些关键词进行搜索，并进入店铺浏览。入店搜索词分为引流关键词和成交关键词。

（3）入店来源数据。入店来源数据包含访客数、客群指数、支付转化指数和交易指数 4 方面的数据。其中，可通过入店来源的访客数对比来了解竞品的各流量来源，从而帮助商家优化自家产品的流量结构。

2）数据查询工具

运用生意参谋竞争板块中的竞争商品模块可查询竞品数据。竞争商品模块包含监控商品、竞品识别及竞品分析，可选择不同时间筛选数据。对卖家来说，了解竞品与自己商品之间的差异，可更好地优化商品，提高商品热度。

（1）监控商品。监控商品可选择从不同的时间维度对比竞品的行业排名、搜索人气、流量指数、收藏人气、加购人气、支付转化指数和交易指数等数据，从而分析竞品。

（2）竞品识别。竞品识别有两个功能，分别是顾客流失竞品推荐及搜索流失竞品推荐。顾客流失竞品指原本对本店商品有意向的客户，最终选择了其他店铺的商品，也就是本店流失到竞争店铺的顾客人数；而搜索流失竞品指顾客通过搜索找到本店商品，并进入商品详情页，但最终没有购买，转而购买了其他店铺的商品。因此，从这两个方面去筛选适合的竞品，选定后对竞品进行具体分析，可提高商品的销量。

（3）竞品分析。竞品分析可选择在不同时间添加一两个商品进行关键指标的对比。其中，关键指标对比包括流量指数、交易指数、搜索人气、收藏人气、加购人气和支付转化指数。

4.4　调查问卷的设计与回收处理

▶▶ 4.4.1　调查问卷的设计

1. 搭建框架

调查问卷是一种非常好的数据收集方式。在正式设计问卷之前，首先一定要明确问卷中会出现哪些内容，或者要采集哪些数据来服务研究主题，可以通过搭建一个问卷框架来实现。这个框架通常包含三大部分：中心概念、核心内容、具体问项。

1）中心概念

中心概念可理解为一级指标，一般由研究主题直接获得。中心概念的作用在于进一步明确调查问卷的主题，确保不会遗漏重要内容。例如，关于使用微信的调查问卷，其中心概念由使用情况和需求满足情况两部分构成，如表 4.1 所示。

2）核心内容

核心内容是对中心概念的阐述，也可以理解为一级指标下面包含了哪些二级指标。核心内容并不会体现在具体的问题设计当中，但是其有助于把整个问卷模块化、逻辑化。

3）具体问项

具体问项是每一项核心内容的具体细化条目，是会直接出现在问卷中的问题内容，其直接决定了最终能获得哪些数据。

表 4.1　问卷框架示例

中心概念（一级指标）	核心内容（二级指标）	具体问项（三级指标）
1　使用情况	1.1　使用广度	1.1.1　微信用户占比
		1.1.2　使用时间
		1.1.3　获知渠道
	1.2　使用深度	1.2.1　依赖程度
		1.2.2　持续使用情况
		1.2.3　功能了解程度
		1.2.4　替代性
2　需求满足情况	2.1　主观满意度	2.1.1　功能多样
		2.1.2　获取信息
		2.1.3　情感交流
		2.1.4　人性化设计

值得注意的是，核心内容和具体问项一般不能直接获取，而要在深入理解研究主题的基础上归纳形成，其具体做法是事先调研，即结合研究主题开展，主要包括以下几个方法。

（1）文献调研：获得以往类似研究的相关内容和问项。

（2）焦点小组访谈、深度访谈：获得具有一定深度的一手资料，增强研究内容的时效性。

（3）开放式问卷调查：获得具有一定广度的一手资料。

对以上调研获得的条目进行汇总，经过合并、去重等步骤，就可以得到既全面又有时效性的问项内容了。

2. 确定问题形式

问卷中常见的问题形式包括封闭式问题和开放式问题。单选题、多选题、排序题、量表题等都是常见的封闭式问题的表现形式，如表 4.2 所示。

表 4.2　问卷中的常见问题形式及示例

问题形式		示　例
开放式问题		您希望手机淘宝可以做哪些改进？请留下您的宝贵意见（　　　）
封闭式问题	单选题	您对手机淘宝的使用程度如何（　　　） A. 基本每天都会使用　　B. 一周 4～5 次 C. 一周 2～3 次　　　　　D. 一周一次或更少

问题形式		示　例
封闭式问题	多选题	您觉得手机淘宝的哪些功能做得好（多选，至多三项） A. 搜索功能　　B. 加购功能　　C. 结算功能　　D. 领券功能 E. 社交功能　　F. 小游戏　　　G. 售后功能 H. 协调买卖双方纠纷功能　　　　I. 其他（请注明内容：　　　　）
	排序题	您觉得手机淘宝哪些功能好？请选出最好的三项功能并排序 A. 搜索功能　　B. 加购功能　　C. 结算功能　　D. 领券功能 E. 社交功能　　F. 小游戏　　　G. 售后功能 H. 协调买卖双方纠纷功能　　　　I. 其他（请注明内容：　　　　）
	量表题 （五级）	有关手机淘宝的一些陈述，请选择符合您实际想法的选项 手机淘宝是一种在线购物的有效渠道（　　） A. 非常同意　　B. 比较同意　　C. 一般　　D. 比较不同意　　E. 非常不同意
	量表题 （评分式）	请根据您最近一次的购物经历，对手机淘宝的购物体验打分（0～5分，0分最不满意，5分最满意）（　　）

如果搭建问卷框架有助于梳理问项的内容，那么确定问题形式就是在决定采集的数据类型。结合表 4.2 来看，如果采用开放式问题，那么得到的数据通常是半结构化或非结构化的文本数据，后期需要经过人工编码、加工处理才能整理成结构化的、易于分析的数据；如果采用封闭式问题，那么得到的数据显然是结构化的，省去了大量的加工成本。但是，这并不意味着开放式问题完全不可用。对于意见、建议征集等问题或其他无预设标准答案的题目而言，开放式问题仍然是最佳选择。

值得注意的是，虽然表 4.2 中的封闭式问题得到的都是结构化数据，但是由于答项的设计不同，因此最后得到的数据类型也有所差别。例如，单选题、多选题得到的通常是定性数据（定类数据或定序数据），主要通过柱形图、饼图、频数频率表、列联表等手段来开展统计分析和描述分析；通过量表题（五级/七级、评分式）可以得到定量数据，以满足后续更为复杂的数据分析要求，如回归分析、多元分析、因子分析、聚类分析等。因此，在设计问卷时，需要提前把后续的数据分析也纳入思考范畴，带着分析需求来设计问题，会让问卷更有针对性。

3. 选措辞、排结构

经过前面两个步骤，问卷已基本成型，接下来需要把它呈现出来，即决定每一个问题的措辞表达和位置摆放。问题的措辞表达应与受访者的认知能力相适应，其基本要求是准确、优雅。前者指受访者清楚理解问题所指，而后者指让受访者以一种轻松舒适的心情配合调查。这两个要求共同保证了"所答即所需"。表 4.3 列出了问项措辞、答项设置的若干基本原则，以及对应的反例和修改方案。其中，前 3 个原则是为了满足"准确"的要求，后两个原则保证了问卷的"优雅"。

表 4.3　问项措辞原则、错误示例及修改建议

避免复合内容	错误示例	您认为手机淘宝支付功能安全、方便吗
	点评和建议	安全和方便是两个概念，不应在一个问项中同时测量，考虑两个概念是否都必测测量，若是，则设为两个单独的问题
	修改方案	您认为手机淘宝的支付功能安全吗？您认为手机淘宝的支付功能方便吗

续表

避免指代不明	错误示例	最近使用过优惠券吗
	点评和建议	"最近"指代不明，应指明具体范围
	修改方案	您最近一周使用过优惠券吗
避免答项缺失	错误示例	您一般使用什么手机应用软件购物？①手机淘宝；②京东；③唯品会；④苏宁易购
	点评和建议	遗漏了一些方式，如拼多多、网易严选等，同时考虑到难以保证涵盖全部方式，应补充其他选项让受访者自行补充
	修改方案	您一般使用什么手机应用软件购物？①手机淘宝；②京东；③唯品会；④苏宁易购；⑤拼多多；⑥其他____
避免感情色彩	错误示例	您至今未进行网购的原因是什么？①骗子多；②不方便；③不懂；④软件少
	点评和建议	骗子多、不懂都是带有贬义和偏见的表达，应改为中性的表达
	修改方案	您至今未进行网购的原因是什么？①安全考虑；②方便程度考虑；③技术门槛；④选择少；⑤其他____
避免难以回答	错误示例	最近三年，您在线购物的次数是多少
	点评和建议	时间太长、难以回忆，建议重新思考需要测量的概念，如果可能，请缩短时间段
	修改方案	最近一周，您在线购物的次数是多少

问题的摆放位置涉及整个问卷的布局，一般而言，一份问卷包括四大部分：开头（标题、开场白、填表说明、问卷编号）；正文（核心问项、背景信息）；结束语（感谢、联系方式）；作业记载（访员信息、调查时间等）。

（1）在开头部分，标题和开场白都应简明扼要，后者应至少包含"我们是谁""因何目的需要开展调查""需要您做什么""数据是否商用/保密""感谢"等信息。

（2）在正文部分，核心问项指前面已设计好的具体问题，应按照从易到难的原则来排序，即先封闭式问题、后开放式问题，先客观性的核查问题、后主观性的态度问题。同时，建议核心问项最好按类编排，也就是按问卷框架中的"核心内容"来使问卷模块化。背景信息一般包含与受访者个人有关的特征，如年龄、性别、婚姻状况、工作单位属性、收入情况等，因为涉及个人隐私，建议将这部分内容放在核心问项之后，一方面，可以节省受访者的精力，保证核心问项的回答质量；另一方面，避免因为敏感性让受访者感到不安而拒填问卷。

4. 评估及预测试

在问卷正式发放之前，必不可少的两个步骤是评估和预测试。

（1）问卷评估指请专业人士对问卷进行审校，包括：问项是否有必要？是否问非所需？提问形式是否恰当？答项是否完备？措辞用字是否得当？提问逻辑是否合理？字词句是否有错误？是否有难以回答的问题？排版是否合理、美观？标题和开场白是否有误导之处……从内容到表达再到排版，全方位地对问卷进行评价和审议，以保障数据质量。这里需要强调的是，评估专家应为熟悉研究主题的学者、专业人士等，至少是熟悉问卷设计的人员。

（2）问卷预测试是请潜在的受访者进行试填。人数没有具体要求，一般10～15人比较适宜。注意，参加预测试的人一定来自目标群体，在请他们填写问卷后，通过访谈的形式来了解：问卷说明是否足够清楚？所有问项是否能被充分理解？回答时间是否符合预期？问卷的外观、内容等是否能激励受访者合作……

此外，还可以运用在预测试中采集到的 10～15 条观测数据进行初步的描述分析，以检查分析结果与预期是否有矛盾之处。

▶▶ 4.4.2　调查问卷的回收处理

问卷发放一段时间后，收集到一定数量的答卷，在进行问卷分析之前，首先要做的是对数据进行录入和校订。录入相对而言比较简单，现在有许多在线调查问卷工具，可以直接将数据导出为 csv、xlsx 等格式，线下问卷也可以仿照导出的文件内容进行人工数据录入。与数据录入相比，数据校订更加重要。所谓校订，是对回收的问卷资料进行详细审查，以确定搜集资料的有效性及合理性。数据校订需要注意的主要问题如下。

1. 校订数据的内容

问卷中需要校订的内容主要包括：

（1）调查员是否按照抽样调查指示进行访问？样本单位是否正确？如果受访者不符合抽样的要求，那么其答案应予舍弃。例如，抽样的总体是大学生群体，若有其他社会人士参与答卷，则不被计入有效答卷。

（2）答案是否完整无遗漏？所有应该答复的问题是否都回答了？

（3）字迹是否清晰可见？受访者寄回的问卷、调查员的访问报告或观察员的观察记录上的字迹是否清晰可读？如果无法辨认，有时可以送回原答卷者或原记录者重新填写，但有时因时间关系或其他原因，只能舍弃不用。

（4）答案是否有前后不一致的现象或出现矛盾的地方？

（5）答案的意义是否明确？开放式问题的答案的叙述通常难以理解，如有合糊不清的答案应设法弄清楚。

2. 校订的操作方式

采用以下两种方式进行数据校订。

（1）校订者分工进行校订数据的工作，一位校订者负责某部分校订工作，此种方式对部分范围的校对较为精细可靠。

（2）个别校订者负责整份问卷的校订工作，此种方式易察觉问卷前后不一致的矛盾答案。

3. 特殊处理事项

在校订过程中，对于几项特殊问题的处理方式，除向调查员询问之外，还可以再次访问受访者以确定答案。以下列举几个特殊问题出现的原因及处理方式。

1）对空白的处理

对于出现空白的答案或答案不齐全的情况，首先探究发生的原因，若起因是调查员的疏忽，则可询问该名调查员并将答案补全；若此时调查员已不记得答案，则可比照受访者未作答的情形，当作不知道或无答案的方式处理。

2）对不知道的处理

若出现不知道的答案次数不多，则可不加理会；但是若出现的频率过高，则应该正视问题发生的原因。因为可能是问卷本身的设计出了问题，使受访者无法理解问卷的问题，所以处理的方式是检测问卷是否出现意义含糊不清的问题或难以理解的词句用语，然后重新修正改进问卷发生的缺失。在确定在问卷设计上没有发生问题之后，才能将不知道的答案视为受访者无法答复或不愿答复来处理。若可能，则可以从问卷中其他回答的数据推测可能的答案来取代不知道的回答。

3）对多项答案的处理

多项答案指针对一个问题，受访者可能不止有一个答案的情况，通常处理的方式包括：将某一特定属性的百分比作为后续分析的依据；利用重复分析，将所有答案编表列示以了解答案的组合情形；若是开放式作答的问题，则将所得的答案分门归类处理。

4. 其他注意事项

校订者在执行校订工作时还应该注意：

（1）校订人员不可随意地更改答案，对于问卷上原始的答案不可涂掉修改或任意加上不必要的字句符号。

（2）对于未说明或可更改范围以外的问题，校订者要向负责的专家请示应如何进行处理。

（3）校订者在完成问卷校订的工作后，应在问卷上记下名字或编号等，以便负责复核的专家进行查对。

本章知识小结

数据采集是一项艰苦细致、费时耗力的工作。数据采集是电子商务数据分析的第一步，也是非常重要的一步。本章主要介绍了数据采集阶段的工作任务，指出了电子商务相关数据获取的渠道，详细说明了利用网络爬虫工具爬取网络数据的过程，并对电子商务的流量、商品、交易、客服、物流、市场和竞品数据的获取指标和数据来源进行了介绍，最后介绍了调查问卷的设计和回收处理的基本原则。

本章考核检测评价

1. 判断题

（1）只要在网站上显示出的信息，都可以爬取。

（2）网络爬虫被广泛用于搜索引擎中。

（3）当用 Web Scraper 爬取数据时，不能提前预览数据。

（4）淘宝客是一种按成交计费的推广模式。

（5）在数据分析中，数据收集是第一步，也是一项相对简单省力的工作。

2. 单选题

（1）（　　）实现了解析功能。

    A．import lxml.html，requests

    B．res=requests.get（url）

    C．ht=lxml.html.fromstring（res.text）

    D．parsePage（ilt,html）

（2）（　　）是淘系平台主推品交易数据查询入口。

    A．店侦探   B．千牛平台   C．轻淘客   D．看店宝

（3）调查问卷框架最好分为（　　）。

    A．两级   B．三级   C．四级及以上   D．不用分级

（4）（　　）放在调查问卷中是合适的。

    A．在线购物比门店购物更好。

    B．你在过去一段时间没有进行网购活动。

    C．您的年龄段在以下哪个范围？

    D．在线购物比线下购买更方便、更便宜。

（5）在众多店铺数据中，（　　）最能体现店铺的经营情况。

    A．商品数据   B．流量数据   C．物流数据   D．交易数据

3. 多选题

（1）八爪鱼工具提供（　　）数据导出格式。

    A．Excel   B．HTML   C．CSV   D．JSON

（2）以下属于站内付费流量数据来源的有（　　）。

    A．直通车   B．钻石展位   C．收藏夹   D．淘宝客

（3）在调查问卷中，封闭式问题的表现形式有（　　）。

    A．单选题   B．多选题   C．排序题   D．量表题

（4）客户服务数据指标有（　　）。

    A．客群洞察   B．服务体验   C．接待响应   D．客服销售

（5）以下是店铺商品效果数据指标的有（　　）。

    A．核心数据   B．流量来源   C．关联搭配   D．全量商品排行

4. 简答题

（1）有哪些获取数据的途径？

（2）网络数据的爬取方式有哪些？

（3）网络爬虫的核心任务是什么？

（4）电商平台店铺有哪些重要的数据值得收集？

（5）阐述问卷调查的主要工作流程。

5. 案例题

（1）尝试使用本节介绍的网络数据爬取方式爬取感兴趣的电子商务平台信息。

（2）组成一个 3～6 人的小组，确定一个电子商务方面的选题，然后根据此选题尝试收集数据。可以到各种公开数据源处获取数据，或设计一个调查问卷收集数据，或应用爬虫软件爬取数据。注意，应能及时获得数据，以调整选题内容和分析方法，因为有时候一个心仪的选题可能由于缺少数据支持，往往需要根据可获取的数据适当调整分析。

第 5 章

数据导入与预处理

【章节目标】

1. 了解并掌握数据在 Excel 中的导入、导出操作
2. 掌握用 Excel 进行基本的数据处理操作
3. 重点掌握数据预处理操作中的数据清理及数据规范化

【学习重点、难点】

1. 运用 Excel 进行数据的导入、导出操作
2. 数据清理的方法
3. 数据规范化的计算

【案例导入】

数据预处理方法在网络社区数据分析中的应用

小红书是一个生活方式分享社区。小红书月活跃用户数已过亿，其中 70%的新增用户是 90 后。小红书通过大数据和人工智能技术将用户线上分享的消费体验内容精准匹配给对它感兴趣的其他用户，从而引发社区互动，再推动其他用户到线下消费，这些用户反过来又会进行更多的线上分享，最终形成一个正循环。小红书已成为用户线上相互交流发表意见的重要网络社区。如果希望通过收集主题的特征信息对评论主题进行关联规则挖掘，那么数据预处理会成为一个关键环节。

1）评论主题两大因素的提取

把每个评论主题的信息分为主题诱发的原因和主题影响力结果两大因素。主题诱发的原因包含评论主题发表用户、发生时间、IP 地址、涉及人数、主题类型等因素；主题影响力结果指该评论主题的影响作用。

2）评论主题的数据清理

在提取评论主题诱发的原因和主题影响力结果后，接下来对评论主题的信息进行数据清理，具体步骤如下。

（1）清理空缺值。对主题诱发的原因采用忽略元组法，即直接删除数据库中某个记录元组的属性值都为空或缺少大量数值的数据，因为这些数据没有太大的挖掘价值。对于评论的主题信息属性值空缺数目较少的记录，采用设置默认值的方式填补空值。

（2）泛化处理。针对不统一的数据，必须对其进行规范化处理，以减少数据之间的差异。例如，评论的主题内容大多是商品的质量问题、耐久性问题和材质问题等，则对这 3 个主题进行泛化处理，全部用该商品的品质来表示。

3）主题信息的集成与转换

（1）数据转换。用统一的符号表示网络论坛主题及其包含的因素，并进行必要的数据离散化处理，然后构成具体的主题信息表，以便作为关联规则挖掘的输入参数。例如，设置符号 Topic 表示网络论坛主题，R1 表示评论主题发表用户；R2 表示评论主题发生时间；R3 表示 IP 地址；R4 表示涉及人数；R5 表示主题类型；R6 表示影响作用。

（2）数据的规范化。将连续属性进行约简，使其符合关联规则算法的要求。例如，将主题影响力分为 4 类，无注册用户评论的主题影响力是较差的；评论用户数量低于整体注册用户 10% 的主题影响力为一般；评论用户数量占整体注册用户的 10%～30% 的主题影响力为较大；评论用户数量超过整体注册用户的 30% 的主题影响力为最大。

在上述操作之后，可以把数据预处理结果作为挖掘网络社区主题关联规则的初始化数据再进行算法计算。由此案例可知，数据预处理决定了整个主题影响力关联规则挖掘的效率。由此说明，全面的数据预处理工作是数据分析模型的开端，也是提高数据分析算法效率的前提。

5.1 数据的导入与导出

▶▶ 5.1.1 数据导入

收集到的数据可直接填写在 Excel 的单元格中，也可将多种格式的数据文件导入到 Excel 工作表中。单击导航栏"数据"→"获取数据"→"自文件"，可以选择将不同格式的数据导入 Excel 工作表，如图 5.1 所示。

1. 将文本文件导入 Excel 工作表

若将如图 5.2 所示的文本文件导入 Excel 工作表，则具体操作步骤如下。

图 5.1　将多种格式的数据导入 Excel 工作表

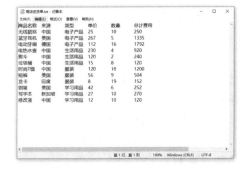

图 5.2　商店进货单的文本文件

打开并创建 Excel 文件，单击"数据"→"自文本"，如图 5.3 所示。

在"导入文本文件"对话框中，选择需要导入的文件，单击"导入"按钮，如图 5.4 所示。

在弹出的"文本导入向导"对话框中，选择"分隔符号"单选按钮，单击"下一步"按钮，如图 5.5 所示。

在"文本导入向导"对话框中，勾选"Tab 键"复选框，单击"下一步"按钮，如图 5.6 所示。

在"文本导入向导"对话框中，选择"常规"单选按钮，单击"完成"按钮，如图 5.7 所示。

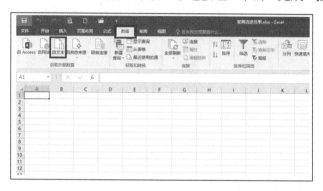

图 5.3 创建 Excel 文件

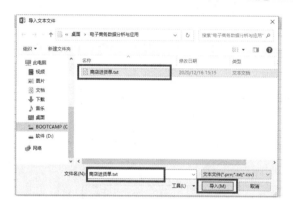

图 5.4 "导入文本文件"对话框

图 5.5 文本导入向导第 1 步

图 5.6 文本导入向导第 2 步

图 5.7 文本导入向导第 3 步

在弹出的"导入数据"对话框中，选择"新工作表"，单击"确定"按钮，如图 5.8 所示。返回 Excel 工作表，可以看到数据的导入情况，如图 5.9 所示。

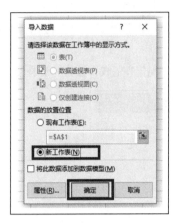

图 5.8　导入新工作表

图 5.9　文本文件的导入结果-某商店进货单

2. 将 CSV 文件导入 Excel 工作表

此处导入的数据是从国家统计局网站下载的月度居民消费价格指数表，格式为 CSV（Comma- Separated Values），如图 5.10 所示。

图 5.10　导入的 CSV 文件名称

在导入数据之前，再次确认数据的格式、编码、分隔符、数据行数等，单击"加载"按钮，如图 5.11 所示。

图 5.11　CSV 格式的月度数据内容

导入数据后的 Excel 工作表如图 5.12 所示。

图 5.12　导入数据后的 Excel 工作表

▶▶ 5.1.2　**数据导出**

Excel 工作表中的数据也可导出到其他操作软件中。这里以将 Excel 工作表的数据导出到 Word 文件中为例，简要描述数据如何导出，具体操作如下。

打开 Word 文件，单击"插入"→"对象"，如图 5.13 所示。

图 5.13　打开 Word 文件

在弹出的"对象"对话框中，选择"由文件创建"，并单击"浏览"按钮，如图 5.14 所示。选择需要导出的 Excel 数据源（如图 5.9 所示的工作簿），单击"插入"按钮，如图 5.15 所示。

图 5.14　"对象"对话框

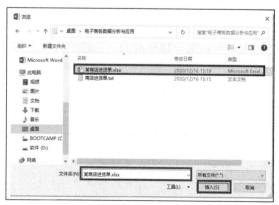

图 5.15　导出数据源

在返回的"对象"对话框中，单击"确定"按钮，如图 5.16 所示。

返回 Word 文件，可看到从 Excel 导入的数据，如图 5.17 所示。

图 5.16　确定导出文件

从 Excel 中导出数据到 Word:

商品名称	来源	类型	单价	数量	总计费用
无线鼠标	中国	电子产品	25	10	250
蓝牙耳机	美国	电子产品	267	5	1335
电动牙刷	德国	电子产品	112	16	1792
电热水壶	中国	生活用品	230	4	920
熨斗	中国	生活用品	120	2	240
垃圾桶	中国	生活用品	15	8	120
时尚T恤	中国	服装	120	10	1200
短裤	美国	服装	56	9	504
发卡	印度	服装	8	19	152
钢笔	美国	学习用品	42	6	252
写字本	新加坡	学习用品	27	10	270
修改液	中国	学习用品	12	10	120

图 5.17　将 Excel 文件导出到 Word 文件中的结果

5.2　数据预处理方法

数据预处理是根据数据分析的目的，将收集到的原始数据用适当的处理工具（如 Excel）进行整理加工，再转换成正确的格式，以便满足数据分析模型对数据的要求。数据预处理可提高数据质量。数据预处理的流程主要包括数据清洗、数据融合、数据变换、数据规约，以及在对数据挖掘结果的评价计划的基础上进行的二次预处理的精炼。

▶▶ 5.2.1　数据清理

数据清理是数据准备过程中最花费时间、最乏味的，但也是最重要的一步。这一步可有效减少学习过程中可能出现相互矛盾的情况。初始获得的数据主要有以下几种情况需要处理。

1. 含噪声数据

目前，处理含噪声数据应用最为广泛的技术是分箱技术。分箱技术是通过检测周围相应属性值来进行局部数据平滑的。分箱的方法很多，主要有按箱平均值平滑、按箱中值平滑和按箱边界值平滑。例如，某 Price 属性值排序后为 2，4，6，6，9，12，12，14，19，则采用各种分箱方法进行处理的结果如表 5.1 所示。

表 5.1　分箱处理的结果示例

首先，划分为等深箱	按箱平均值平滑	按箱中值平滑	按箱边界值平滑
箱1：2，4，6	箱1：4，4，4	箱1：4，4，4	箱1：2，2，6
箱2：6，9，12	箱2：9，9，9	箱2：9，9，9	箱2：6，6，12
箱3：12，14，19	箱3：15，15，15	箱3：14，14，14	箱3：12，12，19

除分箱方法之外，还可以应用聚类技术检测异常数据，发现孤立点并进行修正，或者利用

回归函数或时间序列分析的方法进行修正。另外，计算机和人工相结合的方式也非常有效。

对于含噪声数据，尤其是孤立点数据，是不可以随便以删除的方式进行处理的。由于某些孤立点数据和离群数据代表了某些有特定意义的、重要的潜在知识，因此，对于孤立点数据应先将其放入数据库，而不进行任何处理。当然，如果结合专业知识分析，确定该数据无用，那么可进行删除处理。

2. 错误数据

对带有错误数据的数据元组，结合数据反映的实际问题进行分析、更改、删除或忽略。同时，可结合模糊数学的隶属函数寻找约束函数，或者根据前一段历史数据趋势对当前数据进行修正。

3. 缺失数据

补充缺失数据的主要办法如下。

（1）若数据属于时间局部性缺失，则可采用近阶段数据的线性差值法进行补充；若数据的时间段较长，则应该采用该时间段的历史数据恢复丢失数据；若数据属于空间残损，则用其周围数据点的信息来代替，且对相关数据进行备注说明，以备查用。

（2）使用一个全局常量或属性的平均值填充空缺值。

（3）使用回归的方法、基于推导的贝叶斯方法或判定树对数据的部分属性进行修复。

（4）忽略该数据元组。

4. 冗余数据

冗余数据包括属性冗余和属性数据冗余，若通过因子分析或经验等方法确定部分属性的相关数据足以对信息进行挖掘和决策，则可通过相关数学方法找出具有最大影响属性因子的属性数据，而其余属性均可删除。若某属性的部分数据足以反映该问题的信息，则其余数据可删除。若经过分析，发现这部分冗余数据可能还有他用，则先保留并进行备注说明。

▶▶ 5.2.2　数据融合

对通过数据融合（信息融合）产生的比单一信息源更准确、完全、可靠的数据进行估计和判断，然后存入数据仓库或数据挖掘模块中。常见的数据融合方法如表 5.2 所示。

表 5.2　常见的数据融合方法

数据融合方法分类	具 体 方 法
静态的融合方法	贝叶斯估值、加权最小平方等
动态的融合方法	递归加权最小平方、卡尔曼滤波等
基于统计的融合方法	马尔可夫随机场、最大似然法等
信息论算法	聚类分析、自适应神经网络等
模糊理论/灰色理论	灰色关联分析、灰色聚类等

▶▶ 5.2.3 数据变换

数据变换是采用线性或非线性的数学变换方法，将多维数据压缩成较少维数的数据，以消除它们在时间、空间、属性及精度等特征表现方面的差异。这类方法虽然对原始数据有一定的损害，但其结果往往具有很强的实用性。常见的数据变换方法如表 5.3 所示。

表 5.3　常见的数据变换方法

数据变换方法分类	作　　用
数据平滑	去噪，将连续数据离散化、增加粒度
数据聚集	对数据进行汇总
数据概化	降低数据复杂化程度，用高层概念替换
数据规范化	使数据按比例缩放，落入特定区域
属性构造	构造出新的属性

1. 数据概化

数据概化在数据变换过程中使用较广泛。例如，将细节数据汇聚到粗粒度的类别层面、通过电商销售记录统计各品类的总体销售水平、发现具有普遍意义的数据分析结论等。如图 5.18 所示，从下至上形成了具有 4 个层级的零食类商品概化结构。

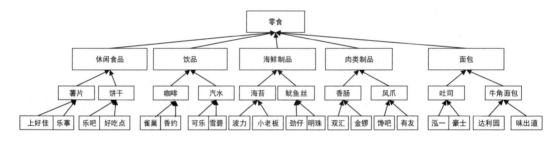

图 5.18　数据概化的例子

2. 数据规范化

数据规范化、标准化的目的是将数据转化为无量纲的纯数据，便于不同单位或量级的指标进行比较或加权。常见的数据规范化方法有以下 4 种。

（1）最小-最大标准化：也叫离差标准化，转换函数为

$$x' = \frac{x - \min A}{\max A - \min A} \tag{5-1}$$

其中，x 为属性 A 数据序列中的某一个原数值，$\min A$ 和 $\max A$ 分别是该序列中的最小值和最大值，标准化后，结果落在[0,1]区间。若希望 x 转换后落在某个指定的区间[new_min$A$, new_max$A$]中，则转化函数为

$$x' = \frac{x - \min A}{\max A - \min A}(\text{new\_max} A - \text{new\_min} A) + \text{new\_min} A \tag{5-2}$$

（2）对数转换：通过对数函数转换的方法实现归一化，方法如下。

$$x' = \frac{\lg x}{\lg \max A} \qquad (5\text{-}3)$$

（3）反正切函数转化：用反正切函数实现数据的归一化，方法如下。

$$x' = \frac{2}{\pi}\arctan x \qquad (5\text{-}4)$$

（4）z-score 标准化：也叫标准差标准化，经过处理的数据符合标准正态分布，即均值为 0，标准差为 1，其转化函数为

$$x' = \frac{x - \mu}{\sigma} \qquad (5\text{-}5)$$

式中，μ 为所有样本数据的均值，σ 为所有样本数据的标准差。

例如，某电商平台商家销售的产品"水杯"在过去半年内的月销售量（件）分别为 12、14、6、5、23、10，将这组数据作为数据规范化的样本数据，采用最小-最大标准化及 z-score 标准化分别进行处理。

最小-最大标准化处理：在该组数据中，最大值为 23，最小值为 5，为使结果均落在[0,1]区间，在进行转化后，上述数值依次变为 0.3889、0.5、0.0556、0、1、0.2778。

z-score 标准化：在该组数据中，μ 为 11.67，σ 为 6.53，则上述数值依次变为 0.0505、0.3568、−0.8683、−1.0153、1.7351、−0.2557。

▶▶ 5.2.4　数据规约

数据经过去噪处理后，应根据相关要求对数据的属性进行相应处理。数据规约就是在减少数据存储空间的同时尽可能保证数据的完整性，以获得比原始数据小得多的数据，并将数据以合乎要求的方式表示。常见的数据规约方法如表 5.4 所示。

表 5.4　常见的数据规约方法

数据规约方法分类	具 体 方 法
数据立方体聚集	数据立方体聚集等
维规约	属性子集选择方法等
数据压缩	小波变换、主成分分析、分形技术等
数值压缩	回归、直方图、聚类等
离散化和概念分层	分箱技术、直方图等

5.3　数据的基本处理操作

▶▶ 5.3.1　重复数据处理

采集到的原始数据通常存在重复的情况。对于重复数据，要进行识别和去重，下面通过 Excel 介绍两种常用的方法。

1. 高级筛选法

如果只是需要将目标数据的非重复值筛选出来，那么可单击"数据"选项卡下"排序筛选"组中的"高级"按钮，如图 5.19 所示。

在弹出的"高级筛选"对话框中进行相应设置，如图 5.20 所示。

单击"确定"按钮，得到如图 5.21 所示的处理结果，框选部分为"来源"数据非重复项的筛选结果。

图 5.19　筛选商品的来源

图 5.20　高级筛选法的选项

图 5.21　高级筛选法的结果

2. 条件格式法

Excel 工作表中内设表示重复项的功能。打开 Excel 目标文件，选中需要标识重复值的区域，选择"开始"→"条件格式"→"突出显示单元格规则"→"重复值"，如图 5.22 所示。

图 5.22　用条件格式法突出显示商品类型的重复值

在弹出的“重复值”对话框中，把重复的数据标注为红色，单击“确定”按钮，如图 5.23 所示。

条件格式法的结果如图 5.24 所示。

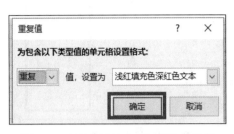

图 5.23 条件格式法中对重复值的设置

商品名称	来源	类型	单价	数量	总计费用	来源
无线鼠标	中国	电子产品	25	10	250	中国
蓝牙耳机	美国	电子产品	267	5	1335	美国
电动牙刷	德国	电子产品	112	16	1792	德国
电热水壶	中国	生活用品	230	4	920	印度
熨斗	中国	生活用品	120	2	240	新加坡
垃圾桶	中国	生活用品	15	8	120	
时尚T恤	中国	服装	120	10	1200	
短裤	美国	服装	56	9	504	
发卡	印度	服装	8	19	152	
钢笔	美国	学习用品	42	6	252	
写字本	新加坡	学习用品	27	10	270	
修改液	中国	学习用品	12	10	120	

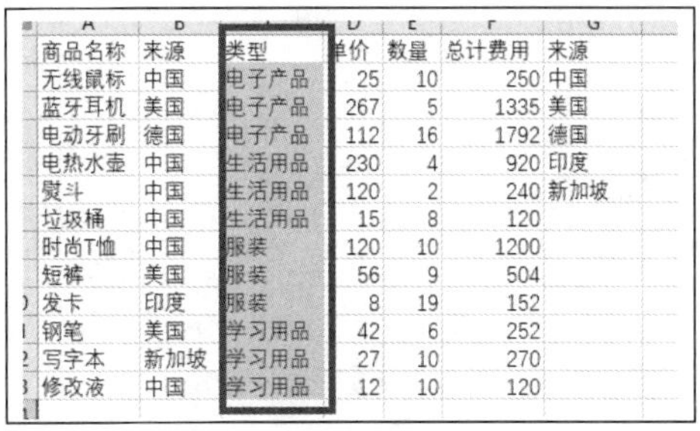

图 5.24 条件格式法的结果

5.3.2 缺失数据处理

在 Excel 工作表中，如果出现缺失数据，一般表示为空值或错误表示符。运用“定位条件”功能可以对缺失数据进行处理。在原始数据中，G 列“上次进货数量”有部分值缺失，如图 5.25 所示。现要求将其全部标记为 0，以便后期数据分析，具体操作如下。

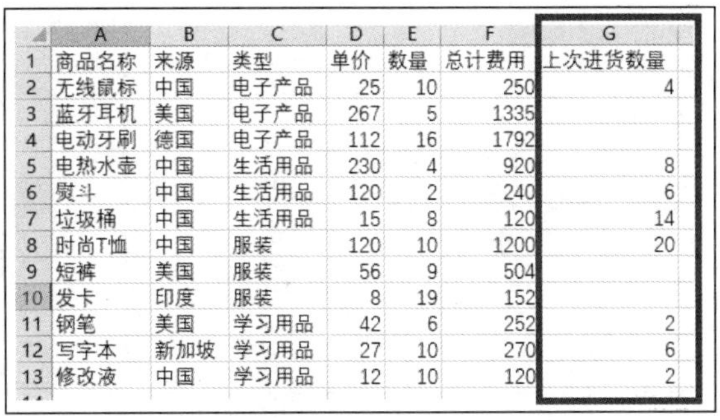

	A	B	C	D	E	F	G
1	商品名称	来源	类型	单价	数量	总计费用	上次进货数量
2	无线鼠标	中国	电子产品	25	10	250	4
3	蓝牙耳机	美国	电子产品	267	5	1335	
4	电动牙刷	德国	电子产品	112	16	1792	
5	电热水壶	中国	生活用品	230	4	920	8
6	熨斗	中国	生活用品	120	2	240	6
7	垃圾桶	中国	生活用品	15	8	120	14
8	时尚T恤	中国	服装	120	10	1200	20
9	短裤	美国	服装	56	9	504	
10	发卡	印度	服装	8	19	152	
11	钢笔	美国	学习用品	42	6	252	2
12	写字本	新加坡	学习用品	27	10	270	6
13	修改液	中国	学习用品	12	10	120	2

图 5.25 缺失数据示例

选定 G 列，选择“开始”→“查找和选择”→“定位条件”，如图 5.26 所示。

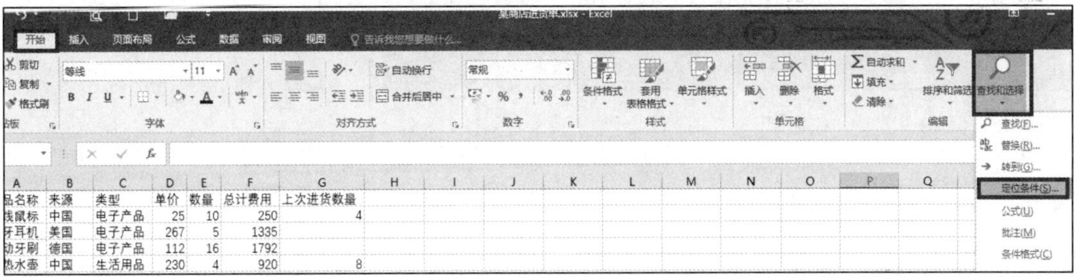

图 5.26 利用定位条件的功能

在弹出的“定位条件”对话框中，选择“空值”单选按钮，单击“确定”按钮，如图 5.27 所示。

直接输入"0"，按"Ctrl+Enter"，则空值单元格一次性全部输入"0"，如图 5.28 所示。

图 5.27 定位条件的选项

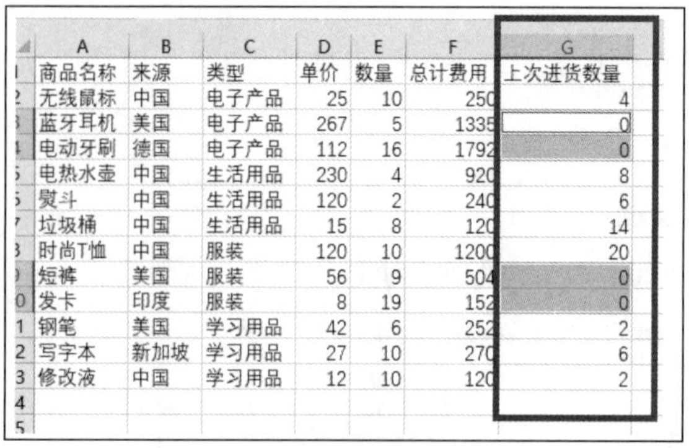

图 5.28 对空值进行填充

▶▶ 5.3.3 错误数据处理

使用 Excel 能够控制和检查数据统计中存在的错误。假设在 Excel 表格中存在一列"销售情况"，"0"表示销售一般，"1"表示销售良好，"2"表示销售极好，而其他数据均为错误数据，如图 5.29 所示。现对错误数据进行处理，具体操作如下。

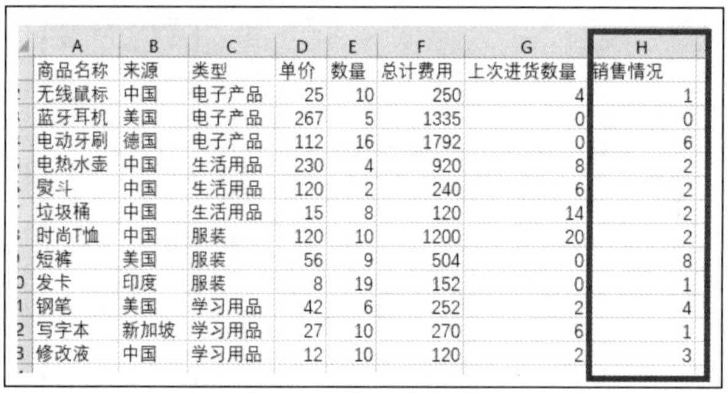

图 5.29 错误数据示例

选中 H 列，选择"数据"→"数据验证"，如图 5.30 所示。

在弹出的"数据验证"对话框中进行相应设置，如图 5.31 所示。

图 5.30 选择存在错误数据的列

图 5.31 数据验证选项

选择"数据"→"数据验证"→"圈释无效数据",如图 5.32 所示。

错误数据的处理结果如图 5.33 所示。

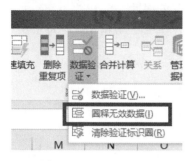

图 5.32　圈释无效数据　　　　　　图 5.33　错误数据的处理结果

本章知识小结

本章主要学习了运用 Excel 进行数据的导入、导出操作,以及对重复、缺失、错误数据的基本处理操作,并且从数据清理、数据融合、数据变换及数据规约 4 个方面,学习了数据的预处理操作。通过本章的学习,旨在掌握利用 Excel 处理数据的基本方法,以及了解数据预处理的基本操作。

本章考核检测评价

1. 判断题

(1)对缺失数据的处理,Excel 常采用的是高级筛选法。

(2)在数据预处理中,孤立点或异常数据可以直接删除。

(3)数据预处理的目的是提高数据质量。

(4)在 Excel 工作表中,如果出现缺失数据,那么一般表示为空值或错误表示符。运用定位条件功能可对缺失数据进行处理。

(5)数据规约是采用线性或非线性的数学变换方法将多维数据压缩成较少维数的数据。

2. 单选题

(1)在 Excel 中,处理总和计算的函数是(　　)。

    A. SUM　　　　　　　　　　　　B. AVERAGE

    C. COUNT　　　　　　　　　　　D. MAX

(2)(　　)就是在减少数据存储空间的同时尽可能保证数据的完整性,以获得比原始数据小得多的数据,并将数据以合乎要求的方式表示。

    A. 数据清理　　　　　　　　　　B. 数据融合

    C. 数据变换　　　　　　　　　　D. 数据规约

（3）在数据变换方法中，数据平滑的作用是（　　　）。

  A．数据汇总   B．去噪

  C．减少数据复杂化   D．构造新的属性

（4）对于 2，3，4，5 这组数据，运用最小-最大标准化处理后，数据 4 转换为（　　　）。

  A．0   B．0.33   C．0.67   D．1

（5）在数据规约方法中，数值压缩的具体方法是（　　　）。

  A．分箱技术   B．主成分分析   C．分形技术   D．回归

3．多选题

（1）（　　　）格式的数据可以导入到 Excel 中。

  A．文本   B．CSV   C．XML   D．JSON

（2）分箱技术作为一种局部数据平滑方法，主要包括（　　　）平滑方法。

  A．箱平均值   B．箱中值   C．箱边界值   D．箱中心值

（3）补充缺失数据的主要办法包括（　　　）。

  A．线性差值法   B．平均值填充   C．回归方法   D．忽略该数据元组

（4）数据变换方法包括（　　　）。

  A．数据平滑   B．数据聚集   C．数据概化   D．数据规范化

（5）数据规范化方法包括（　　　）。

  A．最小-最大标准化   B．对数转换

  C．反正切函数转化   D．z-score 标准化

4．简答题

（1）某 Price 属性值排序后为 4、8、15、21、21、24、25、28、34，分别采用按箱平均值平滑、按箱中值平滑和按箱边界值平滑的方法进行处理，并简述处理结果。

（2）简述常见的数据变换方法。

（3）数据融合的方法有哪些？

（4）简述常见的数据规约方法。

（5）数据概化对数据分析的作用有哪些？

5．案例题

海量的原始数据存在大量不完整、有缺失值、不一致、有异常的数据，严重影响数据挖掘建模的执行效率，甚至可能导致挖掘结果的偏差，所以进行数据预处理显得尤为重要。针对电子商务用户特征分析、电子商务商品关联销售与组合营销、网络金融风险管理等方面的数据分析的应用需求，指出应采用的数据导入、导出过程及预处理的方法。

第6章

数据可视化

【章节目标】

1. 掌握数据可视化的基本概念
2. 掌握 Excel 图表绘制，熟练绘制饼图、柱形图、直方图、雷达图、折线图、散点图
3. 掌握数据透视表的使用步骤
4. 了解文本分析与标签云的相关概念和使用方法

【学习重点、难点】

1. 利用饼图、柱形图、直方图、雷达图、折线图、散点图进行数据可视化
2. 数据透视表的多种应用

【案例导入】

京东手机 "6·18" 数据实时战报

作为京东一年一度的促销盛典，京东 "6·18" 期间的产品销量无疑已成为国人关注的焦点。自 2015 年起，京东运用数据可视化手段对销售情况进行实时展示。京东 "6·18" 的 "购 Phone 狂，Party On" 活动数据可视化展示，运用了真实的实时数据，展示了手机的实时销售额、销售量、销售品牌与销售地点，酷炫的效果在促销盛典现场掀起了阵阵热潮，场面十分震撼。另外，京东内部也通过数据可视化应用来实时了解全平台的销售状态及整体销售动向。

数据可视化为什么会受到电商平台如此的重视？电商平台可使用哪些数据可视化效果分析各类电商数据？这些效果又是如何呈现出来的？通过视觉化手段呈现电商数据能够揭示更多有价值的模式和结论，用真实的数据说话对电商而言是非常重要的。

6.1 数据可视化概述

数据可视化技术的不断发展及其在电商领域的成功应用，让数据在电商行业展现出强大的价值。

▶▶ 6.1.1　认识数据可视化

数据可视化是关于数据视觉表现形式的科学技术，它是一种利用图形、表格、动画等手段，将数据内在的规律直观地进行展现的方式。其中，数据的视觉表现形式被定义为一种以某种概要形式抽取出来的信息，包括相应信息单位的各种属性和变量。数据可视化的基本思想是将每一个数据项作为单个图元（图形元素，可以编辑的最小图形单位）进行表示，大量的数据集构成数据图像，同时将数据的各属性值以多维数据的形式表示，以便可以从不同的维度观察数据，从而对数据进行更深入的观察和分析。数据可视化已广泛应用于各个领域。

▶▶ 6.1.2　数据可视化的关键

数据可视化的关键在于借助图形手段清晰有效地传达数据背后的规律和数据分析的结论。为了有效地传达思想、理念，需要美学形式与功能并重，并直观地传达关键的内容与特征，从而实现对稀疏而复杂数据集的深入洞察。

6.2　表格的制作

▶▶ 6.2.1　统计表格编制的规则

在数据描述过程中，不仅需要整理以数据形式表现的资料，而且有时需要整理以文字形式表现的资料，如性别、职业、文化程度等。这些资料可以通过统计表格来呈现。

统计表格的编制规则如下。

（1）如果统计表格的栏数过多，那么要加以编号，主词和计量单位各栏用（甲）、（乙）、（丙）等文字编写；宾词指标各栏则用（1）、（2）、（3）等数字编号。

（2）统计表格中的数字要填写整齐，位数对齐。当不存在某项数字时，用符号"—"表示；当缺乏某项资料时，用符号"…"表示。

（3）数字资料要注明计量单位。当全表只有一种计量单位时，可把它写在表头的右上方。如果统计表格中需要分别注明不同单位，那么横行的计量单位可专设"计量单位"一栏，纵栏的计量单位可与纵标题写在一起并用小字标明。

（4）统计表格中的文字、数字要书写工整、清晰。

（5）当某些特殊资料需要说明时，应在统计表格的下方加以注解；数字资料要说明来源，以备考查。

（6）在统计表格编制完毕经审核后，制表人和主管部门负责人要签名，并加盖公章以示负责。

下面是一个某平台进口原料进出仓账目表（见表6.1）。

表 6.1　某平台进口原料进出仓账目表（样表）

制表人：　　　　　　　部门负责人：　　　　　制表日期：

序号	进出仓单号	进出仓日期	收发货单位编号	订单号	料件编号	商品编码	品　　名	数量单位	重量单位	进仓重量
1	BC001	12312020	AC08	…	100100	320649000	色粉	—	千克	409.5
2	BC002	12312020	AC09	…	100200	400299110	AES 合成硅胶	桶	千克	269.72
3	MC001	12062020	BE01	…	100400	848079009	塑胶模胚	袋	千克	1409.8
4	MC003	10242019	BE02	MV05004	100500	731025500	塑胶模胚	卷	千克	345.6
5	RF201	03122019	DR04	MC050097	100300	731025500	铁盒/容积（50 升）	—	千克	2956

注：进出仓日期表示是月日年。例如，12312020 表示 2020 年 12 月 31 日。

数据来源：根据某平台进口原料进出仓账表整理。

6.2.2　Excel 数据表格

工作簿是 Excel 环境中用来储存并处理工作数据的文件，其扩展名为 XLS 或 XLSX（2007 以上版本）。每一本工作簿可以拥有许多不同的工作表，工作簿中最多可创建 255 个工作表。工作表是显示在工作簿窗口中的表格，一个工作表可以由 1048576 行和 256 列构成，行的编号从 1 到 1048576，列的编号依次用字母 A、B、…、IV 表示；行号显示在工作簿窗口的左边，列号显示在工作簿窗口的上边。在工作表中，我们可以对数据进行组织和分析，也可以同时在多个工作表上输入并编辑数据，还可以对来自不同工作表的数据进行汇总计算。在创建工作表后，既可以将其置于源数据所在的工作表上，也可以将其放置在单独的工作表上。

6.3　图表的制作

6.3.1　常用的可视化图表

简单的图表往往能够有效、形象、快速地传达信息。常用的可视化图表包括饼图、柱形图、直方图、雷达图、折线图、散点图，这 6 类图表可以满足大部分数据展现与分析的需求，如图 6.1 所示。同时，每一类图表还能衍生出其他稍微复杂些的图表，如柱形图还包括簇状柱形图、堆积柱形图、百分比柱形图等。

Excel 对各类图表进行了详细的分类归纳。打开 Excel，可以在插入图表功能中看到 Excel 提供的主要图表模板，如图 6.2 所示。在新版本的 Excel 中，增加了许多图表功能，如树状图、旭日图、直方图、箱形图、瀑布图、漏斗图、组合等。

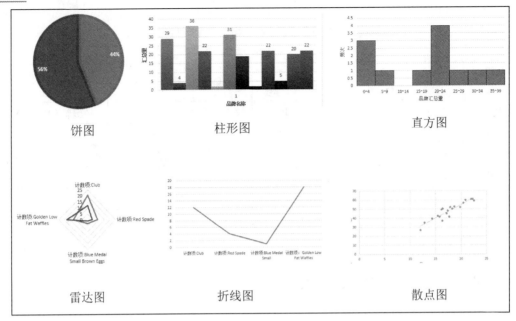

图 6.1　基本的可视化图表种类

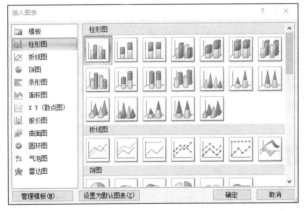

Excel 2013 版的图表选项 　　　　　　　　　　　　　Excel 2016 版的图表选项

图 6.2　Excel 中的图表分类

▶▶ 6.3.2　制作饼图

饼图是一种用圆内扇形面积的大小来反映统计分组数据的图形，主要用于反映总体内部的结构及其变化，对研究结构性问题比较适用。饼图通常只能用于一个数据系列，可方便比较一个总计的每个部分所占的比例，其各部分百分比之和为 100%，主要用来分析内部各组成部分对事件的影响。下面主要介绍 Excel 制作饼图的过程。

"环保、低脂"已成了当下人们对食品的热门需求。某国外电商公司是一家定位于纯互联网食品品牌的企业，为迎合消费者的最新需求，需要对平台的商品进行分析，从而决定今后企业的发展方向。通过网络爬虫技术获取平台上架食品的品牌名称、商品名称、包装是否可回收、是否低脂等数据资料，然后利用 Excel 制作饼图，以描述平台商品包装是否可回收的比例。

1. 制作常规饼图

打开“数据可视化”工作簿，选择“商品”工作表，如图 6.3 所示。

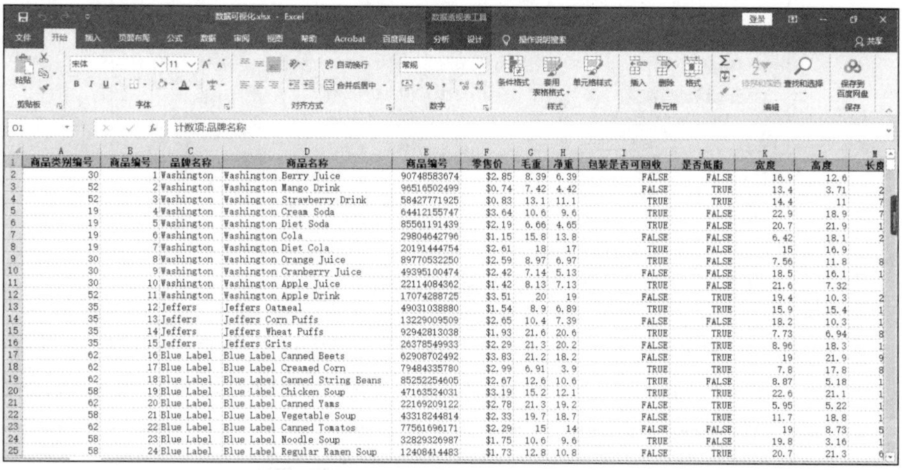

	A	B	C	D	E	F	G	H	I	J	K	L	M
1	商品类别编号	商品编号	品牌名称	商品名称	商品编号	零售价	毛重	净重	包装是否可回收	是否低脂	宽度	高度	长度
2	30	1	Washington	Washington Berry Juice	90748583674	$2.85	8.39	6.39	FALSE	FALSE	16.9	12.6	
3	52	2	Washington	Washington Mango Drink	96516502499	$0.74	7.42	4.42	FALSE	TRUE	13.4	3.71	2
4	52	3	Washington	Washington Strawberry Drink	58427771925	$0.83	13.1	11.1	TRUE	TRUE	14.4	11	7
5	19	4	Washington	Washington Cream Soda	64412155747	$3.64	10.6	9.6	TRUE	FALSE	22.9	18.9	7
6	19	5	Washington	Washington Diet Soda	85561191439	$2.19	6.66	4.65	TRUE	FALSE	20.7	21.9	1
7	19	6	Washington	Washington Cola	29804642796	$1.15	15.8	13.8	FALSE	FALSE	6.42	18.1	2
8	19	7	Washington	Washington Diet Cola	20191444754	$2.61	18	17	TRUE	FALSE	15	16.9	
9	30	8	Washington	Washington Orange Juice	89770532250	$2.59	8.97	6.97	TRUE	FALSE	7.56	11.8	8
10	30	9	Washington	Washington Cranberry Juice	49395100474	$2.42	7.14	5.13	FALSE	FALSE	18.5	16.1	1
11	30	10	Washington	Washington Apple Juice	22114084362	$1.42	8.13	7.13	TRUE	FALSE	21.6	7.32	
12	52	11	Washington	Washington Apple Drink	17074288725	$3.51	20	19	FALSE	TRUE	19.4	10.3	2
13	35	12	Jeffers	Jeffers Oatmeal	49031038880	$1.54	8.9	6.89	TRUE	TRUE	15.9	15.4	1
14	35	13	Jeffers	Jeffers Corn Puffs	13229009509	$2.65	10.4	7.39	FALSE	FALSE	18.2	10.3	1
15	35	14	Jeffers	Jeffers Wheat Puffs	92942813038	$1.93	21.6	20.6	TRUE	TRUE	7.73	6.94	8
16	35	15	Jeffers	Jeffers Grits	26378549933	$2.29	21.3	20.2	FALSE	TRUE	8.96	18.3	1
17	62	16	Blue Label	Blue Label Canned Beets	62908702492	$3.83	21.2	18.2	FALSE	TRUE	19	21.9	9
18	62	17	Blue Label	Blue Label Creamed Corn	79484335780	$2.99	6.91	3.9	TRUE	TRUE	7.8	17.8	8
19	62	18	Blue Label	Blue Label Canned String Beans	85252254605	$2.67	12.6	10.6	TRUE	FALSE	8.87	5.18	1
20	58	19	Blue Label	Blue Label Chicken Soup	47163524031	$3.19	15.2	12.1	TRUE	TRUE	22.6	21.1	1
21	62	20	Blue Label	Blue Label Canned Yams	22169209122	$2.78	21.3	19.2	FALSE	TRUE	5.95	5.22	1
22	58	21	Blue Label	Blue Label Vegetable Soup	43318244814	$2.33	19.7	18.7	FALSE	TRUE	11.7	18.8	1
23	62	22	Blue Label	Blue Label Canned Tomatos	77561696171	$2.29	15	14	FALSE	FALSE	19	8.73	5
24	58	23	Blue Label	Blue Label Noodle Soup	32829326987	$1.75	10.6	9.6	TRUE	FALSE	19.8	3.16	1
25	58	24	Blue Label	Blue Label Regular Ramen Soup	12408414483	$1.73	12.8	10.8	FALSE	TRUE	20.7	21.3	6

图 6.3 “商品”工作表（部分）

将“包装是否可回收”一列复制、粘贴至“饼图”工作表。利用数据透视表将其按“FALSE”与“TRUE”值归类（请参考 6.4 节中关于“计数项值汇总”的相关操作），重新制作表格，如图 6.4 所示。

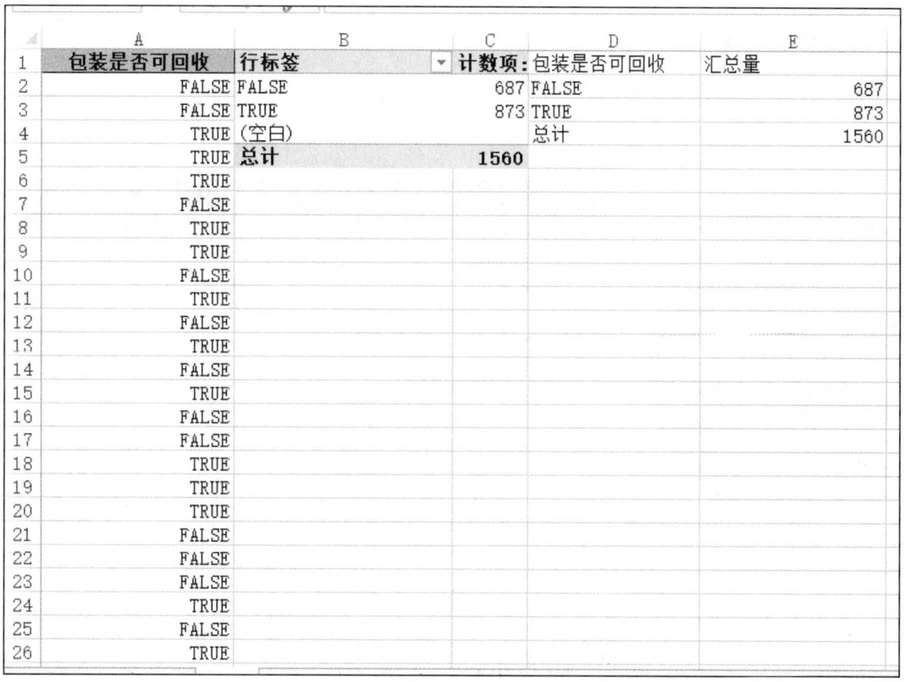

	A	B	C	D	E
1	包装是否可回收	行标签	计数项:包装是否可回收		汇总量
2	FALSE	FALSE	687	FALSE	687
3	FALSE	TRUE	873	TRUE	873
4	TRUE	(空白)		总计	1560
5	TRUE	总计	1560		
6	TRUE				
7	FALSE				
8	TRUE				
9	TRUE				
10	FALSE				
11	TRUE				
12	FALSE				
13	TRUE				
14	FALSE				
15	TRUE				
16	FALSE				
17	FALSE				
18	TRUE				
19	TRUE				
20	TRUE				
21	FALSE				
22	FALSE				
23	FALSE				
24	TRUE				
25	FALSE				
26	TRUE				

图 6.4 归类后的工作表

单击"插入"选项卡中的"饼图"下拉按钮，选择"二维饼图"→"饼图"，如图6.5所示。

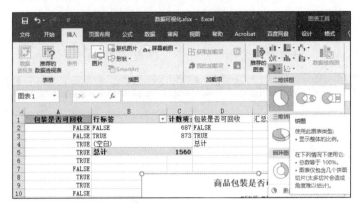

图6.5　插入二维饼图

单击"设计"选项卡中的"选择数据"按钮，打开"选择数据源"对话框；设置"图表数据区域"，单击"确定"按钮。在"设计"选项卡中，选择图表布局和图表样式，如图6.6所示。

图6.6　设置布局和样式

将饼图标题设置为"商品包装是否可回收比例"，饼图的最终效果如图6.7所示。

2. 制作复合型饼图

单击"插入"选项卡中的"饼图"下拉按钮，选择"二维饼图"→"子母饼图"，如图6.8所示。

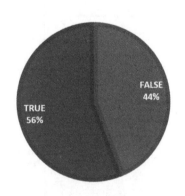

图6.7　饼图的最终效果

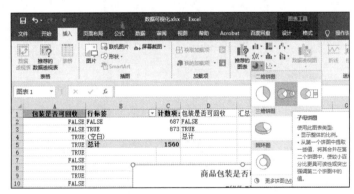

图6.8　插入二维子母饼图

单击"设计"选项卡中的"选择数据"按钮，打开"选择数据源"对话框；设置"图表数据区域"，单击"确定"按钮，如图6.9所示。

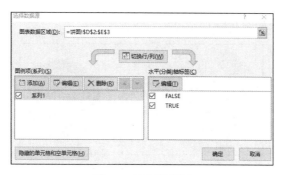

图 6.9　选择数据源

右击饼图，在弹出的快捷菜单中单击"设置数据系列格式"选项，如图 6.10 所示，弹出"设置数据系列格式"对话框。

在"设置数据系列格式"对话框中，设置"第二绘图区中的值"为"2"，单击"关闭"按钮，如图 6.11 所示。

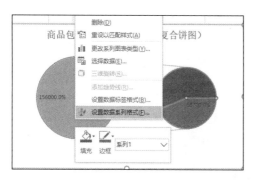

图 6.10　选择数据系列格式

图 6.11　"设置数据系列格式"对话框

右击饼图，在弹出的快捷菜单中选择"设置数据标签格式"选项，如图 6.12 所示，弹出"设置数据标签格式"对话框。

在"设置数据标签格式"对话框中，单击"标签选项"下拉按钮，勾选"百分比"复选框，将"分隔符"设置为"（新文本行）"，单击"关闭"按钮，如图 6.13 所示。

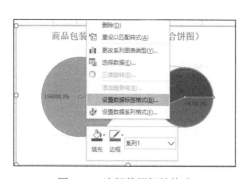

图 6.12　选择数据标签格式

图 6.13　"设置数据标签格式"对话框

复合饼图的最终效果如图 6.14 所示。

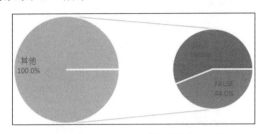

图 6.14　复合饼图的最终效果

▶▶ 6.3.3　制作柱形图

柱形图可以非常清晰地表达不同项目之间的差距和数值，通常用于不同时期或不同类别的数据之间的比较，也可以用来反映不同时期和不同数据的差异。柱形图可以纵向放置条形，也可以横向放置条形（也称为条形图）。在纵向柱形图中，通常水平轴表示分组类别，垂直轴表示各分组类别的数值。横向柱形图的坐标轴表示刚好同纵向柱形图相反。其中，堆积柱形图可以比较不同数值在总计中所占的比重，因此可以选择使用单位或百分比显示，常用于比较总计的每个部分，以看出各组成总体的具体比重，如图 6.15 所示。

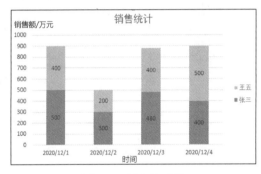

图 6.15　堆积柱形图

下面主要介绍利用 Excel 制作柱形图。仍以图 6.3 中"商品"工作表为例，根据该表中的数据分析该电商平台中，品牌名称以 B 开头的商品数量，并采用柱形图描述，具体操作如下。

打开"数据可视化"工作簿，选择"商品"工作表。利用数据透视表获取不同品牌名称的商品汇总数（请参考 6.4 节中关于"计数项值汇总"的相关操作），选择 B 开头的字段，复制数据至"柱形图"工作表，如表 6.2 所示。

表 6.2　制作柱形图的数据

序　　号	品　牌　名　称	汇　总　量
1	BBB Best	29
2	Best	4
3	Best Choice	36
4	Better	22

续表

序　　号	品 牌 名 称	汇 总 量
5	Big City	2
6	Big Time	31
7	Bird Call	19
8	Black Tie	2
9	Blue Label	22
10	Blue Medal	5
11	Booker	20
12	Bravo	22

单击"插入"选项卡中的"柱形图"下拉按钮，选择"二维柱形图"→"簇状柱形图"，如图 6.16 所示。

图 6.16　插入二维柱形图

单击"设计"选项卡中的"选择数据"按钮，打开"选择数据源"对话框；设置"图表数据区域"，单击"确定"按钮，如图 6.17 所示。

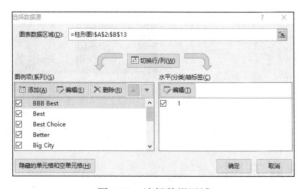

图 6.17　选择数据区域

在"设计"选项卡中选择图表布局"布局 6"和图表样式"样式 2"，如图 6.18 所示。

图 6.18　设置布局和样式

右击柱状图，在弹出的快捷菜单中选择"添加数据标签"选项，如图 6.19 所示。

右击数值，在弹出的快捷菜单中选择"设置数据标签格式"选项，如图 6.20 所示，弹出"设置数据标签格式"对话框。

在"设置数据标签格式"对话框中，单击"数字"下拉按钮，将"类别"设置为"数字"，将"小数位数"设置为"0"，单击"关闭"按钮，如图 6.21 所示。

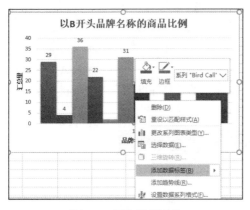

图 6.19　添加数据标签

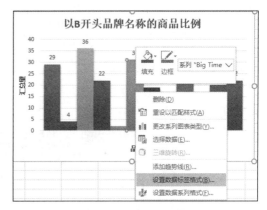

图 6.20　选择数据标签格式

将柱形图标题设置为"以 B 开头品牌名称的商品比例"，柱形图的最终效果如图 6.22 所示。

图 6.21　"设置数据标签格式"对话框

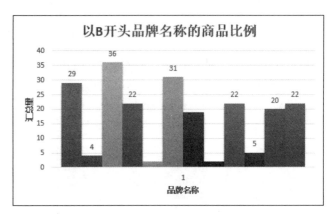

图 6.22　柱形图的最终效果

▶▶ 6.3.4　制作直方图

直方图是各条形之间没有间距的柱形图。直方图用条形的宽度和高度来统计分组数据，其是以组距（宽度）为底边，以落入各组的数据频数（高度）为依据，由按比例构成的若干矩形排列而成的图。直方图主要用于表示分组数据的频数分布特征，是分析总数数据分布特征的工具之一。柱形图和直方图的区别：柱形图的各矩形高度表示分组类别的频数，宽度是固定的；而直方图的各矩形高度表示该组距内的频数，宽度则表示组距。生成直方图的方式有两种：一是先对数据进行归类，然后用柱形图制作直方图；二是直接使用 Excel 提供的直方图制作功能。

仍以图 6.3 中"商品"工作表为例，打开"数据可视化"工作簿，新建"直方图"工作表。利用表 6.2 中的数据，对"汇总量"一列数据进行适当分组，选择合适的区间长度，此处选择的区间长度为 5，区间个数为 8，起点为 0，终点为 39，形成新的归类数据，如表 6.3 所示。利用直方图分析以 B 开头品牌名称的商品比例，具体操作如下。

表 6.3　制作直方图的数据

区 间 分 割 点	组 标 识	频　率
0	0～4	3
5	5～9	1
10	10～14	0
15	15～19	1
20	20～24	4
25	25～29	1
30	30～34	1
35	35～39	1

单击"插入图表"对话框中的"所有图表"选项卡，选择"直方图"选项，如图 6.23 所示。

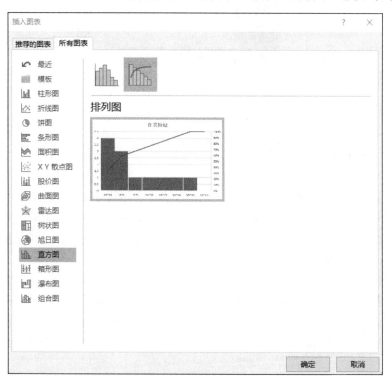

图 6.23　设置"直方图"

双击直方图打开"设置数据系列格式"对话框，在"系列选项"下拉列表中，将"间隙宽度"调整为 0，如图 6.24 所示。

在"设置数据系列格式"对话框中，选择"边框"选项卡，单击"实线"单选按钮，将"颜色"设置为黑色，将"宽度"设置为 0.5 磅，单击"关闭"按钮，如图 6.25 所示。

图 6.24 设置"间隙宽度"

图 6.25 设置"边框"

在"设计"选项卡的"添加图表元素"中选择"坐标轴标题",设置横纵坐标轴名称。直方图的最终效果如图 6.26 所示。

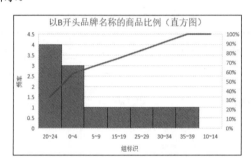

图 6.26 直方图的最终效果

▶▶ 6.3.5 制作雷达图

先将评价某一系统的各指标要素构成坐标轴,再由各指标要素之间的数值构成环绕的网,最后形成雷达。雷达图主要用来评估某个事件多个指标的综合水平,其可以对多组变量进行多种项目的对比,也可以反映数据相对中心点和其他数据点的变化情况。雷达图常用于多项指标的全面分析,以及明晰各项指标的变动情况和好坏趋向。

仍以图 6.3 中"商品"工作表为例,打开"数据可视化"工作簿,新建"雷达图"工作表。利用数据透视表,统计品牌名称为"Club""Red Spade""Blue Medal Small Brown Eggs""Golden Low Fat Waffles"的商品包装是否可回收情况(请参考 6.4 节中关于"计数项值汇总"的相关操作),如表 6.4 所示。制作雷达图分析这些品牌的商品包装是否可回收情况并进行比较,具体操作如下。

表 6.4 制作雷达图的数据

包装是否可回收	计数项:Club	计数项:Red Spade	计数项:Blue Medal Small Brown Eggs	计数项:Golden Low Fat Waffles
FALSE	21	9	3	12
TRUE	12	4	1	18

单击"插入"选项卡中的"其他图表"下拉按钮,选择"雷达图",如图 6.27 所示。

图 6.27　插入雷达图

单击"设计"选项卡中的"选择数据"按钮,打开"选择数据源"对话框,设置"图表数据区域",单击"确定"按钮,如图 6.28 所示。

雷达图的最终效果如图 6.29 所示。

图 6.28　选择数据区域

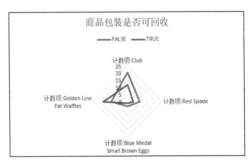

图 6.29　雷达图的最终效果

▶▶ 6.3.6　制作折线图

折线图是用来表达数据随时间推移而发生变化的一种图表,其可以预测未来的发展趋势。折线图常通过若干条折线来绘制若干组数据,以判断每组数据的峰值与谷值,以及折线变化的方向、速率和周期等特征。

仍以图 6.3 中"商品"工作表为例,打开"数据可视化"工作簿,新建"折线图"工作表。利用数据透视表,统计品牌名称为"Club""Red Spade""Blue Medal Small Brown Eggs""Golden Low Fat Waffles"的包装可回收商品数量(请参考 6.4 节中关于"计数项值汇总"的相关操作),如表 6.5 所示。下面通过制作折线图来分析这些品牌中包装可回收商品数量的变化,具体操作如下。

表 6.5 制作折线图的数据

品 牌 名 称	包装可回收商品数量
计数项：Club	12
计数项：Red Spade	4
计数项：Blue Medal Small	1
计数项：Golden Low Fat Waffles	18

单击"插入"选项卡中的"二维折线图"下拉按钮，选择"折线图"，如图 6.30 所示。

单击"设计"选项卡中的"选择数据"按钮，打开"选择数据源"对话框，设置"图表数据区域"，单击"确定"按钮，如图 6.31 所示。

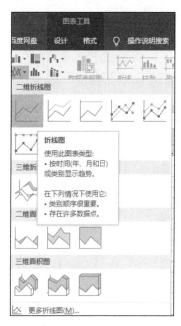

图 6.30 插入折线图

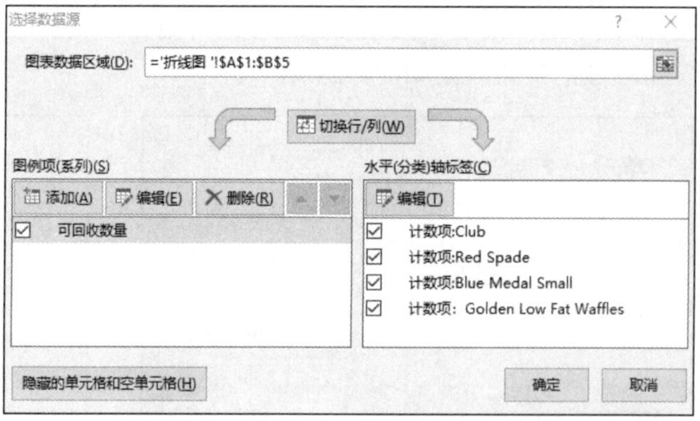

图 6.31 选择数据区域

折线图的最终效果如图 6.32 所示。

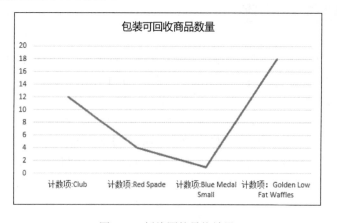

图 6.32 折线图的最终效果

▶▶ 6.3.7　制作散点图

散点图是用来说明若干组变量之间相互关系的,也可表示因变量随自变量变化的大致趋势。散点图一般呈现簇状不规则分布,可用数据点来说明数据的变化趋势、离散程度及不同系列数据间的相关性。

图 6.33 展示了某公司 2018 年和 2019 年客户交易额的量化情况,选中 B 列、C 列数据,插入散点图。有时为了便于分析,还可添加趋势线,具体操作方法是,选中数据点,单击鼠标右键,在弹出的快捷菜单中勾选"趋势线"复选框,如图 6.34 所示。

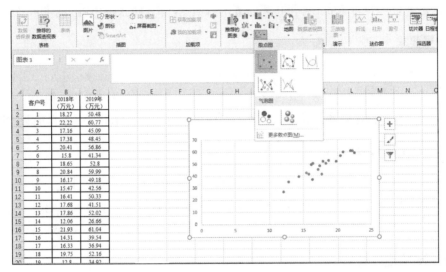

图 6.33　插入散点图

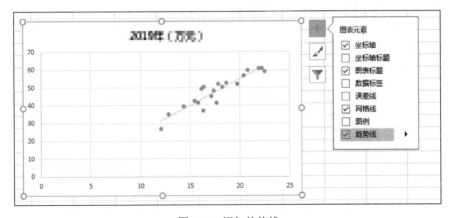

图 6.34　添加趋势线

📝 6.4　数据透视表

数据透视表是一种交互式的表,它可以动态地改变分析结果的版面布置,以便按不同方式分析数据，如重新安排行号、列标和页字段。每改变一次版面布置，数据透视表会立即按新的版面布置重新计算数据。如果原始数据发生更改，那么数据透视表也会随之更新。

6.4.1 数据透视表的注意事项

1. 缓存

每次在新建数据透视表或数据透视图时，Excel 均将报表数据的副本存储在内存中，并将其保存为工作簿文件的一部分。这样，每张新的报表均需要额外的内存和磁盘空间。但是，如果将现有数据透视表作为同一个工作簿中新报表的源数据，那么两张报表可共享同一个数据副本。

2. 位置要求

如果将某个数据透视表用作其他报表的源数据，那么两个报表必须位于同一工作簿中。如果源数据透视表位于另一工作簿中，那么需要将其复制到要新建报表的工作簿中。不同工作簿中的数据透视表和数据透视图是独立的，它们在内存和工作簿文件中都有各自的数据副本。

3. 更改会同时影响两个报表

在刷新报表中的数据时，Excel 也会更新源数据报表中的数据，反之亦然。如果对某个报表中的项进行分组或取消分组，那么将同时影响两个报表；如果在某个报表中创建了计算字段或计算项（使用用户创建的公式进行字段或字段中项的计算），那么将同时影响两个报表。

4. 数据透视图报表

可以基于其他数据透视表创建新的数据透视表或数据透视图，但是不能直接基于其他数据透视图创建新的报表。不过，当创建数据透视图时，Excel 会基于相同的数据创建一个相关联的数据透视表（为数据透视图提供源数据的数据透视表）。如果更改其中一个报表的布局，那么另一个报表也会随之更改。因此，可以基于关联的报表创建一个新报表。对数据透视图所做的更改将影响关联的数据透视表，反之亦然。

6.4.2 利用数据透视表制作统计表

1. 计数项值汇总

针对图 6.3 中的商品数据，利用数据透视表对不同品牌名称的商品数量进行汇总计数，具体操作如下。

打开"数据可视化"工作簿，选择"商品"工作表。

单击"插入"选项卡中的"数据透视表"下拉按钮，选择"数据透视表"选项。

打开"创建数据透视表"对话框，设置"表/区域"，选择将数据透视表放在"现有工作表"，然后单击"确定"按钮，如图 6.35 所示。

在"数据透视表字段"对话框中,单击"品牌名称"字段并按住鼠标左键将其拖曳到"行"标签处;因为要按品牌名称进行计数,所以将"品牌名称"字段拖曳到"值"字段处,形成品牌名称计数结果,即不同品牌下包含的商品数量,如图 6.36 所示。

计数项的汇总方式有多种形式,如"求和""最大值""平均值""乘积"等;数据显示方式也有多种,如"指数""百分比""列汇总的百分比""总计的百分比"等,这些都可以根据分析的目标进行选择,如图 6.37 所示。

图 6.35　"创建数据透视表"对话框

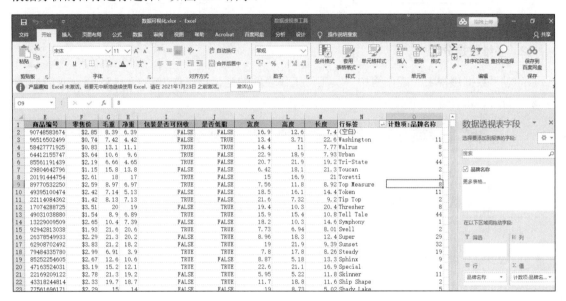

图 6.36　设置字段列表

图 6.37　值汇总方式和显示方式

"计数项:品牌名称"一列默认按字母顺序进行升序排序,同时可查看降序排序的结果。单击"行标签"下拉按钮,选择"降序",如图 6.38 所示。

计数项显示内容按降序进行排列,降序结果如图 6.39 所示。

图 6.38　快捷菜单

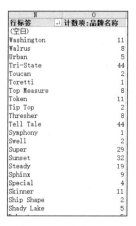

图 6.39　降序结果

2. 多维数据分析

针对"数据透视表"工作簿中"员工"工作表的数据，该工作表共有 1155 条记录、17 个字段，如图 6.40 所示。下面进行其他的数据透视表操作。

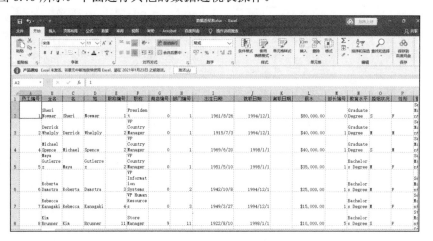

图 6.40　"员工"工作表（部分显示）

创建数据透视表，选择将其放置在新工作表中，如图 6.41 所示。

图 6.41　创建数据透视表

为分析薪水与学历和职位之间的关系，选择将"管理职位"和"职称"字段放入"行"标签，将"教育水平"放入"列"字段，将"薪水"放入"值"字段，得到相关表，如图 6.42 所示。

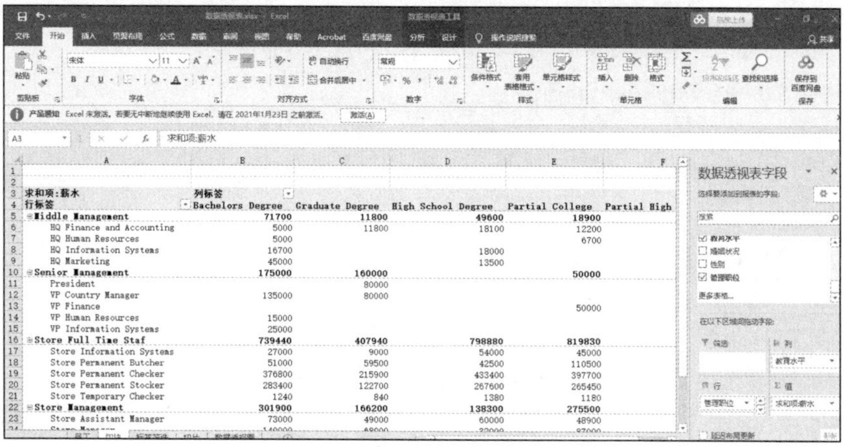

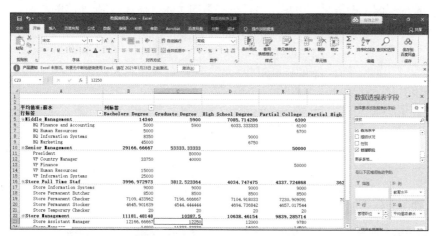

图 6.42　数据透视表字段选择

将"值"字段的汇总方式由"求和"改为"平均值"，得到薪水的平均值情况，如图 6.43 所示。

图 6.43　"值"字段汇总方式设置

3. 值筛选

为了解平均薪水大于或等于 5000 的有哪些部门，使用值筛选功能，具体操作如下。

单击"行标签"的"值筛选"，在弹出的对话框中选择"大于或等于"，输入"5000"，单击"确定"按钮，如图 6.44 所示。

图 6.44　行标签的值筛选

按值筛选的结果如图 6.45 所示。

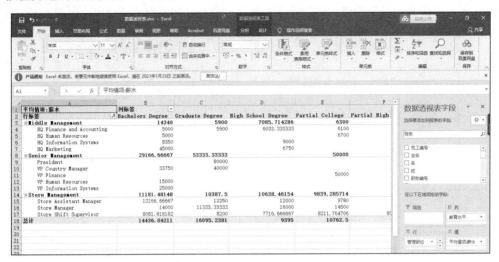

图 6.45　按值筛选的结果

4. 标签筛选

为了解管理层职工的信息，可单击"行标签"的"标签筛选"，在弹出的对话框中选择"包含"后，输入"Management"，如图 6.46 所示。

图 6.46　行标签的标签筛选

按标签筛选的结果如图 6.47 所示。

图 6.47　按标签筛选的结果

5. 旋转

对上一步骤得到的数据表（图 6.47）进行旋转操作中的行列交换，由此可得到不同视角的数据，如图 6.48 所示。

图 6.48　旋转结果

6. 查看特定数据

为查看某一特定数据，从汇总数据深入到细节数据，可采用向下钻取操作。例如，查看董事长的薪水，可将"职称"拖入"筛选"字段，然后在表的上方选择"President"，如图 6.49 所示。

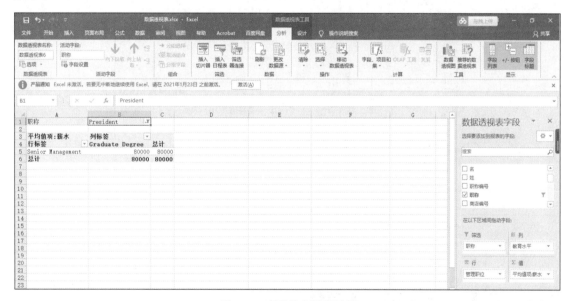

图 6.49　查看特定数据结果

7. 切片操作

Excel 可使用切片器工具对表进行切片操作，具体操作如下。

选取标签筛选得到的数据表（见图 6.47），单击"分析"→"插入切片器"按钮，勾选"性别"标签，单击"F"标签，得到女性职工的薪资水平，如图 6.50 所示。

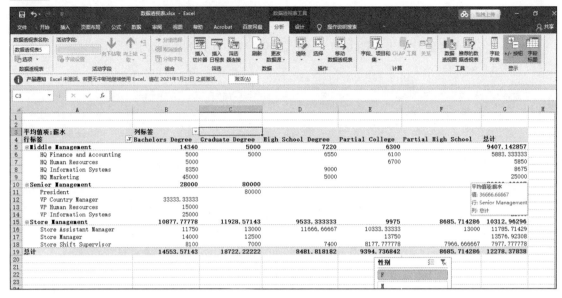

图 6.50　切片操作结果

8. 建立数据透视图

选取标签筛选得到的数据表（见图 6.47），单击工具栏中的"数据透视图"，选择图表类型中的"簇状树形图"，得到数据透视图，如图 6.51 所示。

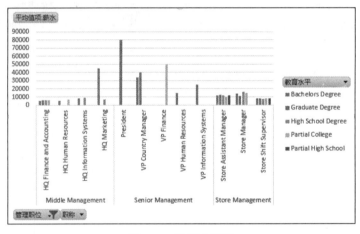

图 6.51　数据透视图

6.5　标签云可视化

随着互联网技术的发展，每天都伴随着海量数据的产生，其中大部分数据都是以文本的形式存在的。文本信息超载和数据过剩等问题促使了文本可视化的出现，利用文本可视化可以简单明了地显示文本中包含的信息。标签云是最为简单有效的文本可视化技术，它可以帮助人们理解复杂文本的内容和内在规律等信息。

▶▶ 6.5.1　标签云的定义

标签云又称为文字云、词云，是文本数据中出现频率较高的关键词在视觉上的突出呈现。标签云通过对关键词的渲染形成类似云一样的彩色图片，从而一眼就可以领略文本数据的主要表达意思，常见于博客、微博等。下面以 WordArt（一款制作文字云效果图的免费在线软件）为例，介绍利用标签云对文本数据进行可视化描述的具体操作。

▶▶ 6.5.2　WordArt 标签云工具的使用

登录 WordArt 网站，单击"Create"按钮，如图 6.52 所示。

单击"Import"按钮，添加文本，弹出对话框，在对话框中输入文章内容，将本书第 1.1 节和第 1.2 节的文本内容复制进去，然后单击"Import words"选项，如图 6.53 所示。

选中行，单击"Remove"按钮，删除对文本分析无意义的词语，如图 6.54 所示。

图 6.52　WordArt 网站首页

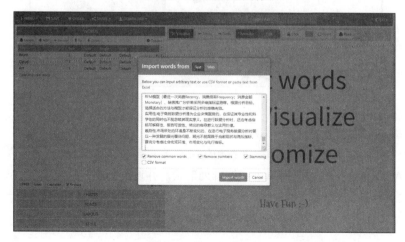

图 6.53　输入文本内容

图 6.54　删除无用标签

单击"SHAPES"标签，调整标签云的形状。标签云的形状可以任意选择，这里选择第 4 个形状作为标签云形状，如图 6.55 所示。

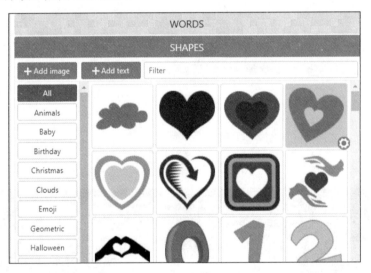

图 6.55　选择标签云形状

WordArt 默认只有英文字体，单击"Add font"按钮，手动添加中文字体库，如图 6.56 所示。若希望标签云的文字为仿宋简体，则添加仿宋简体文字的字体库。

单击"LAYOUT"标签，选择单个标签排列形状，并设置标签云的布局。"Words amount"参数是用于设置标签个数的，"Density"参数是用于设置透明度的。这里设置第一个字体形状（横式排列）与默认的字体数量，如图 6.57 所示。

图 6.56　添加中文字体库

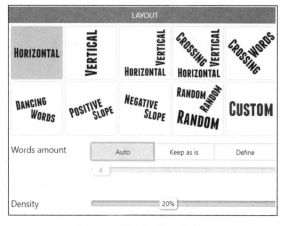

图 6.57　设置标签云的布局

单击 "STYLE" 标签，设置标签云的多个样式参数。"Words colors" 参数是用于设置字体颜色的，"Color emphasis" 参数是用于设置颜色比重的，"Background color" 参数是用于设置背景图片颜色的，"Background image" 参数是用于设置背景图片所占比重的，"Animation speed" 参数是用于调整文字显示速度的，"Rollover text color" 参数是用于调整鼠标指针滑过字体时扩大的文字颜色和文字背景颜色的。设置标签云的样式参数如图 6.58 所示。

单击 "Visualize" 标签，生成标签云，如图 6.59 所示。单击 "Print" 按钮，可选择生成格式并下载到本地，选好格式后单击 "确定" 按钮，便生成了标签云。

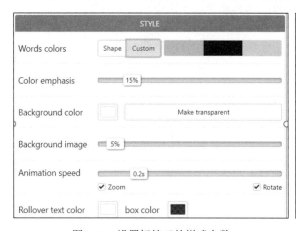

图 6.58　设置标签云的样式参数

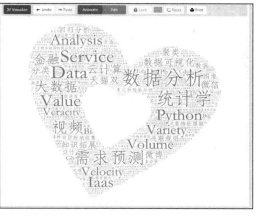

图 6.59　标签云效果

本章知识小结

本章主要学习了与电子商务数据分析相关的数据可视化方法，详细说明了利用 Excel 制作饼图、柱状图、直方图、雷达图、折线图、散点图等图表的操作过程。熟练掌握数据透视表的各种操作可为图表的绘制提供数据基础。标签云的相关知识的扩展可为文本可视化提供技术支持。

本章考核检测评价

1. 判断题

（1）数据可视化是将数据内在的规律间接地进行展现的一种方式。

（2）数字资料要注明计量单位。当全表只有一种计量单位时，可把它写在表头的左上方。

（3）统计表格中的文字、数字要书写工整、清晰。

（4）有效、形象、快速地传达信息需要复杂的图表。

（5）工作簿是 Excel 环境中用来储存并处理工作数据的文件。

2. 单选题

（1）以下不属于可视化的作用的是（　　）。

    A. 传播交流　　　　　B. 信息记录　　　　　C. 数据采集　　　　　D. 数据分析

（2）Excel 工作表的行号显示在工作簿窗口的（　　）。

    A. 左边　　　　　　　B. 右边　　　　　　　C. 上边　　　　　　　D. 下边

（3）Excel 工作表的列号显示在工作簿窗口的（　　）。

    A. 左边　　　　　　　B. 右边　　　　　　　C. 上边　　　　　　　D. 下边

（4）为反映不同时期或不同类别数据之间的比较或差异，可使用（　　）。

    A. 饼图　　　　　　　B. 柱形图　　　　　　C. 直方图　　　　　　D. 折线图

（5）用于多项指标的全面分析，明晰各项指标变动情况和好坏趋向的是（　　）。

    A. 饼图　　　　　　　B. 柱形图　　　　　　C. 直方图　　　　　　D. 雷达图

3. 多选题

（1）Excel 中具有的图表功能包括（　　）。

    A. 饼图　　　　　　　B. 柱形图　　　　　　C. 直方图　　　　　　D. 雷达图

（2）利用数据透视表可以完成的功能包括（　　）。

    A. 计数项值汇总　　　B. 筛选　　　　　　　C. 旋转　　　　　　　D. 切片

（3）以下关于饼图的说法中正确的是（　　）。

    A. 用于多个数据系列　　　　　　　　　B. 各部分百分比之和为 100%

    C. 有二维饼图　　　　　　　　　　　　D. 有三维饼图

（4）从宏观角度看，数据可视化的功能包括（　　）。

    A. 信息传达　　　　　B. 信息展现　　　　　C. 信息清洗　　　　　D. 信息沟通

（5）以下关于数据透视表的说法中正确的是（　　）。

    A. Excel 将报表数据的副本存储在内存中

    B. 数据透视表会随原始数据发生更改

    C. 改变版面的布局不会影响数据透视表

    D. 不可以将数据透视表用作其他报表的源数据

4. 简答题

（1）什么是数据可视化？

（2）简述制作统计表格的基本规则。

（3）简述数据可视化的基本思想。

（4）列举常用的可视化图形。

（5）常用的数据透视表操作有哪些？

5. 案例题

请利用 Excel 制作饼图、柱形图、直方图、雷达图、折线图和散点图及数据透视表等可视化图表，并展现某个网店的流量、转化率、访问量、销售量等方面的数据规律。

第 7 章
电子商务行业数据分析

【章节目标】

1. 了解电子商务行业数据分析的相关概念，掌握行业分析的数据指标及行业数据的采集方法
2. 掌握市场行情调研的基本概念
3. 重点掌握百度指数的使用方法，并能够撰写市场行情分析报告
4. 掌握市场供给与需求的相关概念和需求调研的基本方法
5. 重点掌握利用波特五力竞争分析模型对电子商务行业的竞争进行全面分析

【学习重点、难点】

1. 电子商务行业的主要数据指标
2. 利用百度指数分析市场行情
3. 利用波特五力竞争分析模型对电子商务行业的竞争进行全面分析

【案例导入】

梦陇酒庄旗舰店的运营方案

梦陇酒庄旗舰店的网上店铺在 2015 年 10 月 9 日才开始上线试运营，但却在当年的"双十一"活动中售出了近 13 万瓶红酒，实现了近 2000 万元的交易额，超额完成了"几乎不可能"的任务指标，圆满实现了"开门红"。该品牌经销商在 2014 年 8 月底筹开天猫店铺，所有红酒均原瓶原装从法国进口，货物运输周期长；第一批少量货物于 2015 年 10 月上旬到仓，第二批大量货物于 10 月中下旬到仓。由于该品牌经销商没有电商团队，而且成立的对接团队也不是专业电商人员，因此运营、仓储均采用外包。当外包运营团队杭州戈洛博电子商务有限公司接到任务时，发现了以下两大问题。

首先，品牌商的产品品质决定了市场定位为中高端价位，在天猫红酒类目中，其客单价高于行业客单价 3～4 倍。通过市场分析调研发现，葡萄酒的热销价位段在 99 元以下，而梦陇酒庄的定位是中高端红酒，单支售价在 138～1800 元，与市场的普遍需求不匹配，可能导致开业阶段转化率极低，甚至连千分之一都不到。

其次，虽然大众对梦陇酒庄品牌具有极高的期待和认可度，对销量的期望也较高，但 2015 年 10 月下旬总计到货量为 17 万瓶，若要在年底完成销售的目标，则仍是一个比较高的且相对难以完成的目标。

为此，运营团队与品牌商一起，制定了"先解决转化率、再解决流量"的运营方案。要解决转化率，首先需要还原品牌故事，让消费者认可产品背后的品牌。运营商通过店铺及详情信息的优化，还原了梦陇酒庄的三大品牌价值。由于运营团队不断优化商品详情页，因此转化率也开始逐步增长，而且从开店时的不足千分之一达到了百分之七。那么，运营商是如何从市场分析调研中确定产品定位的？又是如何获得消费者对产品期待值信息的？在获取信息之后，运营方案又是如何制定出来的？由此可见，行业数据分析是企业开展咨询调研、确定创投项目、制定营销战略等工作的基石。通过行业分析可以为商品制定更加精准的营销方案，从而提升销量、降低品牌风险。

7.1 电子商务行业数据分析概述

7.1.1 行业数据分析的作用

数据蕴含着非常大的潜在价值。随着大数据时代的到来，各行各业也发生了巨大的变化。如何利用大数据时代的优势更好地实现电子商务行业的发展，这是值得深入思考和重点学习的。电子商务行业相对于传统零售业来说，其最大的特点是一切都可以通过数据来监控和改进。通过数据可以看到用户从哪里来、如何组织产品，也可以实现更好的转化率、投放广告和推广效果等。数据科学与数据分析优势的充分发挥，将对我国电子商务行业的持续快速发展起到巨大的推动作用，其主要体现在以下几个方面。

1. 有助于精确电子商务行业的市场定位

成功的品牌离不开精准的市场定位，基于数据分析的市场调研是企业进行品牌定位的第一步。从数据分析中了解电子商务行业的市场构成、细分市场特征、消费者需求和竞争者状况等众多因素，在科学系统的信息收集、管理、分析的基础上，借助数据挖掘和信息采集技术不仅能给研究人员提供足够的样本量和数据，而且能基于数学模型对未来市场进行预测，以提出更好的解决方案和建议，保证企业品牌市场定位的个性化，提高品牌市场定位的行业接受度。

2. 改变传统电子商务行业的市场营销模式

数据分析技术的应用对传统电子商务行业的市场营销模式造成了很大冲击，新的商业模式也逐渐出现。电商企业的市场营销人员借助现代信息技术获取多种类型的数据，通过整合、分析这些数据信息，可以精准定位目标用户，并在一定程度上提升企业的收益。

3. 支撑电子商务行业的收益管理

收益管理旨在把合适的产品或服务，在合适的时间，以合适的价格，通过合适的销售渠道，出售给合适的顾客，最终实现企业收益最大化的目标。在收益管理中，需求预测、细分市场和敏感度分析是 3 个重要环节，而数据分析是这 3 个环节的基础。需求预测是采取科学的预测方法，通过建立数学模型，使企业管理者掌握和了解电子商务行业潜在的市场需求。细分市场为企业预测销售量和实行差别定价提供了条件，其科学性体现在通过电子商务行业市场需求预测来制定和更新价格，以最大化细分市场的收益。敏感度分析是通过需求价格弹性分析技术，对不同细分市场的价格进行优化，以最大限度地挖掘市场潜在的收入。

4. 创新电子商务行业的需求开发

在电子商务市场中，消费者对服务及产品的评价内容更趋于专业化和理性化，意见发布的渠道也更加广泛。作为电商企业，如果能对网上的评论数据进行收集，再建立网评数据库，然后利用分词、聚类、情感分析等技术了解消费者的消费行为与价值取向，以此来改进和创新产品、量化产品价值、制定合理的价格及提高服务质量，那么可从中获取更大的收益。

▶▶ 7.1.2　行业数据采集的步骤

在进行行业数据采集时，首先，查找相关行业协会网站，以获得对该行业比较广泛的初步了解；然后，通过网络查找信息，变换关键词对同一问题进行多角度的信息收集，力求信息全面。此外，如果部分数据比较难以获得，那么可以考虑通过电话咨询或上门走访的方式来获得。行业数据采集的步骤可参考以下顺序：第一步，对整个行业概况进行信息收集，记录关键词；第二步，对收集的信息进行归类，并按不同的指标存放；第三步，分析已收集的信息，按重要性或相关性划分等级，并加以标记；第四步，根据指标的要求及已有数据确定下一步的信息收集工作；第五步，对原始数据进行加工和推理，并有针对性地进行统计分析与数据挖掘；第六步，将已有的数据按提示制成图表，并进行可视化展现。

▶▶ 7.1.3　行业数据采集的渠道

市场类指标是企业在制定经营决策时需要参考的重要内容，主要用于描述行业情况和企业在行业中的发展情况。同时，在企业运营过程中会产生大量的客户数据、推广数据、销售数据及物流供应链数据，整理并分析各类数据对企业运营策略的制定与调整有重要作用。市场类和运营类指标可参考本书附录 A，以筛选代表性指标。常用的行业数据采集渠道如表 7.1 所示。

表 7.1　常用的行业数据采集渠道

数 据 来 源	数 据 种 类
金融机构	金融机构公开发布的各类年度数据、季度数据、月度数据等
政府部门	宏观经济数据、行业经济数据、产量数据、进出口贸易数据等
行业协会	年度报告、公报数据、行业运行数据、会员企业数据等
社会组织	国际性组织、社会团体公布的各类数据等
行业年鉴	农业、林业、医疗、卫生、教育、环境、装备、房产、建筑等各类行业的年鉴数据
公司公告	资本市场上各类公司发布的定期年报、半年报、公司公告等
报纸杂志	在报纸杂志中获取的仅限于允许公开引用、转载的部分
专业数据库	研究人员与调研人员通过实地调查、行业访谈获取的第一手数据，专业的调研机构创立的数据库

▶▶ 7.1.4　行业数据采集的算例

下载数据。以速卖通后台"选品专家"数据为例，下载不同国家近 30 天的热销产品数据，并进行国家差异化分析。图 7.1 展示了巴西服装/服饰配件行业的部分商品数据。

	A	B	C	D	E	F	G
1	行业	国家	商品关键词	成交指数	支付转化率	竞争指数	
2	服装/服饰配件	巴西	babydolls	283	20	18.49	
3	服装/服饰配件	巴西	baseball cap	1324	5	8.1	
4	服装/服饰配件	巴西	belt	521	33	11.83	

名称：hot_Sale-BR.xls, hot_Sale-RU.xls, hot_Sale-US.xls

图 7.1　服饰配件行业各国商品关键词数据（部分）

新建一个 Excel 文件"hot_Sale-对比"。设计表的内容，复制商品关键词。在一个表中查看 3 个国家（巴西、俄罗斯、美国）的成交指数、转化率排名和竞争指数数据，以便对比分析，如图 7.2 所示。

	行业	商品关键词	BR成交指数	BR转化率排名	BR竞争指数	RU成交指数	RU转化率排名	RU竞争指数	US成交指数	US转化率排名	US竞争指数
2	服装/服饰配件	babydolls									
3	服装/服饰配件	baseball cap									
4	服装/服饰配件	belt									
5	服装/服饰配件	blazer									
6	服装/服饰配件	blouse									
7	服装/服饰配件	board shorts									
8	服装/服饰配件	boxer									
9	服装/服饰配件	bra									
10	服装/服饰配件	brief									
11	服装/服饰配件	bustiers									
12	服装/服饰配件	casual shorts									

图 7.2　新建"hot_Sale-对比"表格

准备数据。将 3 个 Excel 文件中的数据复制到新建表格的不同 Sheet 中，并进行命名，如图 7.3 所示（左）；将这 3 个 Excel 文件存放于同一个文件夹中，如图 7.3 所示（右）。

16	glove	2604	8
17	headwear	13027	7
18	hoody	7594	27
19	intimate accessor	1077	26

对比　BR　RU　US

hot_Sale-BR.xls
hot_Sale-RU.xls
hot_Sale-US.xls

图 7.3　数据存放位置

使用 VLOOKUP 函数，如图 7.4 所示（左）。以"BR 成交指数"为例，lookup_value 查找值为 B2，即 babydolls；table_array 查找范围为 BR 表，如图 7.4 所示（右），表中的 C 列到 F 列（如果数据不在同一表中，那么为 Excel 文件名-表名-列序数）；col_index_num 列序数，返回数据 D 列，在查找区域（C:F）的第 2 列，因此值为 2；匹配条件为 0，代表精确匹配。注意：如果使用精确匹配，那么当找不到完全相同的 lookup_value 查找值时，返回错误值#N/A；如果使用模糊匹配，那么会给出与查找值最近似的值相匹配。

在得到 3 个国家在同一商品关键词的"成交指数""转化率排名""竞争指数"数据后，分析不同商品在不同国家的情况，如图 7.5 所示。

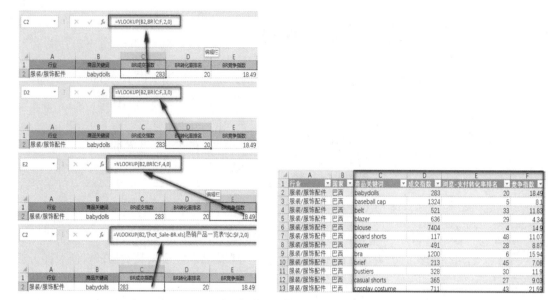

图 7.4　VLOOKUP 函数公式及对应的数据源

A	B	C	D	E	F	G	H	I	J
商品关键词	BR成交指数	BR浏览-支付转	BR竞争指数	RU成交指数	RU浏览-支付转	RU竞争指数	US成交指数	US浏览-支付转	US竞争指数
babydolls	283	20	18.49	5416	2	3.45	759	31	18.51
baseball cap	1324	5	8.1	2974	25	2.67	2294	22	13.24
belt	521	33	11.83	2951	18	3.49	1107	23	18.04
blazer	636	29	4.34	#N/A	#N/A	#N/A	#N/A	#N/A	#N/A
blouse	7404	4	14.9	12287	14	5.47	6199	9	28.76
board shorts	117	48	11.07	#N/A	#N/A	#N/A	#N/A	#N/A	#N/A
boxer	491	28	8.87	2974	19	2.46	550	43	11.51
bra	1200	6	15.94	12513	3	2.56	2766	8	19.12
brief	213	45	7.08	841	35	2.68	513	44	7.9
bustiers	328	30	11.9	#N/A	#N/A	#N/A	#N/A	#N/A	#N/A
casual shorts	365	27	9.03	#N/A	#N/A	#N/A	711	28	16.72
cosplay costum	711	43	21.59	707	50	8.38	1651	48	21.53
down coat	172	50	3.99	1208	45	0.65	#N/A	#N/A	#N/A
dress	4971	12	29.16	15752	23	9.12	10513	14	40.71
eyeglass frame	2343	2	6.6	2611	9	3.06	729	18	18.05
faux leather	380	42	4.57	621	47	1.29	#N/A	#N/A	#N/A
glove	476	9	12.72	2604	8	2.79	685	12	24.11
headwear	2547	13	18.43	13027	7	5.59	11685	5	21.79

图 7.5　VLOOKUP 函数处理结果

【知识拓展】

VLOOKUP 函数是 Excel 中的一个纵向查找函数，功能是按列查找，最终返回该列所需查找序列对应的值，与之对应的 HLOOKUP 函数是按行查找的。VLOOKUP 函数的语法结构为 VLOOKUP（lookup_value，table_array，col_index_num，range_lookup），其参数说明如表 7.2 所示。

表 7.2　VLOOKUP 函数的参数说明

参　　数	简　单　说　明	输入数据类型
lookup_value	要查找的值	数值、引用或文本字符串
table_array	要查找的区域	数据表区域
col_index_num	返回数据在查找区域的第几列数	正整数
range_lookup	模糊匹配/精确匹配	TRUE（默认）/FALSE

7.2 市场行情认知与调研

随着电子商务行业运营机制的逐渐成熟，市场竞争越来越激烈。在这种情况下，随时监控电子商务行业的市场行情至关重要。

▶▶ 7.2.1 市场行情认知

市场行情指市场上商品流通和商业往来中有关商品供给、商品需求、流通渠道、商品购销和价格的实际状况、商品特征及变动情况、趋势和相关条件的信息。市场行情的信息来源是广泛的、多方面的，不仅涉及整个流通领域，而且涉及整个社会经济的各个方面。在商品经济条件下，社会生产和社会消费的矛盾必然要在市场上通过供求矛盾反映出来，社会再生产的运行过程也必然要通过市场行情反映出来。市场行情实质上是社会再生产内在发展过程在市场上的外部表现。将许多个别的、片面的市场行情信息进行综合分析，可以形成对某类商品供求状况和某种市场供求形势的全面判断和行情报告。

有市场和商业就有市场行情。无论是生产者还是经营者，为了组织好生产和经营，必须自觉地依据和运用价值规律，掌握市场行情，密切注视市场供求的变化。商品生产者和经营者的经济活动成效要通过商品在市场中的表现来检验。为了在竞争中占据有利地位，必须对市场行情进行认真的调查研究，对供求和价格的变化及其原因进行认真分析，并对变化的趋势做出预测，从而为企业经营积累经验。

【案例分析】

浅析新冠肺炎疫情对中国电子商务行业的影响

在新冠肺炎疫情期间，用户需求从非必需品消费（3C、服装、家电等）向必需品消费转移（食品饮料等）。其中，前者的需求压缩直接影响了线上交易的绝对规模，而必需品消费的线上化对冲了部分消极影响。

加速生鲜电商市场的渗透。新冠肺炎疫情直接推动了用户线上采购生鲜的行为转化，用户的绝对规模和用户的购买频次也得到了极大提升。虽然新冠肺炎疫情后仍存在高峰用户规模和客单价回落的问题，但是其已在低获客成本条件下，进一步提高了生鲜电商在用户层面的影响力。

在新冠肺炎疫情期间，电商业态的新生要素分别出现了较为明显的加速渗透趋势。各平台在直播、短视频方向持续投入，加强了内容供给和消费需求的衔接，特别是在用户浏览时长上得到了显著提升。从整体来看，网上购物规模的渗透率存在明显的提升。

中国电商 B2B 经济发展环境前景看好。在新冠肺炎疫情期间，传统的线下采购渠道受阻，大量企业将采购行为转至线上，且企业降本需求增强，预计企业线上采购意愿和比例将有所提升。

新冠肺炎疫情严控期的物流配送出现人力短缺现象，复工后物流束缚因素得到明显缓解。总体而言，物流产业受到新冠肺炎疫情的影响较小。在电商平台对大促日活动设置频繁的影响下，未来快递行业业务量季节分布将更加均衡。

▶▶ 7.2.2 利用百度指数分析市场行情

1. 相关知识

百度指数是以百度海量网民行为数据为基础的数据分享平台，它可以研究关键词搜索趋势、洞察网民需求变化、监测媒体舆情趋势、定位数字消费者特征，还可以从行业角度分析市场特点，如图 7.6 所示。

百度指数的主要模块有指数探索、品牌表现、数说专题、我的指数。

1）指数探索

（1）趋势研究。"趋势研究"栏目的搜索指数概况反映的是关键词在最近一周或一个月的总体搜索指数表现，指标有整体搜索指数、移动搜索指数，以及同比增长率和环比增长率。指数趋势显示了互联网用户对关键词搜索的关注程度及持续变化情况，并且以网民在百度上的搜索量为数据基础，以关键词为统计对象，科学分析并计算了各关键词在百度网页搜索中的搜索频次加权。根据数据来源的不同，搜索指数分为 PC 搜索指数和移动搜索指数。

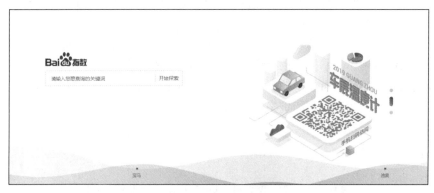

图 7.6　百度指数的界面

（2）需求图谱。"需求图谱"栏目是依据用户在搜索该词前后的搜索行为变化中表现出来的相关检索词需求，通过综合计算关键词与相关词的相关程度，以及相关词自身的搜索需求大小得出的。相关词距圆心的距离表示相关词与中心检索词的相关性强度，相关词自身的大小表示相关词自身的搜索指数大小，红色代表搜索指数上升，绿色代表搜索指数下降。相关词分类是通过用户搜索行为来细分搜索中心词的相关需求的，并从中区分哪些是来源词、去向词、最热门词及上升最快词，其算法是将所有与中心检索词相关的需求按不同的衡量标准进行排序。

（3）人群画像。"人群画像"栏目的地域分布关注关键词的用户来自哪些地域，根据百度用户搜索数据，采用数据挖掘的方法对关键词的人群属性进行聚类分析，最后给出用户所属的省份、城市及城市级别的分布和排名，再根据特定地域用户的偏好进行针对性的运营和推广。人群属性关注关键词的用户性别、年龄分布，根据百度用户搜索数据，采用数据挖掘的方法对关键词的人群属性进行聚类分析，最后给出用户所属的年龄及性别的分布和排名。

2）品牌表现

品牌表现的数据来源于百度指数专业版，其可总体盘点指定行业中所有品牌的搜索热度的变化，将指定行业各品牌相关检索词汇总，并综合计算各品牌汇总词的总体搜索指数及其变化率，以此排名（所有品牌的搜索指数均为基于品牌检索词汇总后的综合搜索指数，不可与单一检索词搜索指数进行比较）。

3）数说专题

数说专题指基于搜索指数相关数据，按专题筛选出与某个行业或话题相关的关键词并进行聚类分析，最后给出详细的行业或话题数据，如行业搜索趋势、行业细分市场、行业人群属性、话题搜索热点等。

4）我的指数

我的指数主要包括以下 3 方面。

（1）我收藏的指数。将经常查看的关键词放入"我收藏的指数"，以供商家随时查看趋势，最多可以收藏 50 个关键词。

（2）我创建的新词。将百度指数未收录的关键词加入百度指数，加入关键词后的第二天，系统将更新数据。关键词一经添加，即被视为消费完毕，无法删除或更改。关键词服务到期后，需再次添加。

（3）我的购买记录。在"我的购买记录"中可以查看创建新词的服务购买情况。商家应在创建新词权限有效期内新增关键词，过期无效。

2. 利用百度指数分析商品类目市场行情的实例

1）实例的背景和具体要求

选择家电类目下的空调子类目作为分析对象，利用百度指数分析该商品类目的市场行情。所需数据取自百度指数的"趋势研究"栏目，涉及趋势研究、需求图谱、人群画像 3 方面的数据分析。撰写《基于百度指数的空调市场行情分析报告》，具体要求如下。

（1）趋势研究。指数概况：提供"空调"关键词搜索指数近期的平均值及其同比、环比变化趋势；按搜索来源分别查看整体及移动趋势。指数趋势：查询近半年"空调"关键词搜索指数和媒体指数；搜索指数可按搜索来源分开查看整体及移动端趋势，媒体指数不做来源区分。

（2）需求图谱（分布）：提供"空调"关键词搜索需求分布信息，查询相关词分类热点和变动率排名最高的内容，帮助商家了解网民对信息的聚焦点和产品服务的痛点、相关关注点等。

（3）人群画像。地域分布：获取查询"空调"关键词的访问人群在各省市的分布情况。人群属性：获取查询"空调"关键词的人群性别、年龄分布情况。

2）实施步骤

步骤 1：登录百度指数。

步骤 2：获取"趋势研究"栏目的相关数据，分析"空调"关键词搜索指数概况和指数趋势。

步骤 3：获取"需求图谱"栏目的相关数据，分析"空调"关键词搜索的需求图谱和相关词分类。

步骤 4：获取"人群画像"栏目的相关数据，分析"空调"关键词搜索的地域分布和人群属性。

步骤 5：撰写《基于百度指数的空调市场行情分析报告》。

步骤 6：做好汇报的准备。

3）成果报告

针对国内空调市场，分析空调行业的发展阶段和发展趋势，了解消费者需求、社会上对空调行业的议论和看法、搜索关注空调的人群特征等。

（1）空调搜索指数概况和指数趋势。近半年（2020 年 6 月 26 日—12 月 8 日），空调搜索指数概况如图 7.7 所示，“空调”关键词整体日均值为 3875，整体同比为 28%，整体环比为 150%；移动日均值为 3323，移动同比为 25%，移动环比为 159%。环比数值上升意味着空调需求在不断上升。

搜索指数概览

关键词	整体日均值	移动日均值	整体同比	整体环比	移动同比	移动环比
空调	3875	3323	28% ↑	150% ↑	25% ↑	159% ↑

ⓘ 数据更新时间：每天12~16时，受数据波动影响，可能会有延迟。

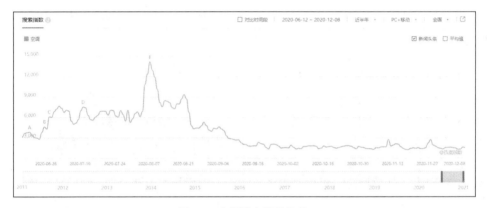

图 7.7　空调搜索指数概况

2020 年 6 月—11 月，空调搜索指数趋势如图 7.8 所示，空调搜索指数的高峰出现在 8 月份，10 月份空调搜索指数最低。考虑到夏季对空调的需求会大幅度提升，因此可以看出该指数与天气变化密切相关。

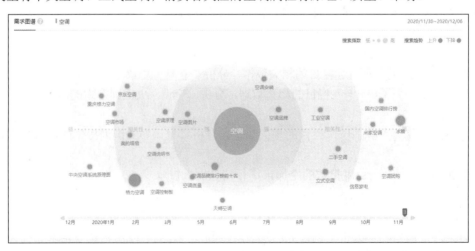

图 7.8　空调搜索指数趋势

（2）空调百度搜索的需求图谱和相关词分类。2020 年 11 月 30 日—12 月 6 日，空调百度搜索需求图谱如图 7.9 所示。消费者关注的空调品牌有美的、格力、天樽、米家；消费者关注的空调类型有中央空调、立式空调；消费者关注的空调属性有原理、质量、市场。

图 7.9　空调百度搜索需求图谱

2020 年 11 月 30 日—12 月 6 日，空调百度搜索相关词分类如图 7.10 所示。根据分析空调百度搜索相关词分类，搜索热度排前 5 位的是格力空调、冰箱、中央空调、空调品牌排行榜前十名、立式空调。相关词搜索变化率排前 5 位的是室内不锈钢垃圾桶、空调团购、空调技术、挂式空调、空调品牌排行榜前十名。由此可见，消费者对空调排名非常重视，包括质量排名和品牌排名。

（3）空调百度搜索的地域分布和人群属性。2020 年 11 月 30 日—12 月 6 日，空调百度搜索地域（按省份、区域、城市）分布如图 7.11 所示。从该结果可知，省份排名前 3 位的是广东、江苏、山东；区域排名前 3 位的是华东、华中、华北；城市排名前 3 位的是北京、上海、成都。

图 7.10　空调百度搜索相关词分类

图 7.11　空调百度搜索地域（按省份、区域、城市）分布

2020 年 11 月 30 日—12 月 6 日，空调百度搜索的人群属性如图 7.12 所示。由此可知，空调百度搜索的人群年龄集中在 20～39 岁，性别分布男性占比高于女性，因此商家要重点关注 20～39 岁男性消费者的需求。

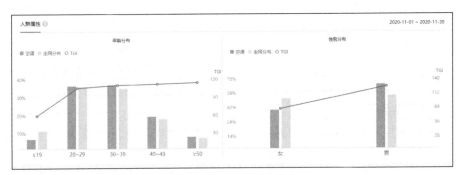

图 7.12　空调百度搜索的人群属性

7.3　市场供给与需求分析

市场供给与需求分析指对市场供求状况进行调查、了解、分析和论证，以便正确制定产品的销售策略。市场供给与需求分析是关系到企业产品销售能否取得成功的重要工作。

▶▶ 7.3.1　市场供给认知

市场供给指在一定时间内、一定市场上，某种商品的所有生产者能够提供给市场的商品总量。影响市场供给的因素有商品价格、生产成本、相关商品生产数量及价格的变化、生产者对未来价格的预期、技术进步及引起的成本变化、政策性因素等。市场供给的基本规律：对一般商品而言，价格（P）与供给量（Q）呈正相关，即在价格高于成本的情况下，价格越高，供给量越大；反之亦然。市场供给曲线如图 7.13 所示。当某种商品的价格上涨时，生产者就愿意多生产该商品，供给量随之上升；反之，当某种商品的价格下跌时，在成本不变的情况下，生产者会尽量减少这种商品的生产，供给量随之减少。供给曲线（S）的斜率大小和位置的变动受很多因素的影响。例如，科技进步会增加商品的供给量，因此供给曲线向右下方平行移动（S_1），商品价格随之下降；而一些突发性因素则会造成商品的供给量减少，供给曲线向左上方平行移动（S_2），商品价格随之上涨。

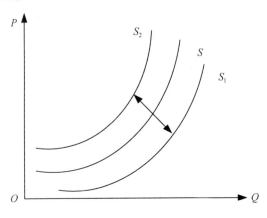

图 7.13　市场供给曲线

▶▶ 7.3.2　市场需求认知

市场需求指在一定的时期内、一定的市场上，消费者对某种商品有货币支付能力的需求总量。影响市场需求的因素有商品价格、消费者收入、消费者偏好、消费者对商品价格的预期及相关商品的价格。消费者希望价格越低越好，价格越低，消费者利益越大。市场需求的基本规律：对一般商品而言，价格（P）与需求量（Q）呈负相关，在其他条件不变的情况下，当商品价格上涨时，商品的需求量减少；反之，商品的需求量增加。市场需求曲线如图 7.14 所示。需求曲线的位置会随着相关因素的变化而发生变动。例如，在经济周期的不同阶段，消费者的收入不同，在经济处于高涨时，消费者的收入相应增加，在商品价格不变的情况下，消费者对该商品的消费量会增加，需求曲线向右上方移动（D_1），商品价格上升。如果此种商品的替代品的价格下降，那么消费者对其替代品的需求会增加，对该商品的需求将减少，需求曲线向左下方移动（D_2），商品价格下降。

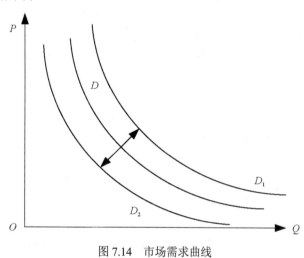

图 7.14　市场需求曲线

▶▶ 7.3.3　市场需求调研的内容与方法

1. 市场需求调研的内容

市场需求调研的内容主要包括市场需求量、需求结构和需求时间。

1）市场需求量

市场需求量指某一产品在某一地区和某一时期内、在一定的营销环境和营销方案的作用下，愿意购买该产品的顾客群体的总数。影响市场需求量的因素共有以下 8 个。

（1）产品。因为产品的范围是广泛的，即使是同一类产品，其实际需求也存在多种差异，所以在企业进行需求测量时，要明确规定产品的范围。

（2）总量。总量通常表示需求的规模，可用实物数量、金额数量或相对数量来衡量。例如，全国手机的市场需求可被描述为 7000 万台或 1500 亿元；广州地区的手机市场需求占全国总需求的 10%。

（3）消费者群体。在对市场需求进行测量时，不仅要着眼于总市场的需求，还要分别对各细分市场的需求加以确定。

（4）地理区域。在一个地域较广的国家，不同地域间存在需求差异。

（5）时间周期。由于企业的营销计划一般有长期、中期和短期之分，因此与之对应的有不同时期的市场需求测量。

（6）营销环境。在进行市场需求测量时，应注意各类影响因素的相关分析。

（7）购买。只有购买需求才能转变成真正的市场需求。

（8）营销组合策略。卖家采取的市场营销组合策略要适应扩大产品市场销售的要求。

此外，市场需求量还受到商品自身价格、相关商品价格（替代品与互补品）、消费者的收入水平、消费者的偏好（个性、爱好、社会风俗、传统习惯、流行趋势等）、消费者对商品未来价格的预期、人口规模等因素的影响。

2）需求结构

需求结构指消费者的有效购买力在各类型消费资料中的分配比例。通俗地说，就是消费者对吃、穿、住、用、行各类商品的需求比例。需求结构具有实物和价值两种表现形式。实物指人们在消费中，消费了一些什么样的消费资料，以及它们各自的数量。价值指以货币表示的人们在消费过程中的各种不同类型的消费资料之间的比例关系，在现实生活中具体表现为各项生活支出。

3）需求时间

需求时间指消费者需求的季节、月份，以及在需求时间内的品种和数量结构。例如，在旅游旺季时，旅馆紧张和短缺，在旅游淡季时，旅馆空闲，利用这一时间特性，许多旅馆通过灵活的定价、促销及其他激励机制来改变需求的时间模式。

2. 市场需求调研的方法

1）观察法

观察法是由调研人员利用眼睛、耳朵等以直接观察的方式对调研的对象进行考查并收集资料。例如，市场调研人员到被访问者的销售场所观察商品的品牌及包装情况。

2）实验法

实验法由调研人员根据调研的要求，用实验的方式将调研的对象控制在特定的环境条件下，并对其进行观察以获得相应的信息。调研的对象可以是商品的价格、品质、包装等。在可控制的条件下观察市场现象，揭示在自然条件下不易发生的市场规律，这种方法主要用于市场销售实验和消费者使用实验。

3）访问法

访问法可以分为结构式访问、无结构式访问和集体访问。

（1）结构式访问是事先设计好的、具有一定结构的访问问卷的访问。调研人员要按照事先设计好的调查表或访问提纲进行访问，还要以相同的提问方式和记录方式进行访问。提问的语气和态度也要尽可能地保持一致。

（2）无结构式访问没有统一问卷，其是由调研人员与被访问者自由交谈的访问。它可以根据调研的内容进行广泛的交流。例如，对商品的价格进行交谈，了解被访问者对价格的看法。

（3）集体访问是通过集体座谈的方式来听取被访问者的想法，并收集信息资料。集体访问可以分为专家集体访问和消费者集体访问。

4）问卷法

问卷法是通过设计调研问卷，以被调研者填写调研问卷的方式获得调研对象信息的。在调研过程中，将调研的资料设计成问卷，让被调研者将自己的意见或答案填入问卷中。在进行一般的实地调研时，问卷法使用较为广泛。

▶▶ 7.3.4　市场供给与需求分析实例

随着电子商务的发展和人们消费习惯的改变，有形商品的网上商务活动呈现爆炸性增长，而物流是保证实物商品在线交易能否顺利进行的关键因素。下面以我国电子商务物流市场为例，分析电子商务物流市场的供给与需求情况[①]。

1. 电子商务物流市场供给分析

电子商务是基于网络信息技术的全新商务模式，是我国国民经济新的经济增长点，也是推动我国经济发展的新动力。虽然信息是虚拟无形的，但是电子商务离不开实物产品的采购、储存与配送。因此，物流作为电子商务的支撑体系，高效、合理的电子商务物流系统是电子商务健康发展的必要保证。随着国民经济的全面转型与升级，以及互联网、物联网的发展及基础设施的进一步完善，电子商务物流需求将保持快速增长，物流服务质量和创新能力也有望进一步提升，接下来将进入全面服务社会生产和人民生活的新阶段。

（1）电子商务物流服务质量和创新能力显著提升。产业结构和消费结构升级推动电子商务物流进一步提升服务质量。随着网络购物和移动电子商务的普及，电子商务物流必须加快服务创新，增强灵活性、时效性和规范性，提高供应链资源的整合能力，以满足不断细分的市场需求。同时，传统企业的网络化趋势明显，"触网"已经成为传统行业创新的焦点。移动互联网的发展使网络购物向纵深方向发展，国内网络购物市场将保持相对较快的增长。

（2）电子商务物流"向西向下"成为新热点。随着互联网和电子商务的普及，网络零售市场渠道将进一步下沉，呈现出向内陆地区、中小城市及县域加快渗透的趋势。这些地区的电子商务物流的发展需求更加迫切，增长空间更为广阔。电子商务物流对促进区域间商品流通、推动其形成统一大市场的作用日益突出。

（3）跨境电子商务物流快速发展。新一轮对外开放和"一带一路"倡议的实施，为跨境电子商务的发展提供了重大历史机遇，这必然要求电子商务物流跨区域、跨经济体延伸，并提高整合境内外资源和市场的能力。

2. 电子商务物流市场需求分析

理论研究表明，在一定时期内，当电子商务物流供给能力不能满足电商用户的需求时，将对物流需求产生抑制作用；当电子商务物流供给能力超过电商用户的需求时，将不可避免地造成供给的浪费。因此，对电子商务物流需求做出准确的判断有着十分重要的意义。

随着我国新型工业化、信息化、城镇化、农业现代化和居民消费水平的提高，电子商务

---

① 陶峥，张兰. 我国电子商务物流市场供给与需求分析[J]. 物流工程与管理，2014，36（05）：169-171.

在经济、社会和人民生活各领域的渗透率不断提高，与之对应的电子商务物流需求也保持快速增长。同时，电子商务交易的主体和产品类别越来越丰富，移动购物、社交网络等成为新的增长点。根据中国互联网络信息中心（CNNIC）发布的第 46 次《中国互联网络发展状况统计报告》，截至 2020 年 6 月，我国网络购物用户规模达 7.49 亿，较 2020 年 3 月增长 3912 万，占网民整体的 79.7%；手机网络购物用户规模达 7.47 亿，较 2020 年 3 月增长 3947 万，占手机网民的 80.1%。

自 2013 年起，我国已连续 7 年成为全球最大的网络零售市场。面对新冠肺炎疫情的严峻挑战，网络零售市场的支撑能力进一步显现。2020 年上半年，网上零售额达 51 501 亿元，同比增长 7.3%，其中，实物商品的网上零售额达 43 481 亿元，同比增长 14.3%，高于社会消费品零售总额，同比增速 25.7 个百分点，占社会消费品零售总额比重为 25.2%。网络零售市场以消费扩内需、以创新促发展、以赋能保市场等方式为打通经济内循环提供了重要支撑。

网络零售市场通过模式创新、渠道下沉、跨境电子商务等方式不断释放动能，形成了多个消费增长亮点。如图 7.15 所示，2017 年 6 月—2020 年 6 月，网络购物用户规模及使用率均呈现快速上升的发展趋势。电商网络越发普及，消费者的习惯已改变，网络消费已成为社会大众新的消费潮流。

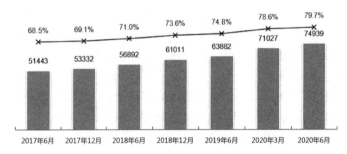

图 7.15 2017 年 6 月—2020 年 6 月网络购物用户规模及使用率（用户单位：万人）[1]

7.4 电子商务行业竞争数据分析

市场是充满竞争的，企业必须准确判断自己在行业中的市场地位，并正确制定竞争策略。行业竞争数据分析的目的在于进行同类企业与本企业市场相关性与差异性的分析，明晰企业的机遇与挑战，从而更好地创造市场价值与竞争优势，进而赢得用户、赢得市场。

▶▶ 7.4.1 行业市场竞争认知

市场竞争是市场经济的基本特征。在市场经济条件下，企业从各自的利益出发，为取得较好的产销条件、获得更多的市场资源而竞争。通过竞争实现企业的优胜劣汰，进而实现生产要素的优化配置。市场竞争是市场经济中同类经济行为主体为自身利益考虑，以增强自身经济实

---

① 数据来源于《第 46 次中国互联网络发展状况统计报告》。

力、排斥同类经济行为主体相同行为的表现。市场竞争的内在动因在于各经济行为主体自身的物质利益驱动，以及为丧失自身的物质利益或被市场中同类经济行为主体排挤的担心。

▶▶ 7.4.2 行业竞争的方法

迈克尔·波特（Michael Porter）在行业竞争五力分析的基础上设计了行业竞争结构分析模型，从而使企业管理者可以从定性和定量两个方面分析行业竞争结构和竞争状况。这五力分别为同行业竞争者的竞争能力、新进者的威胁力、替代品的威胁力、供方的议价能力及买方的议价能力，如图 7.16 所示。

1. 供方的议价能力

供方主要通过提高投入要素来影响行业中现有企业的盈利能力与产品竞争力。一般来说，满足以下条件的供方会具有比较强的议价能力：供方有比较稳固的市场地位，不受市场激烈竞争困扰的企业控制；产品的买主很多，每一单个买主都不可能成为供方的重要客户；供方的产品具有特色，买主难以转换或转换成本太高，或者很难找到可与供方企业产品相竞争的替代品。

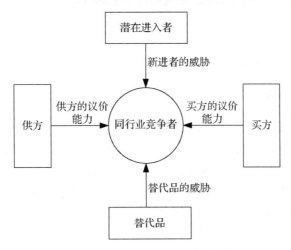

图 7.16　行业竞争结构分析模型

2. 买方的议价能力

买方主要通过压价与要求提供较好的产品或服务质量的方式来影响行业中现有企业的盈利能力。一般来说，满足以下条件的买方具有比较强的议价能力：买方的总数较少，而每个购买者的购买量较大，占了卖方销售量的很大比例；卖方规模较小，购买者购买的基本上是一种标准化产品，同时可向多个卖方购买产品。

3. 新进者的威胁力

新进者在给行业带来新生产力、新资源的同时，还希望其能在已被现有企业瓜分完毕的市场中赢得一席之地。这就有可能与现有企业发生原材料与市场份额的竞争，最终导致行业中现有企业盈利水平降低，甚至有可能危及这些企业的生存。

4. 替代品的威胁力

处于同行业或不同行业的企业，可能会生产新一代的产品（替代品），从而产生相互竞争的行为。替代品的竞争会以多种形式影响行业中现有企业的竞争：现有企业产品售价及获利潜力的提高，将因为存在着能被用户方便接受的替代品而受到限制；由于替代品生产者的侵入，使得现有企业必须提高产品质量，或通过降低成本来降低售价，或使产品具有特色。源自替代品生产者的竞争强度受产品买主转换成本高低的影响。

5. 同行业竞争者的竞争能力

在多数行业中，企业之间的利益都是紧密联系在一起的，所以在企业在发展过程中必然会产生冲突与对抗的现象，这些冲突与对抗构成了现有企业之间的竞争。竞争常表现在价格、广告、产品介绍、售后服务等方面。竞争战略是企业整体战略的一部分，其目标在于使自己的企业获得相对竞争对手更加领先的优势。

▶▶ 7.4.3　电子商务行业竞争分析实例

淘宝网是目前国内最具代表性的电子商务 C2C 购物平台。下面基于淘宝网 C2C 店铺的运营情况，以波特五力竞争分析模型为视角，对淘宝网 C2C 店铺的竞争策略进行研究[①]。

1. 供方议价能力较强

目前，淘宝网 C2C 店铺的供应商主要有生产厂家、品牌商、批发市场、阿里巴巴供应商等。虽然市面上绝大多数的产品供应充足、价格透明，但是大多数淘宝网 C2C 店铺的营业额一般，且进货量不能长期稳定地保持在一个较高的水平上，其议价能力必然低于有销量保证的企业店铺或天猫店铺，再加上部分厂家和供应商对市场终端售价的控制，淘宝网 C2C 店铺最终的成本和销售价格难以在市场上形成竞争优势。因此，对绝大多数淘宝网 C2C 店铺来说，其供方的议价能力较强。

2. 买方议价能力较强

淘宝网的消费者主要以个人消费为主，并且其中一部分人群的价格敏感度较高，在商品一样或相似的情况下，他们会优先选择价格低的商家购买。此外，有些消费者会根据过往的购物经验或借助各种比价网站或比价软件来获取商品的低价，以此与商家议价。在淘宝网 C2C 店铺中，同类商品的卖家数量多，价格透明，再加上消费者的转换成本低，因此淘宝网 C2C 店铺的买方的议价能力较强。

3. 新进者的威胁力较强

目前，虽然淘宝网内部竞争激烈，一部分卖家不断从这个市场退出，但是另一部分新生力

---

① 林琦. 基于淘宝网的 C2C 店铺竞争战略研究——以波特五力分析模型为视角[J]. 商场现代化，2019(16)：22-23.

量非常关注这个市场，并等待合适的时机随时准备进入。潜在进入者中除个人卖家之外，也不乏实力强劲的企业商户。这些商户一部分是资质和规模达不到天猫商城的入驻条件，因此退而求其次选择成为淘宝网的企业店铺；另一部分是已经在天猫商城开设店铺，但为了进一步提升市场占有率，也谋求在淘宝网开店。因此，淘宝网 C2C 店铺的新进者的威胁力较强。

4. 替代品威胁力较强

近年来，以淘宝网为代表的传统电商在经历蓬勃发展后，呈现出一定疲态，主要表现为流量红利衰减，获客成本不断攀升。与之对应的是移动社交电商，其得益于各种移动端的社交 App 深入到消费者的生活，并凭借发现式购买的新型购物模式，发挥去中心化的传播方式，成为淘宝网 C2C 店铺最具威胁性的替代品。2019 年，我国移动社交电商的市场规模达 2 万亿元，同比增长 71.71%，移动社交电商行业的市场规模保持高速增长态势。因此，淘宝网 C2C 店铺的替代品的威胁力较强。

5. 同行业竞争者的竞争能力较强

淘宝网 C2C 店铺面对的行业内部竞争主要来自平台上销售同类产品的店铺。在竞争对手的数量方面，目前创建一家淘宝店铺的成本低、维护成本可控、退出容易，因此各主流品类产品的卖家数量都十分庞大。在竞争对手的实力方面，淘宝网 C2C 店铺虽然从字面上看是个人开立的店铺，但是许多店铺背后实际上有专业的运营团队，甚至公司或源头工厂作支撑，因此它们的资金实力、管理运营能力、货源优势等都十分强大，不逊于一些 B2C 店铺。最典型的是淘宝企业店铺，自 2015 年 6 月上线以来，其市场份额提升迅速，给传统的 C2C 店铺带来了巨大冲击。综上所述，淘宝网 C2C 店铺的同行业竞争者的竞争能力较强。

基于上述 5 个方面的分析，淘宝网 C2C 店铺行业竞争分析的波特五力竞争分析模型如图 7.17 所示。

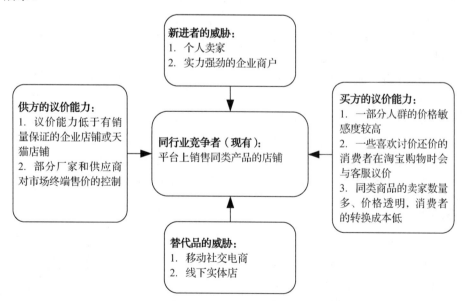

图 7.17　淘宝网 C2C 店铺行业竞争分析的波特五力竞争分析模型

本章知识小结

本章介绍了电子商务行业数据分析的主要内容和方法、市场行情调研、市场供给与需求分析、电子商务行业竞争分析等知识，重点阐述了在市场行情调研中基于百度指数的行业分析方法，以及基于波特五力竞争分析模型的电子商务行业竞争分析方法。

本章考核检测评价

1. 判断题

（1）数据分析有助于电子商务行业的收益管理。

（2）在百度指数中，"需求图谱"栏目反映的是关键词最近一周或一个月的总体搜索指数表现。

（3）在百度指数中，人群画像功能能够分析人群属性而无法对人群的地域分布进行分析。

（4）市场供给的基本规律：对一般商品而言，价格（P）与供给量（Q）呈正相关。

（5）商品供给指在一定时间内、一定市场上，某种商品的所有生产者供给或能够供给市场的商品总量。

2. 单选题

（1）在进行市场需求调研时，可采用的方法有（　　）。

    A. 观察法　　　　　B. 访问法　　　　　C. 问卷法　　　　　D. 以上都是

（2）访问法的形式是（　　）。

    A. 结构式访问　　　B. 无结构式访问　　C. 集体访问　　　　D. 以上都是

（3）市场经济的基本特征是（　　）。

    A. 市场竞争　　　　B. 科技创新　　　　C. 信息技术　　　　D. 物流网络

（4）行业数据采集的渠道不包括（　　）。

    A. 金融机构　　　　B. 行业协会　　　　C. 政府部门　　　　D. 科研院所

（5）下列不属于波特五力竞争分析模型中的内容的是（　　）。

    A. 潜在进入者的威胁力　　　　　　　　B. 替代品的威胁力

    C. 买方的议价能力　　　　　　　　　　D. 中间商的讨价还价能力

3. 多选题

（1）在收益管理中，重要的环节包括（　　）。

    A. 需求预测　　　　B. 细分市场　　　　C. 敏感度分析　　　D. 运营分析

（2）以下属于行业数据采集渠道的是（　　）。

    A. 金融机构　　　　B. 政府部门　　　　C. 行业协会　　　　D. 专业数据库

（3）百度指数的主要模块包括（　　）。

　　A．指数探索　　　　B．品牌表现　　　C．数说专题　　　　D．我的指数

（4）需求的变动引起（　　）。

　　A．均衡价格同方向变动　　　　　　　B．均衡价格反方向变动

　　C．均衡数量同方向变动　　　　　　　D．均衡数量反方向变动

（5）影响供方议价能力的因素包括（　　）。

　　A．供方有比较稳固的市场地位　　　　B．产品的买主很多

　　C．供方的产品具有特色　　　　　　　D．买主难以转换或转换成本太高

4. 简答题

（1）行业数据采集的步骤是什么？

（2）简述市场行情的相关概念。

（3）什么是市场供给的基本规律？

（4）什么是市场需求的基本规律？

（5）简述行业竞争波特五力竞争分析模型的组成元素。

5. 案例题

参考 7.2.2 节示例，选择感兴趣的商品种类，利用百度指数分析市场行情并进行全面的行业数据分析，同时撰写该品类商品的市场行情分析报告。

第8章

电子商务客户数据分析

【章节目标】

1. 了解电子商务客户数据分析的含义和主要数据指标
2. 了解客户特征与行为分析的内容
3. 掌握客户细分的模型
4. 了解客户忠诚度的分类
5. 掌握使用层次分析法对忠诚客户测量标准的重要性排序模型
6. 掌握客户生命周期的 5 个阶段和 4 种模式

【学习重点、难点】

1. 电子商务客户数据分析的主要数据指标，利用 ID3 算法计算客户特征
2. 区别并理解两种客户细分模型
3. 使用层次分析法计算多指标的权重值
4. 理解在客户生命周期的不同阶段各相关变量的变化情况
5. 对生命周期进行数据分析并提出优化方案

【案例导入】

数据挖掘模型在电子商务客户价值分类中的应用

电商企业在进行客户关系管理时，经常使用 RFM 模型中的 3 个指标来衡量客户的价值，即 Recency（最近一次购买）、Frequency（购买频率）及 Monetary（购买金额）。采用灰色关联度等定量评价算法为 RFM 模型中的指标赋予不同的权重，然后应用聚类分析算法将客户划分为 4 类，即重要保持客户、重要发展客户、重点关注客户和一般价值客户，再提炼出 4 类客户的行为特征。重要保持客户的活跃时间是最长的、购买频率和购买金额最高、平均购买时间间隔也较短；重要发展客户的活跃时间较长，但是在平均购买时间间隔和购买频率上表现均较差；重点关注客户在购买频率和活跃时间上是所有群体中表现最差的，但是其平均购买时间间隔是最小的，结合平均购买时间间隔和活跃时间来看，表明该类客户处于两种状态——已流失或新客户；一般价值客户在平均购买时间间隔上和购买频率上表现较为显著，但其活跃时间较短。通过数据挖掘模型的组合应用，能够对客户价值及其行为特征进行合理辨别，有利于电商企业合理安排资源投入及实施差异化营销策略。

案例来源：冀慧杰，倪枫，刘姜，等. 基于灰色关联度和 K-Means++的电子商务客户价值分类.计算机系统应用，2020,29(09):249-254.

8.1　电子商务客户数据分析概述与主要数据指标

▶▶ 8.1.1　电子商务客户数据的定义与重要性

1. 电子商务客户数据的定义

围绕电子商务客户产生的一系列信息，如姓名、性别、年龄、学历、所在地等基本信息均属于客户数据，但电子商务客户数据的范围更加广泛，还包括其他与电子商务消费和交易相关的客户数据。一般情况下，具体的电子商务客户数据分为 3 个方面，如图 8.1 所示。关于收集数据的明细、格式，需要看具体的业务，其原则是站在客户的角度，可能与店铺的业务有关系的信息都应尽可能地收集。

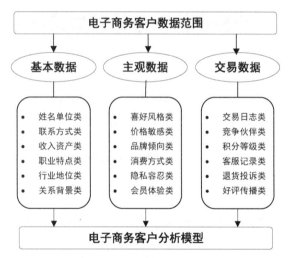

图 8.1　电子商务客户数据的范围

（1）基本数据：客户的姓名、单位、地址、电话、手机、邮件、QQ、微信号等，这些信息将是电商营销的接触点。另外，关于客户的职业、头衔、收入特点、行业地位，甚至是社交网络关系，都可能成为电子商务客户数据分析的基础。

（2）主观数据：主要指客户的喜好，包括喜好风格、价格敏感、品牌倾向、消费方式、客户对隐私和干扰的容忍度、对会员等级和积分体系体验的倾向等。

（3）交易数据：客户购买商品的交易记录，客户购买竞争对手店铺的交易数据，客户的积分等级信息，客户售前、售中、售后的客服记录，客户对不良体验的退货投诉及纠纷信息，给客户良好体验的口碑传播与好评信息等。

2. 电子商务客户数据的重要性

电子商务客户数据分析指借助一定的分析方法将收集的大量客户数据进行归纳总结和进一

步分析，尽可能地发挥出数据资料的功能。电子商务客户数据分析的主要目的是将海量的、杂乱无序的信息数据通过集中、提取和总结，从而找到其中蕴含的内在规律。电子商务客户数据分析是商家成功实施客户关系管理的关键。商家所有的经营管理活动都是围绕客户进行的，对客户进行有效的分析，不仅能提高客户的满意度和忠诚度，而且最终能提高企业的利润，增强企业的核心竞争力。在网店经营过程中，做好电子商务客户数据分析是商家关注的重要问题。在实际的经营过程中，通过电子商务客户数据分析可以帮助商家做出正确的判断，并制定出合理的经营策略。

随着电商的不断进步和发展，电商营销模式也逐渐发生变化。以淘宝网为例，在 2015 年之前，淘宝排名是根据商品的权重高低，但随后发生了变化，推出了新的营销模式，即将客户、商品及商家根据不同的标准进行了精确的细分，将具有交易意愿的双方划分在同一区域。这样达到了精确营销的目的，使网店的转化率得到了提升，同时有效分解了竞争力度，将整个市场划分为不同等级的次级市场。通过这种新的经营模式，客户可以快速准确地找到自己需要的商品。面对这种全新的经营模式，商家要重视对运营数据的分析，特别是客户数据的分析，然后总结出有价值的信息，以实现更加精准的营销。

▶▶ 8.1.2 电子商务客户数据分析的概念与主要内容

1. 客户数据分析的概念

客户数据分析是根据数据来分析客户的各种特征、评估客户价值，从而为客户制订相应的营销策略与资源配置计划。通过合理、系统的客户分析，商家可以知道不同的客户有什么样的需求，分析客户消费特征与经营效益的关系，从而使运营策略得到优化。更为重要的是，客户分析可以帮助商家发现潜在客户，从而进一步扩大商业规模，使企业得到快速发展。

2. 客户数据分析的主要内容

根据客户关系管理的内容，将客户数据分析的主要内容概括为以下 6 个方面。

1）商业行为分析

商业行为分析指商家通过分析客户的分布状况、消费情况、历史记录等商业信息来了解客户的综合状况。商业行为分析包括产品分布情况分析、客户保持分析、客户流失分析等。

（1）产品分布情况分析是通过分析客户的购买情况，对企业的产品在各地区的分布情况有一个大概了解，商家可以知道哪些地区的客户对本产品感兴趣，从而获得本产品的营销系统分布状况，并根据这些信息来组织商业活动。

（2）客户保持分析是商家根据客户的交易记录数据，找到对商家有重要贡献度的客户，并将其作为商家最想保持的客户，然后将这些客户的清单发放到企业的各分支机构，以便这些客户能享受到企业的优惠政策和服务。

（3）客户流失分析。交易完成之后总会有部分客户流失，所以要分析这些客户流失的原因，从而改变企业的商业活动，减少客户流失。

2）客户特征分析

客户特征分析指商家通过客户的历史消费数据来了解客户的购买行为习惯、客户对产品的反应、客户的反馈意见等。客户的购买行为特征分析主要用来细分客户，针对不同特征的客户采取不同的营销策略。通过分析客户对新产品的反应特征，商家可以了解新产品的市场潜力和不同客户对新产品的接受程度，最终决定新产品是否继续投放到市场或投放到哪类市场。

3）客户忠诚度分析

客户忠诚度分析对商家的经营战略具有重要意义。保持客户忠诚才能保证企业持续的竞争力。客户只有对商家提供的产品或服务满意、对企业信任，才会继续购买该商家的产品，这样才能提高客户忠诚度。事实证明，保持一个老客户的成本要远低于吸引一个新客户的成本，因此保持商家与客户之间的长期沟通与交流对提高企业的利润大有帮助。另外，客户是企业的无形资产，保持客户忠诚才能从根本上提高企业的核心竞争力。

4）客户注意力分析

客户注意力分析指对客户的评价意见、咨询状况、接触评价、满意度等进行分析。

（1）客户评价意见分析是根据客户提出的意见类型、意见产品、日期、发生和解决问题的时间及区域等指标来识别与分析一定时期内的客户意见，并指出哪些问题能够成功解决，而哪些问题不能，最后分析其原因并提出改进办法。

（2）客户咨询状况分析是根据客户咨询产品、服务和受理咨询的部门，以及发生和解决咨询的时间来分析一定时期内的客户咨询活动并跟踪这些反馈的执行情况。通过对客户咨询状况的分析，可以了解产品存在的问题和客户关心的问题，以及如何解决这些问题。

（3）客户接触评价分析是根据企业部门、产品、时间区段来评价一定时期内各部门主动接触客户的数量，并了解客户是否能在每个周期内都收到多个部门的多种信息。

（4）客户满意度分析是根据产品、区域来识别一定时期内感到满意的20%客户和感到不满意的20%客户，并描述这些客户的具体特征，提出产品的改进意见和办法。

5）客户营销分析

为了制定下一步的营销策略，商家需要全面了解目前的营销系统。客户营销分析是通过分析客户对产品、价格、促销、分销4个营销要素的反应，使商家对产品未来的销售趋势和销售状况有一个全面的了解，并通过改变相应的营销策略来提高营销效果，这有助于商家制定更为合理的营销策略。

6）客户收益率分析

对客户收益率进行分析是为了考查企业的实际盈利能力及客户的实际贡献情况。每一个客户的成本和收益都直接与企业的利润相联系。客户收益率分析能够帮助商家识别对企业有重要贡献价值的20%客户，通过对这些重要客户进行重点营销能够提高企业的投资回报率。

▶▶ 8.1.3　电子商务客户数据分析的主要数据指标

电子商务客户数据分析指标有利于电商卖家进一步了解客户的得失率和客户的动态信息，它包含以下7个方面的内容，具体指标的计算公式请参见附录A。

（1）有价值的客户数。网店客户包括潜在客户、忠诚客户和流失客户。对网店来说，忠诚客户才是最有价值的客户，这是客户分析的重点。

（2）活跃客户数。活跃客户是相对于流失客户的一个概念，指那些会时不时光顾网店，并为网店带来一定价值的客户。客户的活跃度是非常重要的，一旦客户的活跃度下降，就意味着客户的离开或流失。

（3）客户活跃率。通过活跃客户数可以了解客户的整体活跃率，一般随着时间周期的加长，客户活跃率会出现逐渐下降的现象。若经过一个长生命周期（3个月或半年），客户的活跃率还能稳定保持在5%～10%，则是较好的客户活跃的表现。

（4）客户回购率和复购率。这两个指标体现的是消费者对该品牌产品或服务的重复购买次数。复购率越高，反映出消费者对品牌的忠诚度越高，反之越低，因此客户复购率是衡量客户忠诚度的一个重要指标。

（5）客户留存率。客户留存率指某一时间节点的全体客户在特定的时间周期内消费过的客户比率。其中，时间周期可以是天、周、月、季、年等。店铺通过分析客户留存率，可以得到网店的服务效果是否能留住客户的信息。客户留存率反映的是一种转化率，即由初期的不稳定客户转化为活跃客户、稳定客户、忠诚客户的过程。随着客户留存率统计的不断延展，可以看到不同时期客户的变化情况。

（6）平均购买次数。平均购买次数指在某个时期内每个客户平均购买的次数，其主要体现店铺的客户忠诚度。

（7）客户流失率。流失客户指那些曾经访问过店铺，但因对店铺渐渐失去兴趣而逐渐远离，进而彻底脱离店铺的那批客户。当新客户比例大于客户流失率时，说明店铺处于发展阶段；当新客户比例等于客户流失率时，说明店铺处于成熟稳定阶段；当新客户比例小于客户流失率时，说明店铺处于下滑衰退阶段。

8.2 客户特征与行为分析

▶▶ 8.2.1 客户特征分析

随着社会经济的发展，消费者的消费习惯、消费观念、消费心理不断发生变化，从而导致消费者的需求存在很大的差异性。客户特征分析是了解用户诉求点的关键，其对企业制定营销方案和资源配置计划具有重要意义。下面从3个方面对客户特征进行分析。

1. 年龄分析

不同年龄的群体都有各自的消费特点。例如，少年的好奇心强，喜欢标新立异的东西；青年人购买欲望强，追逐潮流；中年人比较理智和忠诚，注重质量、服务等；老年人珍视健康，热爱养生，对新产品常持怀疑态度。因此，商家要关注店铺的客户年龄，熟悉和理解他们的消费特点，这样才能更好地满足他们的需求。

以女装毛衣产品为例，通过收集女装毛衣的搜索记录数据可以综合分析客户的年龄特性，如图8.2所示。尽管女装毛衣的性别指向已经非常清晰，但客户搜索人气高的年龄段对电商企业商品布局非常重要。电商企业可选定客户搜索人气高的某个年龄段，在本例中18～24岁占比最高，结合选定年龄段客户表现出的个性化需求，并综合市场需求中提炼出的客户属性偏好，安排商品的设计生产或通过第三方市场进行采购。

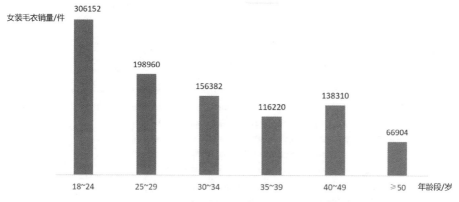

图 8.2　女装毛衣产品的客户年龄分布

2. 职业分析

不同职业的消费者对商品的需求差异很大。工薪阶层大多喜欢经济实惠、牢固耐用的商品；教职工比较喜欢造型雅致、美观大方、色彩柔和的商品；公司职员的交际和应酬比较多，他们在选择商品时更重视时尚感；个体经营者或服务人员工作比较忙，对便利性要求比较高；医护人员更重视健康，对购买商品的安全性要求比较高；学生在购买商品时心理感情色彩较强。图 8.3 是某商家主营产品所在市场一个月内的访客职业分布。

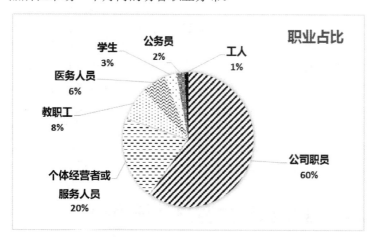

图 8.3　某商家主营产品所在市场一个月内的访客职业分布

由图 8.3 可以看出，公司职员占比最高，达 60%，个体经营者或服务人员占比 20%，教职工占比 8%，合计 88%。因此，该商家一方面要把握好现有客户的需求，针对公司职员展开重点营销；另一方面要加强对医务人员、学生、公务员和工人消费人群需求的分析，提供更多能满足他们需求的产品。

3. 地域分布

地域分布指从空间维度上分析客户。商家要弄清楚客户从哪里来，属于哪个省、哪个市等。这样商家就可以对重点区域展开精准营销，以提升营销效果。图 8.4 是女装毛衣消费者的地域分布。有了这样的信息，电商企业就可以思考：这些地区的用户搜索量这么大，是否应该根据这些地区的天气特点及用户特征来进行选款和营销推广。

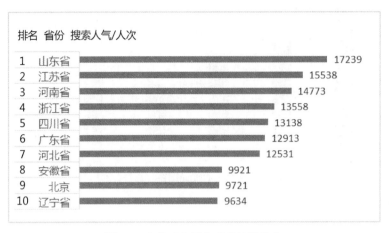

图 8.4　女装毛衣消费者的地域分布

除上述客户特征之外，还应对客户性别、客户消费层级、客户购买频率、客户会员等级和客户偏好情况等进行特征分析。

【课外案例】

百合网的婚恋匹配

电商行业的现金收入源自数据，而婚恋网站的商业模型更是根植于对数据的研究。例如，作为一家婚恋网站，百合网不仅需要经常做一些研究来分析注册用户的年龄、地域、学历、经济收入等数据，而且每名注册用户小小的头像照片背后也大有挖掘的价值。那些受欢迎的头像照片不仅与照片主人的长相有关，而且照片上人物的表情、脸部比例、清晰度等因素也在很大程度上决定了照片主人受欢迎的程度。例如，对于女性会员，微笑的表情、直视前方的眼神和淡淡的妆容能增加受欢迎的概率，而那些脸部比例占照片 1/2、穿着正式、眼神直视、没有多余动作的男性则更可能成为女士们中意的对象。

▶▶ 8.2.2　基于分类算法的客户特征模型

1. 分类算法概述

分类（Classification）是一个有监督的学习过程，在目标数据库中，哪些类别是已知的，分类过程需要做的就是把每一条记录归到对应的类别之中。由于必须事先知道各类别的信息，并且所有待分类的数据条目都默认有对应的类别，因此分类算法也有其局限性。当上述条件无法满足时，我们就需要尝试聚类分析。

聚类和分类是两种不同的分析算法。分类的目的是确定一个点的类别，具体有哪些类别是已知的，是一种有监督学习。聚类的目的是将一系列点分成若干类，事先是没有类别的，常用的算法是 K-means 算法，是一种无监督学习。决策树是一种有指导的学习方法，该方法先根据训练子集形成决策树；如果该树不能对所有对象给出正确的分类，那么选择一些其他的训练子集加入原来的训练子集中，重复该过程一直到形成正确的决策集；最终得到一棵树，其叶节点是类名，中间节点是带有分支的属性，该分支对应该属性的某一可能值。

决策树的算法：构造决策树算法有多种，较有代表性的有 Quinlan 的迭代二叉树 3 代（Iterative Dichotomiser 3，ID3）算法、Breiman 等人的 CART 算法、Loh 和 Shih 的 QUEST 算法、Magidson 的 CHAID 算法等。

2. ID3 算法描述[①]

早期著名的决策树算法是 1986 年由 Quinlan 提出的 ID3 算法。ID3 算法用信息增益（Information Gain）作为属性选择度量，信息增益值越大，不确定性越小。因此，ID3 算法总是选择具有最高信息增益的属性作为当前节点的测试属性。信息增益越大，信息的不确定性下降的速度越快。这种信息理论方法使对一个对象分类所需的期望测试数目达到最小，并尽量确保找到一棵简单的（但不必是最简单的）树来刻画相关的信息。

信息熵定义：假设训练样本集 T 包含 n 个样本，这些样本分别属于 m 个类，其中第 i 个类在 T 中出现的比例为 p_i，那么 T 的信息熵为

$$I(T) = \sum_{i=1}^{m} -p_i \log_2 p_i \tag{8-1}$$

信息熵表示信源的不确定性，信息熵越大，则把它搞清楚所需的信息量就越大。从信息熵的计算公式可以看出，训练集在样本类别方面越模糊、越杂乱无序，它的熵值就越高；反之，则熵值越低。

假设属性 A 把集合 T 划分成 V 个子集 $\{T_1, T_2, \cdots, T_v\}$，其中 T_i 包含的样本数为 n_i，如果 A 作为测试属性，那么划分后的信息熵为

$$E(A) = \sum_{i=1}^{v} \frac{n_i}{n} I(T_i) \tag{8-2}$$

n_i/n 充当第 i 个子集的权，它表示任意样本属于 T_i 的概率。熵值越小，划分的纯度越高。当用属性 A 把训练样本集分组后，样本集的熵值将会降低，因为这是一个从无序向有序转变的过程。

信息增益定义为分裂前的信息熵（仅基于类比例）与分裂后的信息熵（对 A 划分之后得到的）的差。简单地说，信息增益是针对属性而言的，没有这个属性时样本具有的信息量与有这个属性时样本具有的信息量的差值就是这个属性给样本带来的信息量，即

$$\text{Gain}(A) = I(T) - E(A) \tag{8-3}$$

ID3 算法以自顶向下递归的分而治之方式构造决策树。ID3 算法根据"信息增益越大的属性对训练集的分类越有利"的原则来选取信息增益最大的属性作为"最佳"分裂点。

3. 分类算法实例

从客户的年龄范围、收入水平、是否为学生、信用等级等 4 个方面，对潜在客户是否会购买本店铺的电脑进行分类，如表 8.1 所示。

---

① 陈燕，屈莉莉. 数据挖掘技术与应用[M]. 大连：大连海事大学出版社，2020.

表 8.1　购买电脑的数据记录

序　号	年 龄 范 围	收 入 水 平	是否为学生	信 用 等 级	分类：购买电脑
1	≤30	高	否	中等	否
2	≤30	高	否	优秀	否
3	31～40	高	否	中等	是
4	>40	中	否	中等	是
5	>40	低	是	中等	是
6	>40	低	是	优秀	否
7	31～40	低	是	优秀	是
8	≤30	中	否	中等	否
9	≤30	低	是	中等	是
10	>40	中	是	中等	是
11	≤30	中	是	优秀	是
12	31～40	中	否	优秀	是
13	31～40	高	是	中等	是
14	>40	中	否	优秀	否

由式（8-2）与式（8-3）可得：

$$E(年龄范围) = \frac{5}{14}I(S_{11}, S_{12}) + \frac{4}{14}I(S_{12}, S_{22}) + \frac{5}{14}I(S_{13}, S_{23}) = 0.694$$

Gain(年龄范围)=$I(S_1, S_2) - E(年龄范围) = 0.246$，同理可得 Gain(收入水平)=0.029，Gain(是否为学生)=0.151，Gain(信用等级)=0.048。属性"年龄范围"具有最高信息增益，因此成为判定树根节点的测试属性，形成如图 8.5 所示的决策树。

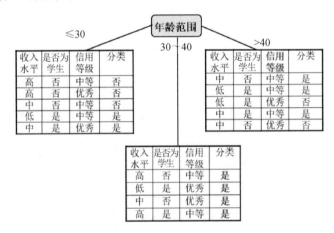

图 8.5　根据年龄范围生成的决策树

对图 8.5 中的内容继续分类，结果已经非常明显，每个分支的购买决策仅与一个属性相关，因此形成最终的决策树，如图 8.6 所示。

在图 8.6 中，可以提取的分类规则：

如果年龄≤30 并且是学生；如果年龄在 30～40；如果年龄>40 并且信用等级为中等，则购买电脑的可能性非常大。

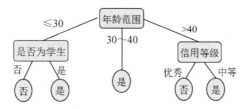

图 8.6　ID3 算法最终的决策树

因此，当有新的顾客符合上述购买电脑的分类属性时，这些用户将是潜在的消费者，网络店铺应有针对性地加大网络营销力度，这样获得订单的可能性会加大许多，而且营销更加具有针对性。

▶▶ 8.2.3　客户行为分析

1. 客户行为分析的含义

现代营销学之父菲利普·科特勒（Philip Kotler）指出，消费者购买行为是人们为满足需要和欲望而寻找、选择、购买、使用、评价，以及在处置产品、服务时介入的过程活动，其包括消费者的主观心理活动和客观物质活动两个方面。在电子商务消费领域，消费者购买行为分析包括对客户来源渠道的分析、对客户访问终端类型的分析、对客户访问时间分布情况的分析、对客户购买时间分布情况的分析等。某网店统计了 2020 年 7—10 月三个月间的客户购买时间分布情况，如图 8.7 所示。从图 8.7 可以看出，该网店客户的购买时间集中在 9—22 点，其中 10 点左右、14 点左右、20 点左右出现 3 个高峰时段。

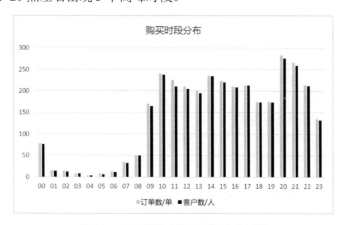

图 8.7　某网店客户购买时间分布情况

2. 客户行为分析的基本框架

市场营销学把消费者的购买动机和购买行为概括为"5W"、"1H"和"6O"，从而形成消费者购买行为研究的基本框架。

市场需要什么（What）——有关产品（Objects）是什么。通过分析消费者希望购买什么，为什么需要这种商品而不是需要其他商品，来研究企业应如何提供适销对路的产品去满足消费者的需求。

为何购买（Why）——购买目的（Objectives）是什么。通过分析购买动机的形成（生理的、自然的、经济的、社会的、心理因素的共同作用），来了解消费者的购买目的，并采取相应的市场策略。

购买者是谁（Who）——购买组织（Organizations）是什么。分析购买者是个人、家庭还是集团，购买的产品供谁使用，谁是购买的决策者、执行者、影响者，再根据分析结果组合相应的产品、渠道、定价和促销活动。

何时购买（When）——购买时机（Occasions）是什么。分析购买者对特定产品购买时间的要求，把握时机，适时推出产品，如分析自然季节和传统节假日对市场购买的影响程度。

何处购买（Where）——购买场合（Outlets）是什么。分析购买者对不同产品购买地点的要求。顾客一般会在电子商务平台上购买哪些商品，而哪些商品会在商业中心或专业商店购买？

如何购买（How）——购买组织的作业行为（Operations）是什么。分析购买者对购买方式的不同要求，有针对性地提供不同的营销服务。分析不同类型的消费者的特点，如经济型购买者对性能和廉价的追求；冲动型购买者对情趣和外观的喜好；手头拮据的购买者希望能分期付款；工作繁忙的购买者重视购买方便和送货上门等。

3. 客户购买行为分析的主要过程

客户购买行为分析一般有以下几个步骤。

（1）购买行为环节模式描绘。通过座谈会、访谈调研、市场观察等形式得到系统的、感性的消费者购买行为过程。由于不同类型的产品和服务的特点差异，使得购买行为过程并不完全一样，因此，前期的定性研究是建立模型的基础。

（2）确定各环节的关键影响因素。通过定性和定量研究，掌握各环节影响消费者的因素，并分析其中哪些是促成购买行为各环节演变的关键因素。

（3）确定各环节的关键营销推动行为。针对各环节行为的关键因素，对比当前市场中成功与失败品牌的行动表现，确定哪些营销活动能够决定关键因素而形成推动行为。

（4）评估目标品牌的消费者行为表现，得到完整的消费者分布结构，即处于不同阶段的消费者比例，从而明确品牌表现的原因。

（5）确定营销活动的实施策略。针对品牌表现，按重要性和优先性原则做出行动规划，并实施评估。

4. 基于 5W1H 分析法的应用案例

以普洱茶为例，基于 5W1H 分析法制定茶叶电商市场的营销策略①。

1）茶叶电商的 5W1H 分析法

What：购买哪种普洱茶。根据普洱茶的采摘树种、加工工艺、存放形式、外形、不同的生产厂家和品牌等对普洱茶进行具体的区分。

Why：为什么购买普洱茶。根据马斯洛需求层次理论，消费者购买普洱茶的原因多种多样，

---

① [1]聂钟鸣. 探究茶叶电商公司市场营销策略[J]. 福建茶叶，2020，42（10）：42-43.

　[2]赵东明，舒红. 基于消费者购买行为 5W1H 分析法的普洱茶市场营销[J]. 福建茶叶，2018，40（6）：476-476.

主要由使用价值、品牌价值、社交需求等形成不同的购买动机。

Who：谁在购买茶叶。消费人群主要分为 5 类：普洱茶收藏者、普洱茶爱好者、礼品需求者、功能性饮用者和潮流跟随者。

When：何时购买普洱茶。消费者购买普洱茶的时间没有特殊的规律。如果购买采用新鲜茶叶制作的普洱茶，那么购买时间多集中在春茶和秋茶上市之时；如果是作为礼品购买普洱茶，那么在节假日普洱茶销量会上升。

Where：在哪里购买普洱茶。购买普洱茶主要有传统销售渠道和网络销售两大类。随着上网人数的增加，现在通过淘宝、京东等网站购买普洱茶的消费者越来越多。

How：如何购买普洱茶。不同的消费者表现为不同的购买方式。就购买量而言，有的消费者喜好小批量、高频度地购买；而有的消费者喜欢一次性大量购买，慢慢饮用。

2）茶叶电商公司市场营销策略

茶叶电商公司应从以下 4 个方面制定营销策略。

（1）完善物流体系，保证茶叶质量。茶叶电商公司需拥有一套完整的物流配送体系，以保证茶叶运输的安全和时效。在包装茶叶时，针对不同的茶叶安排不同的包装方式，以保证减少茶叶在运输过程中因不可避免的碰撞而造成损伤。

（2）销售渠道策略。采取线下品牌连锁商店与线上电子商务协同营销的方式，利用线下营销渠道带给人的信任感，建立品牌效应，将线下门店的信誉保障扩展到线上店铺。

（3）销售宣传策略。传统茶叶公司一般通过广告宣传、开业促销、电视广告来打开销售市场。在互联网背景下，新媒体宣传手段更适合大多数茶叶电商公司。例如，利用微博、微信、小红书、抖音等社交资讯软件，用图文并茂的方式宣传茶叶，让客户被真实拍摄的场景吸引。

（4）销售品牌策略。茶叶电商公司需要通过产品质量、公司宣传、采用原产地策略、设计专属商标等方式逐步提升品牌的影响力与客户的信任度。

8.3　客户细分方法与细分模型

8.3.1　客户细分概述

客户细分（Customer Segmentation）作为客户关系管理的核心概念之一，主要指企业在明确的战略、业务模式和特定的市场中，根据客户的属性、行为、需求、偏好及价值等因素对客户进行分类，并提供有针对性的产品、服务和营销模式的过程。客户细分的理论依据主要有以下几个方面。

（1）客户需求的异质性。客户有需求才会购买商品，不同的客户需求决定了消费者购买不同的商品，进而表现出不同的客户购买行为。客户需求的异质性是客户细分的重要理论依据。

（2）消费档次假说及客户群稳定性。消费档次假说认为消费者消费水平的增长不是线性的，而是阶段式的，当消费者的消费水平达到一定档次时就会趋于稳定，并且在很长一段时间内不会发生变化，且具有规律性，这就为客户细分在理论上奠定了基础。

（3）企业资源的有限性。任何企业的资源都不是无限的，这就要求企业对有限的资源进行合理、有效的分配。客户细分能够帮助商家识别不同客户的客户价值，这有利于商家针对不同的客户群采取不同的营销策略，从而将有限的企业资源用于服务对企业有重要贡献的客户。

▶▶ 8.3.2　客户细分方法

1. 客户分类的方法

对客户进行区分和分类的方法多种多样，下面介绍几种主要的细分方法。

1）AB 客户分类

企业的资源是有限的，需要根据客户占用公司资源的比例，选择一定的比例构成分割点来对客户进行分类，以便合理分配资源。AB 客户分类的分割点采用二八原则：20% 为 A 类客户，80% 为 B 类客户。对于贡献了 80% 利润的所有 A 类客户，企业必须使他们非常满意；而对于 B 类客户，逐渐提高部分客户的满意度即可。

2）客户多维分类

描述客户属性的要素有很多，包括地址、年龄、性别、收入、职业、教育程度等信息。根据这些客户属性，进行多维的组合型特征分析，将客户分为不同组，同时挖掘客户的个性需求，从而快速、准确地找出客户最需要的商品。

3）客户价值相关指标分类

定义若干代表性的价值指标，设定多个参数来计算客户价值分数，并将其作为对客户进行分类的依据。

（1）交易类指标：交易次数、交易额/利润、毛利率、平均单笔交易额、最大单笔交易额、退货金额、退货次数、已交易时间、平均交易周期、销售预期金额。

（2）财务类指标：最大单笔收款额、平均收款额、平均收款周期、平均欠款额、平均欠款率。

（3）联络类指标：相关任务数、相关进程数、客户表扬次数/比例、投诉次数/比例、建议次数/比例。

（4）特征类指标：针对公司客户可以设定为企业规模、注册资金、区域、行业、年销售额、是否为上市公司等；针对个人客户可以设定为年龄、婚姻状况、月收入、喜好颜色、有无子女等。

4）客户价值分类

根据价值指标设定客户价值金字塔模型，以客户价值金字塔模型设置客户价值等级的区段。例如，将客户价值设置为 4 个区间：VIP 客户、重要客户、普通客户和小客户。

5）潜在客户的分类

辨别潜在客户的方法有很多，一是通过各种方法接触客户，利用社会活动、销售活动等方法进行甄别。二是根据客户购买特征进行甄别，可以进行以下分类：确定购买的、有兴趣的、热衷的、观望中的和一定不购买的。三是根据客户购买时机进行辨别，如准备一个月内购买、准备 2～3 个月购买、有希望最终购买等。

2. 基于交易次数的新老客户购买情况分析实例

1）新老客户人数走势分析

店铺在经营一段时间后，可对客户数量的走势情况进行分析，从而判断店铺生意的好坏及对客户的吸引力。其中，最为简单的分析方法是对客户人数的变化进行分析。根据交易次数将客户分为新老客户两类，若新客户人数不断增加，则表示店铺经营不错，受到消费者的欢迎；若老客户人数不断增加，则表示店铺的商品、服务得到了老客户的肯定。

下面以"新老客户数量"工作表为例，使用折线图对 2019 年 6 月份店铺新老客户人数走势进行展示和分析，其具体操作如下。

（1）绘制折线图。打开"客户分析"工作簿中的"新老客户数量"工作表。选择 A1:C31 单元格区域，单击"插入"选项卡中的"折线图"下拉按钮，选择"二维折线图"→"折线图"，如图 8.8 所示。

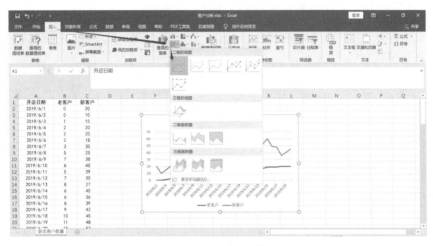

图 8.8　绘制折线图

（2）输入图表标题并调整图表位置和大小。将图表移到合适位置，在图表标题文本框中输入"新老客户人数走势"；将鼠标指针移到图表的右侧控制柄上，待鼠标指针变成水平双向箭头时，按住鼠标左键不放并进行拖动以调整图表宽度，将水平坐标轴上的所有日期显示出来。

（3）选择图表样式和布局。选择整个图表，单击"设计"选项卡，在"图表布局"功能组中选择"布局 3"；在"图表样式"功能组框中选择"样式 4"，如图 8.9 所示。

图 8.9　选择图表样式和布局

（4）设置老客户折线的次坐标。右击"老客户"数据系列，在弹出的快捷菜单中选择"设置数据系列格式"选项，打开"设置数据系列格式"对话框，在该对话框中单击"系列选项"下拉按钮，单击"次坐标轴"单选按钮，如图8.10所示。

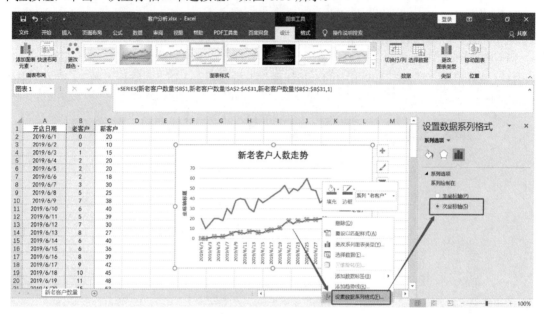

图8.10 选择"次坐标轴"

（5）使折线平滑化。在"设置数据系列格式"对话框中选择"填充与线条"的"标记"，如图8.11所示，找到"平滑线"复选框并勾选，使"老客户"数据系列线条平滑显示，如图8.12所示。对"新客户"数据系列进行同样的操作。

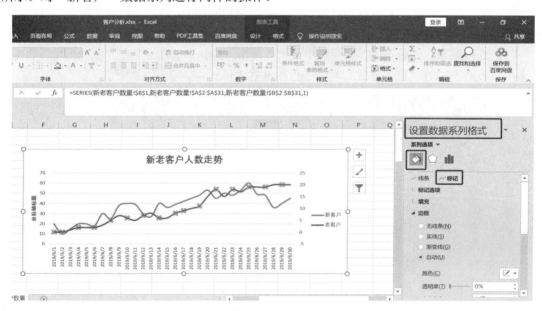

图8.11 折线平滑化——选择"标记"

图 8.12　折线平滑化——勾选"平滑线"复选框

（6）更改次坐标最小值。双击添加的次坐标轴，打开"设置坐标轴格式"对话框，单击"坐标轴选项"下拉按钮，设置"最小值"为"0.0"，然后单击"关闭"按钮，如图 8.13 所示。

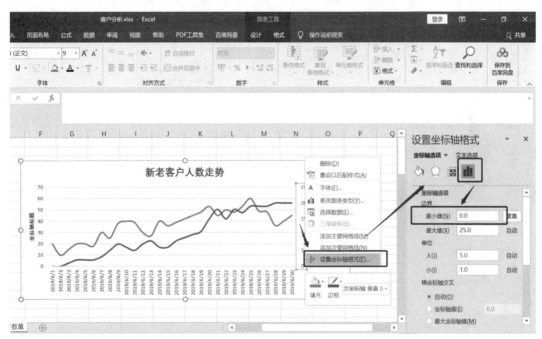

图 8.13　更改次坐标最小值

最后，在图表中即可查看新老客户人数走势（同步走高），如图 8.14 所示。

2）新老客户销量与销量额占比分析

新客户和老客户都是店铺的重要资源，也是店铺得以生存发展的保证。新客户和老客户的存在并不冲突，而且店铺希望更多的新客户变成老客户，最终变成忠实客户。在经营过程中，根据老客户销量和销售额的占比选择是否要维持老客户。若其占比较大，则必须维护；若其占

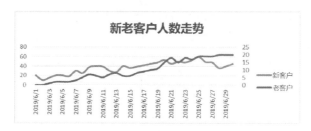

图 8.14　新老客户人数走势图

比太小，则顺其自然。在统计过程中，由于销售记录较多，因此新老客户的数据可先用条件规则和筛选功能进行归类，再用 SUBTOTAL 函数进行统计，最后用饼图进行比例展示和分析。下面以"新老客户购物数据"工作表为例，对 2019 年 5 月前 8 天的新老客户购买商品数量和总额进行统计和分析，其具体操作如下。

（1）利用条件规则和筛选功能对新老客户进行归类。

打开"新老客户购物数据"工作表，选择"买家会员名"单元格区域，单击"开始"选项卡中的"条件格式"下拉按钮，选择"突出显示单元格规则"→"重复值"选项，如图 8.15 所示。在"重复值"对话框中，设置重复值为"浅红填充色深红色文本"，单击"确定"按钮，如图 8.16 所示。此时老客户被突出显示，新客户没有突出显示，如图 8.17 所示。

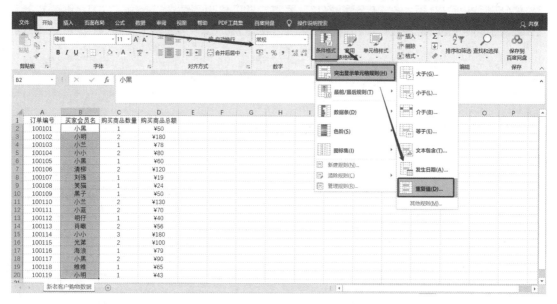

图 8.15　分析新老客户购物数据

图 8.16　设置重复值填充格式

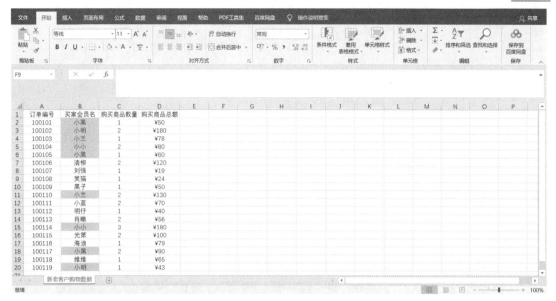

图 8.17　突出显示效果

对新老客户进行分类。选择 B2 单元格，单击"数据"选型卡中的"筛选"按钮，工作表进入自动筛选状态；单击"买家会员名"下拉按钮，选择"按颜色排序"选项，选择浅红色，如图 8.18 所示。筛选后效果如图 8.19 所示。

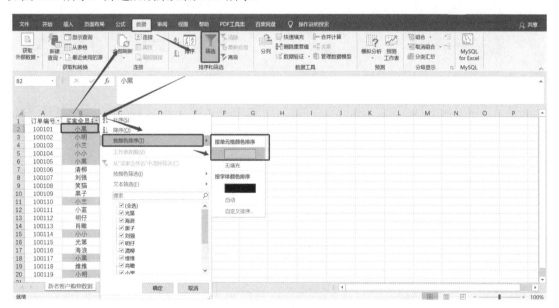

图 8.18　按单元格颜色排序

分别计算新老客户的购买商品数量和购买商品总额。在 G2 单元格中输入公式"=SUBTOTAL（109，C2：C10）"，即可计算出老客户的购买商品数量。以此方法分别计算老客户的购买商品总额、新客户的购买商品数量和购买商品总额，如图 8.20 所示。

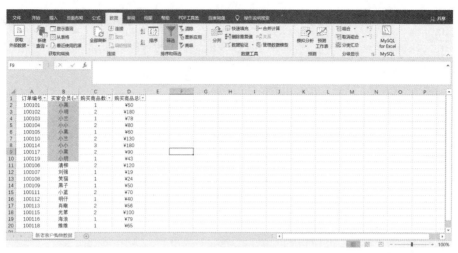

图 8.19　筛选后效果

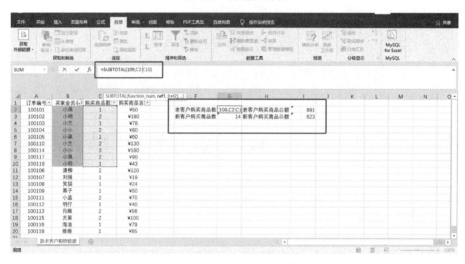

图 8.20　分别计算新老客户购买商品数量和购买商品总额

【知识链接】

SUBTOTAL 函数的使用说明如表 8.2 所示。

表 8.2　SUBTOTAL 函数的使用说明

Function_num（包含隐藏值）	Function_num（不包含隐藏值）	对 应 函 数	函数功能说明
1	101	AVERAGE	算术平均值
2	102	COUNT	数值个数
3	103	COUNTA	非空单元格数
4	104	MAX	最大值
5	105	MIN	最小值
6	106	PRODUCT	括号内所有数据的乘积

续表

Function_num （包含隐藏值）	Function_num （不包含隐藏值）	对 应 函 数	函数功能说明
7	107	STDEV	估算样本的标准偏差
8	108	STDEVP	返回整个样本总体的标准偏差
9	109	SUM	求和

（2）效果展示与分析——饼图。选择 F2:G3 单元格区域，单击"插入"选项卡中的"饼图"下拉按钮，选择"二维饼图"→"饼图"选项；移动图表位置，更改图表标题为"新老客户销量占比分析"，应用"样式 11"图表样式和"布局 2"图表布局；设置图案填充以便观察，得到新老客户销量占比分析饼图，如图 8.21 和图 8.22 所示。按上述方法再得到新老客户销售额占比分析饼图，如图 8.23 所示。

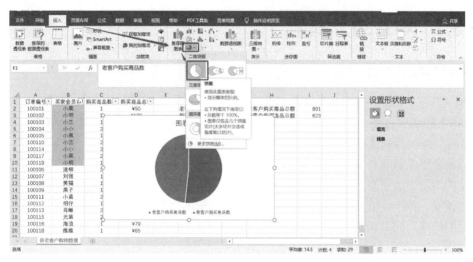

图 8.21　插入饼图

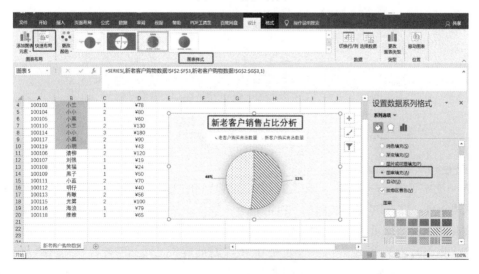

图 8.22　设置饼图标题和样式

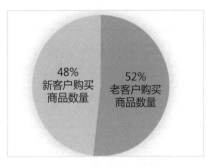
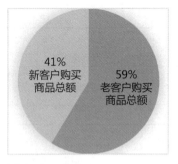

图 8.23　新老客户销量与销售额占比分析

从图 8.23 计算结果可知，该网店的新老客户购买商品数量和商品总额基本接近，老客户对该网店的贡献度稍高，因此，对新老客户均应有所关注。

▶▶ 8.3.3　客户细分模型

1. RFM 模型

RFM 模型（见图 8.24）通过客户购买行为中的最近一次购买（Recency）、购买频率（Frequency）和购买金额（Monetary）3 方面的数据来分析客户的层次和结构、客户的质量和价值，以及客户的保持和流失的原因，从而为商家制定营销策略并提供支持。RFM 模型广泛用于数据库营销之中，具有计算过程简单、算法易懂、数据获取容易等特点，其在不需要借助专业分析软件的情况下就可以对客户的消费行为进行分析，因此受到了零售行业的欢迎，并经常用于客户忠诚度、客户价值分析，成了零售行业数据分析的重要工具。RFM 模型针对不同的客户采取不同的策略，同时识别其中的行为差异，从而对不同的客户行为进行购买预测。

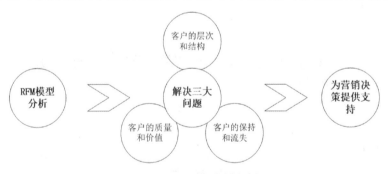

图 8.24　RFM 模型分析过程

1）最近一次购买

最近一次购买指客户最近一次购买时间距分析时间的天数。最近一次购买的过程是持续变动的，天数越小，说明客户购买商品的时间越近。理论上讲，最近一次购买时间比较近的客户对商家提供的商品或服务信息更为关注，再次购买的可能性较大，因此该指标是营销人员密切注意消费者购买行为的重要指标之一，也是 0～6 个月前购买过商品的顾客收到营销人员的沟通信息多于 31～36 个月前购买过商品的顾客的原因。最近一次购买是维系顾客的一个重要指标。最近才购买过商家的商品、服务或光顾商家的消费者是最有可能再次购买该商家的商品或服务的顾客。再则，吸引一个几个月前才上门的顾客购买比吸引一个一年多以前来过的顾客要容易得多。

最近一次购买的功能不仅在于其能提供促销信息，而且可以监督营销业务的健全度。优秀的营销人员会定期查看该指标数据以掌握趋势。如果月报告显示上一次购买很近的客户（最近一次消费为 1 个月的）人数增加，那么表示该公司正在稳健成长；反之，若上一次消费为 1 个月的客户越来越少，则应对公司发展提出预警。

2）购买频率

购买频率指在一定时间内客户消费的次数。购买频率越高，说明客户的忠诚度及价值越高。对于不同的行业，客户的平均购买频率是不同的，商家要根据自身的特点制定客户购买频率的评价标准。根据这个标准可以对客户进行细分，通过细分相当于建立一个"忠诚度的阶梯"（Loyalty Ladder），其诀窍在于让消费者一直顺着阶梯往上走，增加客户的购买次数。

3）购买金额

购买金额指在一定时间内客户消费的金额。通过客户的消费金额，可以分析客户对商家的贡献程度。消费金额是所有商业数据分析报告的支柱，其可以验证"帕累托法则"——公司 80% 的收入来自 20% 的顾客。如果商家的预算不多，而且只能提供服务信息给 2000 个或 3000 个顾客，那么商家要首选将信息传递给对其收入贡献高的顾客。

2. 客户价值矩阵模型

客户价值矩阵模型是对 RFM 模型的改进，它消除了消费次数与总消费额之间的多重共线性，而用平均消费代替总消费。客户价值矩阵模型分析剔除了最近一次购买变量，由消费次数（F）与平均消费额（A）构成，使细分结果更加简单。客户价值矩阵模型将客户划分为 4 种类型，即优质型客户、消费型客户、经常型客户和不确定型客户，如图 8.25 所示。

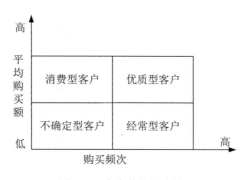

图 8.25 客户价值矩阵模型

（1）优质型客户是企业的基础，也是企业利润的主要来源，企业一定要保留这些客户。

（2）消费型客户的平均消费额很高，但消费次数过低，最好的策略是设法增加客户的消费次数。

（3）经常型客户的高频率消费证明了对卖家的忠诚，对他们最适合的策略是通过促销、交叉销售、销售推荐等办法来增加消费金额。

（4）不确定型客户：通过客户筛选，企业要争取将不确定型客户变成消费型客户或经常型客户，甚至是优质型客户，但必要的时候也可以采取放弃策略。

8.4 客户忠诚度分析

▶▶ 8.4.1 客户忠诚度定义

客户忠诚指客户对商家的感知、态度和行为。客户忠诚度指由于质量、价格、服务等因素的影响，顾客对某一商家的产品或服务产生感情，形成偏爱并长期重复购买该商家产品或服务的程度。客户在了解、使用某产品的过程中，由于与商家的接触，因此可能会对商家提供的产品和服务质量等感到满意，形成正面的、积极的评价，从而对该商家及其提供的产品或服务产生某种依赖感，并长时间地表现出重复购买及交叉购买等忠诚行为。客户忠诚的具体行为主要表现为客户对商家产品价格的敏感程度、对竞争产品的态度、对产品质量问题的承受力等方面。

▶▶ 8.4.2 客户忠诚度分类

客户忠诚可以分为情感忠诚和行为忠诚。其中，情感忠诚表现为客户对商家的理念、行为和视觉形象的高度认同和满意；行为忠诚表现为客户对商家的产品或服务的重复购买行为。客户忠诚营销理论着重于对客户行为趋向的评价，通过这种评价活动的开展，反映出商家在未来经营活动中的竞争优势。影响客户忠诚度的主要因素如图 8.26 所示。

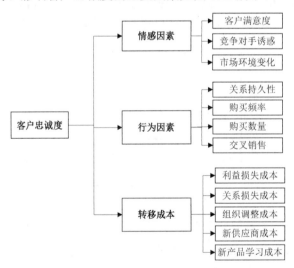

图 8.26　影响客户忠诚度的主要因素

1. 情感因素

情感因素主要由 3 方面构成，即客户满意度、竞争对手诱惑及市场环境变化。

客户满意度一般被认为是客户忠诚的决定性因素。大量研究表明，客户满意度可以对客户忠诚产生积极的影响。满意指一个人对一个产品或服务的可感知效果与其期望比较后形成的感觉状态。也就是说，如果客户对购买某产品前的期望比购买后感知高，那么客户就不满意；反之，客户就感觉满意。客户虽然有时候对自己购买的产品和服务满意，但这并不意味着一定忠诚，客户满意与客户忠诚是两个不同的概念，但当客户满意达到一定的程度时，客户的忠诚度将直线上升。同时，长期的满意将有助于培养客户对商家、品牌和产品及服务的信任。

竞争对手诱惑指客户在市场中选择竞争对手产品的可行性。缺乏吸引力的竞争对手是保持客户的一个有利条件。如果客户感知现有商家的竞争对手能够提供让他们更满意的产品或服务，那么客户有可能决定离开现有商家而接受竞争对手的服务或产品。因此，当竞争性产品或服务对客户的吸引力减小时，客户会因满意度高而忠诚于商家。也就是说，替代者吸引力越小，客户忠诚度越高。

市场环境变化也会影响客户的选择，它可能会使客户选择竞争对手的产品，因此市场环境变化也是决定客户忠诚度的因素之一。商家必须动态地监测营销环境的发展变化并对其营销活动进行适应性调整。

2．行为因素

行为因素主要由客户与商家的关系持久性（持续时间）、客户购买频率、客户购买量及交叉销售 4 方面构成。客户与商家发生交易关系持续的时间越久，表明客户越愿意接受商家的产品或服务，离开商家的可能性越小，忠诚度也越高。购买频率高与购买数量大表明客户接受商家产品或服务的程度高，比较忠诚于商家。交叉销售指客户在购买了商家的某种产品或服务的基础上再购买商家的其他产品或服务。客户只有在对已经购买的产品或服务评价较高时才会信任商家，从而继续从商家购买其他的产品或服务，因此交叉销售程度高也表明客户对商家的认同感高。

3．转移成本

除情感因素与行为因素之外，客户忠诚度还与客户的转移成本有关。当客户受到竞争对手的吸引时，会离开现在的商家，但是如果这种转移成本对客户来讲过高，且足以抵消其通过转换商家获得的收益，那么客户就会继续留在原商家。由此可见，转移成本高有助于客户忠诚度的提高，因此转移成本也是影响客户忠诚度的重要因素。但是转移成本的计算是一个困难且复杂的过程，转移成本主要包括利益损失成本、关系损失成本、组织调整成本、对新供应商的评估成本、掌握新产品使用方法的学习成本等。客户转移成本不仅包括经济上的损失，还包括精力、时间和情感上的损失。

▶▶ 8.4.3　忠诚客户的测量标准

下面通过客户重复购买次数、购买挑选时间、对价格的敏感程度、对竞争产品的态度及对产品质量的承受能力 5 方面来衡量客户是否具有品牌忠诚度。

1. 客户重复购买次数多

在一定时期内，客户对某一品牌的产品或服务重复购买的次数越多，说明其对这一品牌的忠诚度越高，反之越低。应该注意的是，在确定这一指标的合理界限时，必须根据不同的产品或服务加以区别对待，如重复购买汽车与重复购买饮料的次数是没有可比性的。

2. 客户购买挑选时间短

客户购买商品，尤其是选购商品，通常要经过仔细比较和挑选。由于信赖程度有差别，对不同品牌的商品，客户购买挑选时间的长短也是不同的。一般来说，购买挑选时间短，说明其对某一品牌商品形成了偏爱，购买挑选时间越短，对这一品牌的忠诚度越高；反之，则说明客户对这一品牌的忠诚度越低。在运用这一标准衡量品牌忠诚度时，必须剔除产品性能、质量等方面的差异产生的影响。

3. 客户对价格的敏感程度低

价格因素通常是影响客户消费最敏感的因素，但客户对商品价格的敏感程度有一定差异。对于喜爱和信赖的商品，客户对其价格变动的承受能力强，即敏感程度低；对于不喜爱的商品，客户对其价格变动的承受能力弱，即敏感程度高。由此可衡量客户对某一商家的忠诚度。在运用这一标准时，要注意客户受到该产品的必需程度、产品供求状况及市场竞争程度等因素的影响，在实际运用中要排除它们的干扰。

4. 客户对竞争产品的态度漠视

客户对某一品牌态度的变化，大多是通过将该品牌产品与竞争产品比较而产生的。根据客户对竞争产品的态度，可以判断其对其他品牌忠诚度的高低。如果客户对竞争产品兴趣浓、好感强，那么说明其对某一品牌的忠诚度低；如果客户对其他品牌的产品没有好感、兴趣不大，那么说明其对某一品牌的忠诚度高。

5. 客户对产品质量的承受能力强

每个品牌的产品都可能出现瑕疵，如果客户对某一品牌的忠诚度高，那么其对该品牌偶尔出现的产品质量问题会以宽容的态度对待，并相信品牌会很快加以妥善处理；相反，若客户对某一品牌的忠诚度低，那么其可能对产品出现质量问题的承受能力弱，甚至做出负面评价。

衡量品牌忠诚度的指标体系相当复杂，除以上标准之外，客户重复购买的长期性、份额、情感、推荐潜在客户等因素也相当重要。因此，在实际操作中，可以根据行业的不同对以上的五大指标设定不同的加权，从而设计出一个标准的指数体系，然后比较测试结果，得出哪些客户的品牌忠诚度高，并分析哪些因素可以提高品牌忠诚度。对于不同品牌之间的忠诚度比较，可以集合一组品牌分别比较上面的指标，然后根据权重得出各品牌忠诚度排序。

▶▶ 8.4.4　客户忠诚度指标权重的计算方法

层次分析法（Analytic Hierarchy Process，AHP）是美国匹兹堡大学教授 T.L.Saaty 于 20 世

纪 70 年代提出的用于解决非数学模型决策问题的方法。该方法从系统观点出发，把复杂的问题分解为若干层次和若干要素，并将这些因素按一定的关系分组，以形成有序的递阶层次结构，再通过两两比较判断的方式，确定每一层次中因素的相对重要性，然后在递阶层次结构内进行合成，以得到决策因素相对于目标的重要性排序。层次分析法是一种将定性与定量分析相结合的评价决策方法，其要求评价者对评价问题的本质、包含要素及相互间的逻辑关系掌握得比较清楚，比较适用于多目标、多准则、多时期的系统评价。

1. 层次分析法的计算步骤

层次分析法的计算步骤如下。

第一步：明确问题，建立层次结构。对于要解决的问题，首先进行系统分析，明确问题的范围、包含的因素及因素之间的定性关系等，然后根据这些初步分析，将各因素分层分组，建立层次结构。层次结构是把问题分解成若干层次，最顶层为总目标；中间层可根据问题的性质分成目标层（准则层）、部门层、约束层等；最底层一般为方案层或措施层。层次的正确划分和各因素间关系的正确描述是层次分析法的关键，须慎重对待。经充分讨论和分析，最后画出相应的分层结构图。

第二步：构建判断矩阵。根据建立的层次结构，构造一系列的判断矩阵。判断矩阵表示针对上一层某元素，本层次与之有关的因素之间相对重要性的比较。

对某上层元素 A_k 而言，与其相关的两个下层元素 B_i 与 B_j 之间的重要性标度赋值为 b_{ij}，其含义如表 8.3 所示。

表 8.3　判断矩阵构造相对重要性标度

标度 b_{ij}	含　义
1	表示两个元素相比，具有同样重要性
3	表示两个元素相比，一个元素比另一个元素稍微重要
5	表示两个元素相比，一个元素比另一个元素明显重要
7	表示两个元素相比，一个元素比另一个元素强烈重要
9	表示两个元素相比，一个元素比另一个元素极端重要
2、4、6、8 为上述相邻判断的中值	若元素 B_i 与 B_j 比较得 b_{ij}，则元素 B_j 与 B_i 比较判断为 $b_{ji}=1/b_{ij}$；$b_{ii}=1$

第三步：层次单排序。对各判断矩阵进行求解，计算出反映上层某元素和下层与之有联系的元素重要性次序的权重，即求同一层次中元素的权向量。与此同时还要对各判断矩阵进行一致性检验。计算权向量的方法很多，主要有和积法、幂法和根法等。本书主要介绍和积法的计算过程，具体如下。

（1）将判断矩阵每一列归一化：

$$b_{ij} = b_{ij} / \sum_{i=1}^{n} b_{ij} (j = 1, 2, \cdots, n) \tag{8-4}$$

（2）对按列归一化的判断矩阵按行求和：

$$W_i = \sum_{j=1}^{n} b_{ij} \ (i = 1, 2, \cdots, n) \tag{8-5}$$

（3）将向量 $W = [W_1, W_2, \cdots, W_n]$ 归一化：

$$\bar{W}_i = \frac{W}{\sum\limits_{i=1}^{n} W_i} \ (i = 1, 2, \cdots, n) \tag{8-6}$$

第四步：层次单排序的一致性检验步骤如下。

（1）计算一致性指标（Consistency Index，CI）：

$$\text{CI} = \frac{\lambda_{\max} - n}{n - 1} \tag{8-7}$$

当判断矩阵具有完全一致性时，$\lambda_{\max}=n$，CI=0。其中，$\lambda_{\max}$ 为判断矩阵 $[b_{ij}]_{n\times n}$ 对应的最大特征根。$\lambda_{\max}-n$ 越大，CI 越大，判断矩阵的一致性越差。为了检验判断矩阵是否满足一致性要求，需要将 CI 与平均随机一致性指标（Random Index，RI）进行比较。

（2）查找相应的平均随机一致性指标 RI，如表 8.4 所示。

表 8.4 平均随机一致性指标 RI 的取值

n	1	2	3	4	5	6	7	8	9
RI	0	0	0.58	0.90	1.12	1.24	1.32	1.41	1.45

（3）计算一致性比例 CR，具体如下。

利用一致性指标 CI 和平均随机一致性指标 RI 计算一致性比例 CR：

$$\text{CR} = \frac{\text{CI}}{\text{RI}} \tag{8-8}$$

当 CR≤0.1 时，认为判断矩阵的一致性是可以被接受的，通过检验，则归一化权向量后，得到层次单排序的标准权向量；当 CR>0.1 时，则需重新构造判断矩阵。

第五步：层次总排序——自上而下的综合权重。从最顶层开始，自上而下的求出各层要素关于决策问题的综合重要度（也称为总体权重）。把下层每个元素对上层每个元素的权向量按列排成表格形式（见表 8.5）。假定上层 A 有 m 个元素 A_1，A_2，$\cdots$，A_m，且其层次总排序权向量为 $\{a_1, a_2, \cdots, a_m\}$；下层 B 有 n 个元素 B_1，B_2，$\cdots$，B_n，则将 B_i 对 A_j 各元素的层次单排序权向量 b_{ij} 列入表格，如表 8.5 所示。若下层元素 B_i 与上层元素 A_j 无关系，则取 $b_{ij}=0$。

表 8.5 在层次总排序中求综合权重

层次	A_1	A_2	$\cdots\cdots$	A_m	B 层总排序权重
	a_1	a_2	$\cdots\cdots$	a_m	
B_1	b_{11}	b_{12}	$\cdots\cdots$	b_{1m}	$W_1 = \sum\limits_{j=1}^{m} a_j b_{1j}$
B_2	b_{21}	b_{22}	$\cdots\cdots$	b_{2m}	$W_2 = \sum\limits_{j=1}^{m} a_j b_{2j}$
$\cdots\cdots$					
B_n	b_{n1}	b_{n2}	$\cdots\cdots$	b_{nm}	$W_n = \sum\limits_{j=1}^{m} a_j b_{nj}$

第六步：层次总排序的一致性检验。在层次总排序中也要进行层次总排序的一致性检验，即计算组合一致性，从高层到低层逐层进行。如果 B 层中某些元素对其上层 A 层中某元素 A_j 的层次单排序一致性指标为 CI_j，那么相应的平均随机一致性指标为 RI_j，则 B 层次总排序一致性比率为

$$CR_B = \frac{CI_B}{RI_B} = \frac{\sum_{j=1}^{m} a_j CI_j}{\sum_{j=1}^{m} a_j RI_j} \qquad (8\text{-}9)$$

当 $CR_B \leqslant 0.1$ 时，认为 B 层在总排序里满足一致性，否则应重新调整判断矩阵的元素取值。

第七步：结果分析。在基本满足判断矩阵一致性检验的前提下，可以根据层次单排序和层次总排序结果对决策问题进行定量分析。

2. 利用层次分析法计算忠诚客户的测量指标的权重

利用层次分析法计算忠诚客户的 5 项主要测量指标的权重，具体如下。

（1）建立客户重复购买次数（b_1）、客户购买挑选时间（b_2）、客户对价格的敏感程度（b_3）、客户对竞争产品的态度（b_4）、客户对产品质量的承受能力（b_5）5 项指标的判断矩阵，如表 8.6 所示。

表 8.6　忠诚客户测量指标的判断矩阵

	b_1	b_2	b_3	b_4	b_5
b_1	1	2	3	5	7
b_2	1/2	1	5	6	7
b_3	1/3	1/5	1	3	5
b_4	1/5	1/6	1/3	1	3
b_5	1/7	1/7	1/5	1/3	1

（2）使用和积法计算权向量。

$$A = \begin{pmatrix} 1 & 2 & 3 & 5 & 7 \\ 1/2 & 1 & 5 & 6 & 7 \\ 1/3 & 1/5 & 1 & 3 & 5 \\ 1/5 & 1/6 & 1/3 & 1 & 3 \\ 1/7 & 1/7 & 1/5 & 1/3 & 1 \end{pmatrix} \xrightarrow{\text{列归一化}} \begin{pmatrix} 0.460 & 0.570 & 0.315 & 0.326 & 0.304 \\ 0.230 & 0.285 & 0.524 & 0.391 & 0.304 \\ 0.153 & 0.057 & 0.105 & 0.196 & 0.217 \\ 0.092 & 0.047 & 0.035 & 0.065 & 0.130 \\ 0.066 & 0.041 & 0.021 & 0.022 & 0.043 \end{pmatrix}$$

$$\xrightarrow{\text{行求和}} \begin{pmatrix} 1.975 \\ 1.734 \\ 0.728 \\ 0.369 \\ 0.193 \end{pmatrix} \xrightarrow{\text{归一化求得} W} \begin{pmatrix} 0.395 \\ 0.347 \\ 0.146 \\ 0.074 \\ 0.039 \end{pmatrix}$$

因此

$$AW = \begin{Bmatrix} 2.170 \\ 1.992 \\ 0.764 \\ 0.377 \\ 0.199 \end{Bmatrix}$$

$$\lambda = \frac{1}{5} \times \left(\frac{2.170}{0.395} + \frac{1.992}{0.347} + \frac{0.764}{0.146} + \frac{0.377}{0.074} + \frac{0.199}{0.039} \right) = 5.333$$

（3）进行一致性检验：

$$CI = \frac{\lambda_{max} - n}{n - 1} = \frac{5.333 - 5}{5 - 1} = 0.083$$

由表 8.4 可知，当 $n=5$ 时，RI=1.12，则 $CR = \dfrac{CI}{RI} = \dfrac{0.083}{1.12} = 0.074 < 0.1$，故认为判断矩阵的一致性是可以被接受的，所得权重值 $(0.395,0.347,0.146,0.074,0.039)^T$ 正确。从该权重值可知 5 个指标的重要性排序为 $W_{b_1} > W_{b_2} > W_{b_3} > W_{b_4} > W_{b_5}$，客户重复购买次数的多少（$b_1$）是最重要的指标，其次是客户购买挑选时间的长短（$b_2$）。

3. 根据忠诚客户测量指标的权重计算各品牌的客户忠诚度

假设在某个电商平台上有 3 个商家销售同一类目的商品，现邀请一批消费者对这 3 个品牌的 5 个指标分别进行打分，打分范围为 0～5 分，得分越高则表示该消费者在该店铺购买次数越多、挑选时间越短、价格敏感程度越低、对竞争产品态度越无兴趣、对产品质量承受能力越强。3 个品牌的客户忠诚度得分如表 8.7 所示。

表 8.7　3 个品牌的客户忠诚度得分

品　　牌	重复购买次数	购买挑选时间	对价格的敏感程度	对竞争产品的态度	对产品质量的承受能力
品牌甲	4.5	3.7	4.7	2.8	4.8
品牌乙	3.8	4.1	3.7	3.2	3.6
品牌丙	4.2	4.4	4.6	4.5	4.0

利用综合评价的方法计算每个品牌的综合得分=$\sum$(指标权重×指标得分)。指标权重使用上一过程得出的权重结果，然后与表 8.7 中的数据对应相乘，则 3 个品牌的最终得分分别为 4.14、3.84、4.35。由此表明，消费者对品牌丙的忠诚度最高，其次是品牌甲和品牌乙。

8.5　客户生命周期分析

▶▶ 8.5.1　客户生命周期的 5 个阶段

1. 客户生命周期的定义

客户是电子商务店铺重要的资源之一，具有价值与生命周期的特点。店铺与客户由准备建立关系到成功建立关系，再到最后终止关系的过程，称为客户生命周期（也称为客户关系生命周期）。客户生命周期描述了客户关系从一种状态（一个阶段）向另一种状态（另一个阶段）发展的总体特征。

2. 客户关系发展的 5 个阶段

一般来说，客户关系发展可分为 5 个阶段，这是研究客户生命周期的基础。

1）获客期

获客期是获取客户关系资源的引入期。对店铺和客户来说，这个阶段双方相互了解不足，客户是否有购买意向与店铺是否值得信任是建立客户关系的关键。不确定性是这个阶段最大的特点，评估对方的潜在价值和降低不确定性是这个阶段的中心目标。店铺的主要任务是吸引客户，并以各种方式增加客户对店铺的熟悉度，从而建立客户关系。对大多数客户来说，产品信息的吸引力或相应的折扣优惠力度越大，他们的关注度就越高，因此，前期推广十分重要。

2）成长期

成长期是客户关系快速发展的阶段。客户能进入这个阶段说明双方已经建立了一定的信任。在这一阶段，店铺与客户获得的回报与收益日渐增多，双方相互依赖的程度更加深入，并逐渐意识到对方能为自己提供满意的价值，因此双方愿意继续保持这种长期关系。店铺在这个阶段的中心任务是提高客户满意度并留住客户，提升客户价值并巩固与客户之间的纽带关系，以及提升客户的复购率。

3）稳定期

稳定期是客户关系的成熟期和理想阶段，是客户关系管理的理想阶段，也可以说是客户关系的生效期或爆发期。在这个阶段，店铺与客户基本上都对对方提供的价值感到满意，双方处于相对稳定的时期，也是整个关系发展水平的最高点。此时的店铺投入较少，客户为店铺提供了一定的收益，双方的交易量处于较高的水平。这个阶段的主要目的是提高客户满意度，尽量维持稳定期的长度，保持长期稳定的利润来源。店铺也应为老客户提供专享优惠及令其满意的服务，在打造客户归属感的同时，为店铺获取相应的收益，维持店铺的运营。

4）休眠期

休眠期是客户关系开始衰退的阶段。在发现客户关系衰退的迹象时，应该尽早判断客户关系是否值得维持，并采取相应的恢复策略或终止策略。店铺可以通过与客户保持高质量的互动来知晓客户流失的原因，了解店铺在经营管理过程中产生的问题并及时采取补救措施。对于有价值的客户应及时挽留，而对于付出极大努力仍无法挽回或价值不大的客户群体，应果断放弃。

5）衰退期

衰退期是客户关系发生反向发展的流失期。引起关系退化的原因有很多，如客户对店铺不满意，或发现了更适合的店铺，或需求发生了变化等。在市场竞争激烈的环境下，店铺应努力维护好客户关系，提高客户的满意度及忠诚度。但是，没有商家能保证自己的客户完全不会流失，所以一旦出现客户数量或质量下降，店铺需要及时地改善经营策略和进行新客户的开发。

3. 客户生命周期发展各阶段相关变量的变化情况

随着客户关系的发展，客户生命周期的不同阶段对店铺的影响不同，其影响主要有成交量、价格、成本、间接效益、成交额与利润等，如表 8.8 所示。

表 8.8 客户生命周期发展各阶段相关变量的变化情况

生命周期 影响因素	获 客 期	成 长 期	稳 定 期	休 眠 期	衰 退 期
成交量	总体很小	快速增长	最大且稳定	回落	下降
价格	较低	有上升趋势	持续上升	开始下降	稳定略微下降
成本	最高	明显降低	持续降低	回升	稳定略微提升
间接效益	没有	后期有并扩大	持续扩大	缩小	近乎没有
成交额	很少	快速上升	稳定	开始下降	很少
利润	很少甚至负利润	快速上升	持续上升	开始下降	很小甚至负利润

1）成交量

成交量是一项反映供应与需求的指标，指在一个时间段内某项交易成功的数量。从表 8.8 可以看出，在获客期，客户都是正在进入店铺的状态，故成交量比较小。到了成长期，成交量快速增长，说明客户已经跟店铺建立了交易关系。稳定期是成交量最大且稳定的一段时期，对客户来说，店铺能够满足自己的要求；对店铺来说，店铺能获取更多的利益。休眠期的到来意味着客户开始或已经不跟店铺发生交易关系了，衰退期加剧了成交量的下降幅度，这时客户开始大量流失。

2）价格

价格是商品在交换时的价值。在获客期，为了吸引更多的客户，店铺通常会做一些促销活动，如满减、打折促销等，目的就是最大限度地吸引客户并将其转化为自己的定向客户。在客户与店铺建立交易关系时，客户对店铺已经有一定的信任，店铺会衡量之前投入的成本，适时地提高价格，这在成长期后期最为明显。到了稳定期，店铺商品的价格会持续上升，以求获利最大化，但是价格的提升并不是没有限制的，关键取决于店铺的增值能力，因为对客户有一定价值的产品，客户才会购买。随着部分客户的流失，在休眠期，店铺商品的价格会开始下降，以换取老客户的再次消费。在衰退期，店铺商品的价格会较为稳定，甚至还会有所下降，一方面是前期投入的成本较高，另一方面是为了维持店铺的正常运行，所以需要适当地降低价格以吸收新客户，形成良性循环。

3）成本

成本是生产或销售产品所需的经济价值。获客期的成本是最高的，不仅包括商品本身的成本，还有宣传推广的费用，但是只要能够达到引流的目的就足够了。在成长期，由于价格的提升，相对成本会随之降低，但是成本不会无限制地降低。到了稳定期，成本会在一段时间内持续降低，直到最低值。在休眠期，成本会有所回升，店铺需衡量客户的价值，从而决定是否采取相应的措施以促进消费。衰退期的成本较为稳定，一方面为了止损，另一方面为了纳入新客户，相应地也会增加投入成本。

4）间接效益

间接效益又称为外部效益，指由于该商品的引入，除产生的直接效益之外，还对其他商品产生效益。间接效益在获客期及衰退期是基本没有影响的，在成长期后期，间接效益开始有所体现，具体表现为客户不仅局限于单一商品的消费，而且开始消费其他商品。稳定期是间接效益最为明显地展示阶段，客户对店铺提供的价值感到满意，促使效益持续扩大。从休眠期开始，间接效益不断减小，但退化速度跟客户与店铺的关系相关。例如，若客户传递坏的口碑，则会产生负的间接效益。

5）成交额

成交额指已完成订单的交易金额。在获客期与衰退期，成交额均较少。这两个阶段的客户较少，一个是吸引客户的阶段，一个是客户流失的阶段，因此成交额不高。随着客户跟店铺建立交易关系，成长期的成交额快速上升，特别是在成长期后期，接近最高水平。稳定期是客户与店铺关系最紧密的阶段，这时的成交额稳定在高水平；而成交额在达到最高水平之后，随着休眠期的到来，客户开始流失，成交额开始下降。

6）利润

利润是店铺盈利的成果。因为获客期与衰退期的客户少、投入大，导致店铺利润很少，甚至接近负利润。客户与店铺建立关系后，店铺的利润快速上升，特别是到了成长期后期，接近最高水平。稳定期前期的利润持续上升，但在后期减缓，最后稳定在高水平上；而休眠期的利润则随着客户的流失开始下降。

▶▶ 8.5.2　客户生命周期发展的 4 种主要模式

对店铺来说，通过时间维度对客户进行精准营销，在合适的时间推送合适的营销信息，可以有效地降低成本，提升成交量，从而获取更大的利益。客户生命周期曲线如图 8.27 所示。图 8.27 中有两条曲线，分别代表交易额与利润。客户生命周期曲线描绘了交易额与利润在各阶段的变化趋势，在获客期，交易额与利润都处于较低的水平；在成长期，两条曲线呈快速上升趋势；在稳定期前期，两条直线持续上升，但上升速度较慢，到稳定期后期，交易额与利润达到最大值；在休眠期，两条曲线开始回落；在衰退期，交易额与利润下降到最低值。交易额与利润曲线整体呈倒"U"形。交易额曲线可以看作狭义的客户生命周期曲线，一般可使用交易额曲线代表客户生命周期曲线。

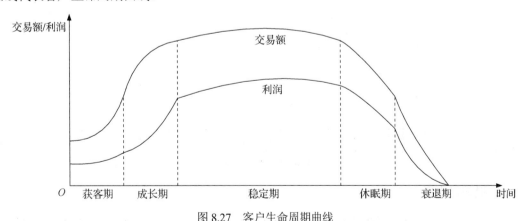

图 8.27　客户生命周期曲线

在店铺运营过程中，现实情况并不会完全按照如图 8.27 所示的曲线发展，现实情况的背离意味着客户生命周期的发展有其他不同模式。不同的模式会给店铺带来不同的交易额与利润，以下是几种常见的客户生命周期曲线。

1. 早期流产型

如图 8.28 所示，早期流产型客户生命周期曲线指客户关系刚越过获客期就直接"流产"了，这主要是因为客户认为店铺达不到自己的预期要求，或者在接触的过程中发现该店铺无法在后期的交易中提供令人满意的服务或产品，抑或是店铺认为客户没有足够的开发价值，不应当建立长期的合作关系。

2. 中途夭折型

如图 8.29 所示，从获客期进入成长期，说明客户已经和店铺建立了初期的交易关系，并对店铺提供的价值感到满意，彼此建立了一定的信任感，且均有建立长期关系的意图。中途夭折型客户生命周期曲线的形成主要是因为店铺自身竞争力的限制或对客户真正的需求不是很了解，所以无法像预期一样给客户带来不断提升的价值，导致客户中途退出。

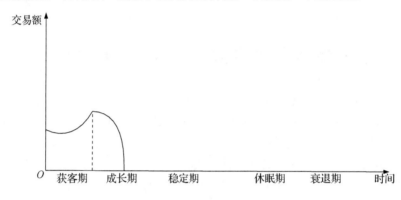

图 8.28 早期流产型

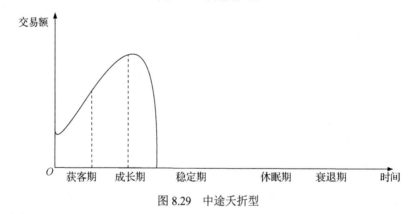

图 8.29 中途夭折型

3. 提前退出型

如图 8.30 所示，在提前退出型客户生命周期曲线中，客户关系经过了获客期与成长期，到了稳定期，但无法持续保持就在稳定期初期退出了。造成这个问题的主要原因是店铺缺乏持续提供创新价值的能力，客户与店铺发现双方的关系或获得的收益不对等。对等双赢是买卖关系可持续发展的基础，如果出现收益不对等的情况，那么会动摇双方的关系并产生裂痕。

4. 长久保持型

如图 8.31 所示，长久保持型客户生命周期曲线指客户关系进入稳定期并在稳定期长时间保持。这是店铺最理想化的模式。获得这种理想模式的原因：第一，店铺提供给客户的价值是所有竞争对手中最高的，客户认同店铺提供的价值；第二，双方在现阶段可获得不错的收益，并对当前的关系高度认同，对等双赢使双方关系走得更远。

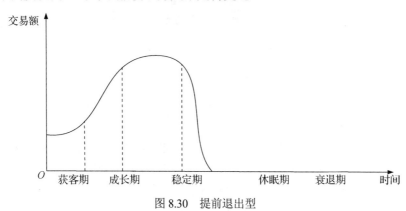

图 8.30　提前退出型

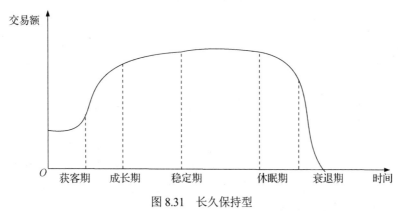

图 8.31　长久保持型

▶▶ 8.5.3　客户生命周期数据分析与优化案例

1. 客户生命周期数据分析

根据某店铺最近 2 年的交易额，绘制该店铺的客户生命周期柱状图，如图 8.32 所示。

由图 8.32 可以看出，该店铺 2018 年的客户生命周期发展并不顺利，客户从获客期进入成长期，但客户在成长期后退出，属于上文所述的中途夭折型模式。2019 年的客户生命周期发展趋势明显比 2018 年要好，形成了较理想的长久保持型模式。

2. 客户生命周期优化案例

店铺在发现 2018 年出现的问题之后及时采取了一系列的补救措施，使店铺的客户关系在 2019 年得到了改善和优化。结合客户生命周期的概念及相关知识点，对出现的问题及补救措施做出以下具体分析。

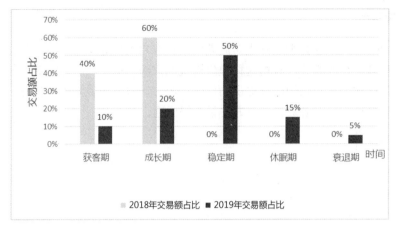

图 8.32　店铺客户生命周期柱状图

店铺在 2018 年出现了中途夭折型模式，具体表现为成长期前期发展比较顺利，呈持续上升的趋势，到成长期后期，销售额直线下落。造成这种现象的原因是，店铺自身竞争力不够，对客户的真正需求了解不深，无法给用户带来持续性的价值，导致客户中途退出，形成了中途夭折型的发展趋势。针对这个问题，可以采取以下几种措施。

（1）搭建客户权益体系，提升客户购物体验。

（2）做好客户分组及精准营销服务，做到新老客户精确定位及定向优惠。

（3）做好产品周期及会员生命周期的关怀营销，提升对客户的关怀度，如节假日及会员日的关怀服务等。

（4）在获取新客户的阶段，客服环节要注重客户信息的收集和完善，做好首次购买客户的催付，以提升订单的支付率。

（5）注重优先发货环节，提升发货流程的客户体验，促使客户再次购买。

通过以上措施增加客户黏性，使客户对店铺建立一定的信任感，提高回购率。

若店铺后续服务不到位或客户对店铺提供的后续价值感到不满意，则可能导致客户流失。针对这类问题，可以采取以下措施。

（1）面对休眠期客户流失的问题，可以采取休眠分组的方式找出高价值及低价值的休眠客户进行分析，然后针对不同组的客户采取激活措施，并借助优惠券及促销活动的方式唤醒客户。同时，定期开展定向优惠活动，刺激休眠客户回购；利用数据过滤的方式删除无法激活的客户，降低营销成本，从源头上做好客户的服务及营销工作，从而降低休眠率。

（2）对于店铺的忠诚客户，可以建立积分体系强化会员权益；建立品牌数据中心，打造品牌体系；挖掘重点客户，建立客户口碑传播渠道；通过组织客户活动等措施和方法，提升客户的活跃度。只有提高新老客户购物体验、唤醒休眠客户、挽回流失客户、维护忠诚客户，才能保证店铺客户生命周期持续、健康地循环运转。

本章知识小结

本章全面阐述了电子商务客户数据分析的知识内容，介绍了电子商务客户数据指标与客户分析的相关概念。本章从客户特征和客户行为两个方面分析了解客户，通过 RFM 模型和客户价值矩阵模型细分客户；利用 ID3 算法决策树模型对客户特征进行分析，为获取潜在客户提供推理依据。忠诚客户会给店铺带来很大的价值，客户忠诚度受情感、行为、转移成本 3 个因素影响，通过层次分析法对忠诚客户的 5 个测量标准进行重要性排序。客户生命周期分为获客期、成长期、稳定期、休眠期和衰退期 5 个阶段，具有早期流产型、中途夭折型、提前退出型、长久保持型 4 种不同模式，针对具体案例可对客户生命周期进行分析和优化。

本章考核检测评价

1. 判断题

（1）当新客户比例等于客户流失率时，说明店铺有下滑趋势。

（2）客户细分方法中的 AB 客户分类讨论的是 30% 的 A 类客户和 70% 的 B 类客户这一问题。

（3）情感因素主要由 3 方面构成，即竞争对手诱惑、客户满意度及客户购买量。

（4）稳定期是间接效益展示最为明显的阶段，客户对店铺提供的价值感到满意，促使效益持续扩大。

（5）在中途夭折型模式中，客户关系经过了获客期、成长期和稳定期。

2. 单选题

（1）（　　）是客户细分的重要前提。

    A. 客户群的稳定性　　　　　　　　　　B. 客户群的多样性

    C. 数据的稳定性　　　　　　　　　　　D. 数据的多样性

（2）RFM 模型的 3 个指标指购买频率、购买金额和（　　）。

    A. 延迟购买　　　B. 重复购买　　　C. 最近一次购买　　D. 客户响应

（3）（　　）不能反映客户的忠诚度高。

    A. 挑选时间短　　　　　　　　　　　　B. 对质量要求苛刻

    C. 对竞争产品的态度漠视　　　　　　　D. 重复购买次数多

（4）（　　）是客户关系开始衰退的阶段。

    A. 稳定期　　　B. 衰退期　　　C. 休眠期　　　D. 成长期

（5）关于客户生命周期各阶段相关变量的变化情况，以下说法错误的是（　　）。

    A. 间接效益在获客期及衰退期是基本没有影响的

    B. 获客期最大的特点是不确定性

    C. 稳定期前期的利润持续上升，但在后期减缓，最后稳定在高水平上

    D. 成长期是整个关系发展水平的最高点

3. 多选题

（1）电子商务客户数据包括（　　）。

    A. 主观数据　　　B. 客观数据　　　C. 交易数据　　　D. 基本数据

（2）客户数据的主要指标有（　　　）。

    A．客户回购率　　　B．客户留存率　　　C．客户流失率　　　D．客户活跃率

（3）客户细分的理论依据有（　　　）。

    A．客户需求的异质性　　　　　　　　B．企业资源的无限性

    C．消费档次假说　　　　　　　　　　D．客户评价的异质性

（4）在稳定期，（　　　）会保持稳定且最大。

    A．成交量　　　　　B．价格　　　　　C．成本　　　　　D．成交额

（5）下列说法正确的是（　　　）。

    A．退货投诉类属于电子商务客户数据的主观数据一类

    B．客户对价格的敏感程度越低，表明客户越忠诚

    C．市场营销学中把消费者的购买动机和购买行为概括为"5W"、"1H"和"6O"

    D．转移成本越高，客户忠诚度越低

4．简答题

（1）简述客户分析的定义与主要内容。

（2）简述客户细分的几种方法并举例说明。

（3）画出客户价值矩阵模型并介绍其中的客户类型。

（4）简述利用层次分析法对忠诚客户的测量标准的重要性并进行排序。

（5）简述客户生命周期发展的几种模式。

5．案例题

店铺各阶段交易额占比柱状图如图 8.33 所示。请分析该店铺客户生命周期属于哪种模式，并指出存在的问题及优化的举措。

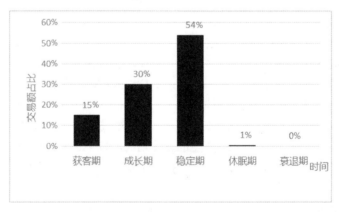

图 8.33　店铺各阶段交易额占比柱状图

第 9 章

商品数据分析

【案例导入】

沃尔玛的数据基因

沃尔玛一直致力于改善数据分析技术，其整个公司都充满了数据基因。沃尔玛拥有庞大的数据生态系统，每天要处理 TB 级的新数据和 PB 级的历史数据，其分析涵盖了数以百万计的产品数据和不同来源的数以亿计的客户数据。沃尔玛的分析系统每天分析近 1 亿条关键词，从而优化每个关键字对应的搜索结果。早在 1969 年沃尔玛就开始使用计算机来跟踪存货了，1974 年，其各分销中心与超市运用计算机控制库存。1983 年，沃尔玛所有门店都开始采用条形码扫描系统；1987 年，沃尔玛完成了公司内部卫星系统的安装，该系统使得总部、分销中心和各商场之间可以实现实时双向的数据和声音传输。沃尔玛采用在当时还是小众和超前的信息技术搜集运营数据，这为沃尔玛的快速发展打下了坚实基础。如今，沃尔玛拥有全世界最大的数据仓库，在数据仓库中存储着沃尔玛数千家连锁店 65 周内每一笔销售的详细记录，这使得业务人员可以通过分析消费者的购买行为更加了解客户，从而提供最佳的销售服务。2012 年 4 月，沃尔玛收购了一家研究网络社交的公司 Kosmix，使其在数据分析的基础上又增加了对社交网络的研究。

沃尔玛的案例具有什么启示？零售业巨头沃尔玛为何会如此重视商品数据的分析？商品数据分析应包含哪些内容和主要方法？本章就来探究商品数据分析的功能与意义。

9.1 商品数据分析概论

▶▶ 9.1.1 商品数据分析的概念

商品数据分析的主要数据来自销售数据和商品基础数据，从而产生以分析结构为主线的分析思路。商品数据分析的主要数据有商品的类别结构、品牌结构、价格结构、毛利结构、结算方式结构、产地结构等，从而产生商品广度、商品深度、商品淘汰率、商品引进率、商品置换率、重点商品、畅销商品、滞销商品、季节商品等多种指标。通过对这些指标的分析来指导企业调整商品结构，加强经营商品的竞争能力。

▶▶ 9.1.2 商品数据分析模型与主要指标

商品数据分析要依据业务系统提供的数据进行相关的项目分析，进而产生有价值的结果来指导企业的生产经营活动。这需要确定企业在销售数据分析过程中适用的维度、指标和分析方法，并将三者关联起来构造分析模型，再依据分析模型得到有价值的结果。维度指明了要从什么样的角度进行分析，也就是分析哪方面的内容，如商品、客户等。指标指明了对这个维度所要进行分析的项目，如数量、周转率、连带率、售罄率、毛利率等。分析方法指明了用什么样的方法去分析处理这个维度的指标，如统计分析、预测分析、优化分析等。电子商务数据分析的主要指标包括 SKU、SPU、商品数、商品访客数、商品浏览量、加购件数、收藏次数、流量下跌商品、支付下跌商品、低支付转化率商品、高跳出率商品、零支付商品、低库存商品。关于这些指标的具体解释和计算公式请参见本书附录 A。

9.2 商品需求与热度分析

▶▶ 9.2.1 商品需求分析

1. 商品需求分析的内容

根据选定的目标用户群进行抽样研究，通过记录某一特定类型用户的生活场景或业务使用来体验洞察用户的典型行为或生活习惯，了解他们在特定场景下的需求，再结合企业自身的能力，拓展业务创新的空间。

2. 商品需求分析的步骤

1）需求采集

在明确商品需求分析的目的后，需要收集商品需求分析资料。获取需求的方式根据来源渠道的差异可分为内部和外部两大类。内部包括 4 种渠道：基于调查者本人的从业经验和知识积累；与本部门和其他部门的同事充分沟通交流；向部门领导和主管领导请教询问；对相似或相关商品进行数据分析。外部也包括 4 种渠道：开展用户调查和听取用户反馈；对竞争性商品展开分析；对整体市场政策、资讯做出分析；征求合作伙伴的建议和意见。

2）需求分类

消费者对商品消费的基本需求包括以下几个方面。

（1）对商品基本功能的需求。基本功能指商品的有用性，即商品能满足人们某种需要的物质属性。商品的基本功能或有用性是商品被生产和销售的基本条件，也是消费者需要的基本内容。在通常情况下，基本功能是消费者对商品诸多需要的第一需要。如果商品不具备基本功能，即使商品质量优良、外形美观、价格低廉，消费者也难以产生购买欲望。

（2）对商品质量性能的需求。质量性能是消费者对商品基本功能达到满意或完善程度的要求，其通常以一定的技术性能指标来反映。消费者对商品质量的需要是相对的，一方面，消费者要求商品的质量与其价格水平相符，即不同质量有不同的价格，一定的价格水平必须有与其相称的质量；另一方面，消费者往往根据商品的实用性来确定其对质量性能的要求和评价。

（3）对商品安全性能的需求。消费者要求使用的商品卫生洁净、安全可靠、不危害身体健康。这种需求通常发生在对食品、药品、卫生用品、家用电器、化妆品、洗涤用品等商品的购买和使用中，是人类社会基本安全需要在消费需要中的体现。

（4）对商品便利程度的需求。这一需求表现为在对购买和使用商品的过程中，消费者对便利程度的要求。消费者要求商品的使用方法简单易学、操作容易、携带方便、便于维修。

（5）对商品审美功能的需求。这一需求表现为对商品在工艺设计、造型、色彩、装潢、整体风格等审美价值上的要求。消费者不仅要求商品具备实用性，而且要求其具备较高的审美价值。不同的消费者往往具有不同的审美标准，每个消费者都是按照自己的审美观来认识和评价商品的，因此对于同一商品，不同的消费者会得出完全不同的审美结论。

（6）对商品情感功能的需求。情感需求是消费者心理活动的表现，该需求指消费者要求商品能够蕴涵深厚的感情色彩，并体现个人的情绪状态，使之成为人际交往中感情沟通的媒介，起到传递和沟通感情、促进情感交流的作用。

（7）对商品社会象征性的需求。社会象征性指消费者要求商品体现和象征一定的社会意义，或者体现一定的社会地位，使购买、拥有该商品的消费者能够显示出自身的某些社会特性，如身份、地位、财富、尊严等，从而获得心理上的满足。对商品社会象征性的需求是高层次社会性需要在消费活动中的体现。

（8）对良好服务的需求。在对商品实体形成多方面需求的同时，消费者还要求享受到良好、完善的全过程服务。商品与服务已经成为不可分割的整体，而且服务在消费需求中的地位迅速上升，服务质量的优劣已成为消费者选择购买商品的主要依据。

3）需求分析

需求分析是从用户提出的需求出发，再转化为商品需求的过程，即对需求进行价值评估和量化，筛选不合理的需求，挖掘用户目标，匹配商品，对关联性较强的需求进行整合，最后定义排列需求的优先级。

4）需求评审

有了确切的需求方案之后可进行可行性评审。可行性评审完成的是对需求的全面评估，其主要包括需求本身的可行性、替代方案、涉及的产品或技术环节、成本估算等。

9.2.2 商品热度分析

商品热度搜索数据和指数能很好地反映消费者对需求商品进行网络搜索的方式。商家可以从中总结出相应的命名规律，然后通过优化关键词来命名自己的商品，以便让更多的客户容易搜索到网店的商品，从而促进客户下单，最终达成交易。为了更好地展示和统计商品的搜索热度，可以用直观数据条和图标集来展示对应的数据。下面以创建的 Excel 工作表为例，对热搜商品进行统计和分析，具体操作如下。

打开创建的“商品热搜”工作表。

选择 A3 单元格，在编辑栏中输入公式“=RANK.EQ（C3，$C$3:$C$19）”，保持 A3 单元格选择状态，将鼠标指针移动到右下角，待鼠标指针变成“+”形状时双击并下拉。RANK.EQ 函数的应用结果如图 9.1 所示。

选择 D 列并右击，在弹出的快捷菜单中选择“插入”选项，插入空白列。选择“C3:C19”单元格区域，按 Ctrl+C 组合键复制；选择“D3:D19”单元格区域，单击“粘贴”按钮粘贴数据，如图 9.2 所示。

	A	B	C	D
1	衬衫热搜排行榜			
2	排名	关键词	搜索指数	升降幅度
3	5	t恤男	1700.8	0.00%
4	2	衬衫	1988	0.00%
5	1	衬衫男	2489.6	0.00%
6	11	衬衫男短袖	1171	7.70%
7	8	衬衫男长袖	1274.5	22.20%
8	9	衬衣	1245.9	0.00%
9	15	衬衣男	1054.4	6.30%
10	14	短袖	1110	6.70%

图 9.1 RANK.EQ 函数的应用结果

	A	B	C	D	E
1	衬衫热搜排行榜				
2	排名	关键词	搜索指数	搜索指数	升降幅度
3	5	t恤男	1700.8	1700.8	0.00%
4	2	衬衫	1988	1988	0.00%
5	1	衬衫男	2489.6	2489.6	0.00%
6	11	衬衫男短袖	1171	1171	7.70%
7	8	衬衫男长袖	1274.5	1274.5	22.20%
8	9	衬衣	1245.9	1245.9	0.00%
9	15	衬衣男	1054.4	1054.4	6.30%
10	14	短袖	1110	1110	6.70%
11	4	短袖衬衫男	1733.2	1733.2	0.00%
12	16	短袖男	1039.9	1039.9	10.00%
13	12	男士t恤 短袖	1144.9	1144.9	16.70%
14	12	男士t恤 短袖	1144.9	1144.9	16.70%
15	6	男士衬衫	1307	1307	0.00%
16	3	男装	1891.8	1891.8	0.00%
17	10	雅戈尔	1183.5	1183.5	7.10%
18	7	衣服	1291.8	1291.8	10.00%
19	17	衣服男	974.2	974.2	9.10%

图 9.2 插入 D 列

选择“D3:D19”单元格区域，单击“开始”选项卡中的“条件格式”下拉按钮，选择“数据条”→“实心填充”→“绿色数据条”选项，如图 9.3 所示。

选择“D3:D19”单元格区域，单击“开始”选项卡中的“条件格式”下拉按钮，选择“管理规则”选项，打开“条件格式规则管理器”对话框；单击“编辑规则”按钮，打开“新建格式规则"对话框，勾选 "仅显示数据条"复选框，单击"确定"按钮，如图 9.4 所示。

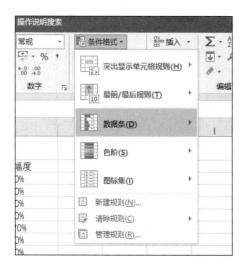

图 9.3　插入"数据条"　　　　　　　　　图 9.4　"新建格式规则"对话框

　　选择"E3:E19"单元格区域，单击"开始"选项卡中的"条件格式"下拉按钮，选择"新建规则"选项，如图 9.5 所示。

　　打开"新建格式规则"对话框，单击"格式样式"下拉按钮，选择"图标集"选项；单击"图标样式"下拉按钮，选择 3 个三角形图标样式，然后分别在第一个图标和第二个图标对应的"值"文本框中输入"0.001"和"0"，单击"确定"按钮，如图 9.6 所示。

图 9.5　选择"新建规则"　　　　　　　　　图 9.6　新建格式规则

　　选择"A3:E19"单元格区域，单击"开始"选项卡中的"升序和筛选"下拉按钮，选择"升序"选项，让整个搜索的数据按照升序方式整理排列，以便关键词的选择和优化，如图 9.7 所示。

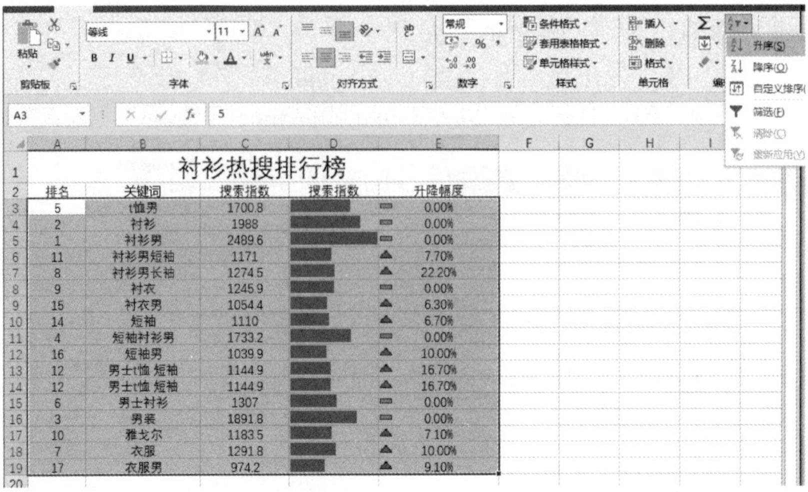

图 9.7   升序操作

关键词搜索热度排名的最终效果如图 9.8 所示。关键词是搜索量较多的搜索词，可以将搜索量上升比例最大的关键词或关键词组合用于店铺的商品命名。

	A	B	C	D		E
1			衬衫热搜排行榜			
2	排名	关键词	搜索指数	搜索指数		升降幅度
3	1	衬衫男	2489.6			0.00%
4	2	衬衫	1988			0.00%
5	3	男装	1891.8			0.00%
6	4	短袖衬衫男	1733.2			0.00%
7	5	t恤男	1700.8			0.00%
8	6	男士衬衫	1307			0.00%
9	7	衣服	1291.8			10.00%
10	8	衬衫男长袖	1274.5			22.20%
11	9	衬衣	1245.9			0.00%
12	10	雅戈尔	1183.5			7.10%
13	11	衬衫男短袖	1171			7.70%
14	12	男士t恤 短袖	1144.9			16.70%
15	12	男士t恤 短袖	1144.9			16.70%
16	14	短袖	1110			6.70%
17	15	衬衣男	1054.4			6.30%
18	16	短袖男	1039.9			10.00%
19	17	衣服男	974.2			9.10%

图 9.8   关键词搜索热度排名的最终效果

9.3   商品价格分析

9.3.1   商品定价分析

无论是线上商家还是线下商家，商品的定价都会影响销量。所以，在商品上架前，一定要综合分析多种因素为其量身定制一个合理的价格。影响商品定价的 6 种因素如下。

1. 评估和量化利益

在推广新产品时，企业应该准确地评估和量化其能带给消费者的利益，这些利益可能是功能性的（羽绒服的保暖性），可能是与过程有关的（在线购买或全天候人工服务呼叫中心），也可能是与关系有关的（品牌的情感关系或消费者忠诚度）。通过评估和量化利益，企业可以确定有效的价格上限，既可以从零开始为一种完全创新的产品确定价格上限，也可以相对于市场存在的其他产品确定价格上限。理论上的最高价格可能最终并不会被采用，原因有多种，如可能在那个价位上没有市场，也可能是那个价位为竞争对手留下了过多的进入空间或消费者实力强，要求分享更多的产品价值。但是在开始定价选择之前，知道封顶价格是很有必要的。

2. 衡量市场规模

为新产品限定价格边界的下一个因素是确定潜在市场规模。对潜在市场进行准确衡量不仅对估计产品的生存能力是必要的，而且是分析产品成本的基本要素。

3. 确定最低限价

以成本分析为基础确定正确的最低限价，这个价格应是由市场决定的价格底线。

4. 确定投放价格

新产品的定价界限确定后，企业开始建立具体的投放价格。新产品的投放价格（也称为目标价格）是企业希望市场能够接受的价格。从本质上来说，这个价格描述的是希望消费者感觉到的价格，特别是与竞争产品相比时感觉到的价格，通常是价目表价格、生产商建议的零售价格或其他先导价格。对定制的系统或产品来说，这个价格是对某种特定功能水平的产品可以预期的全部成本的感知。这个价格比广告、销售介绍或产品目录更有用，它会告诉市场，该企业认为这种产品值多少钱。

5. 预测竞争企业的反应

对改进产品或模仿产品来说，企业必须清楚地评估其他竞争企业可能做出的反应，避免新产品的价格损害企业和整个行业的价值。很少有竞争企业能够立即推出新产品来匹配对手提供的利益，因此他们捍卫市场的唯一选择就是降价，但过低的投放价值可能会激起一场价格战。

6. 进入市场

企业在推出新产品时，需要利用巧妙的沟通方式向市场介绍价格。尤其是创新产品，企业必须将新产品的利益清楚地交代给市场，因为市场对新产品总是持怀疑态度的。但是无论新产品面临着什么样的定位，企业必须注意，不要因为错误地执行定价政策而破坏其向市场发出的价值信号。

▶▶ 9.3.2　商品定价分析算例

店铺在售卖商品时，面对的不仅是客户，而且要考虑到行业和市场竞争。所以，在为商品定价之前，可以先对行业或竞争对手的商品价格及对应成交量进行分析，然后确定自身商品的定价范围，从而赢得客户，促进交易成交。

下面以"商品定价"工作簿为例，应用 Excel 中的 SUMIFS 函数对行业或竞争对手的商品价格及对应成交量进行统计，并制作面积图进行展示，具体操作如下。

打开"商品定价"工作表，在"F1:O1"单元格区域中输入相应的价格范围，这里以 50 为单位（根据表格中已有的报价数据确定），设置字体为"Times New Roman"，字号为"11"，单击"加粗"按钮，如图 9.9 所示。

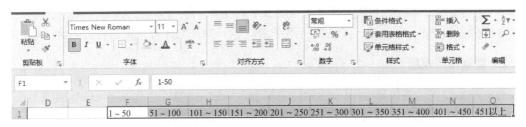

图 9.9   设置数据区间格式

保持"F1:O1"单元格区域选择状态，单击"开始"选项卡中的"填充颜色"下拉按钮，选择"主题颜色"→"橙色，个性色 2，深色 25%"，如图 9.10 所示。

单击"字体颜色"下拉按钮，选择"主题颜色"→"白色，背景 1"，如图 9.11 所示。

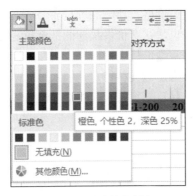

图 9.10   设置填充颜色

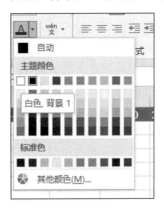

图 9.11   设置字体颜色

选择 F2 单元格，在编辑栏中输入"=SUMIFS（C2:C32,B2:B32,">=1",B2:B32,"<=50"）"。
选择 G2 单元格，在编辑栏中输入"=SUMIFS（C2:C32,B2:B32,">=51",B2:B32,"<=100"）"。
选择 H2 单元格，在编辑栏中输入"=SUMIFS（C2:C32,B2:B32,">=101",B2:B32,"<=150"）"。
选择 I2 单元格，在编辑栏中输入"=SUMIFS（C2:C32,B2:B32,">=151",B2:B32,"<=200"）"。
选择 J2 单元格，在编辑栏中输入"=SUMIFS（C2:C32,B2:B32,">=201",B2:B32,"<=250"）"。
选择 K2 单元格，在编辑栏中输入"=SUMIFS（C2:C32,B2:B32,">=251",B2:B32,"<=300"）"。
选择 L2 单元格，在编辑栏中输入"=SUMIFS（C2:C32,B2:B32,">=301",B2:B32,"<=350"）"。
选择 M2 单元格，在编辑栏中输入"=SUMIFS（C2:C32,B2:B32,">=351",B2:B32,"<=400"）"。
选择 N2 单元格，在编辑栏中输入"=SUMIFS（C2:C32,B2:B32,">=401",B2:B32,"<=450"）"。
选择 O2 单元格，在编辑栏中输入"=SUMIF（B2:B32,">=451",C2:C32）"。

选择"F2:O2"单元格区域，单击"开始"选项卡，单击"数字"功能组中的"数字格式"下拉按钮，选择"会计专用"选项。SUMIFS 函数的应用结果如图 9.12 所示。

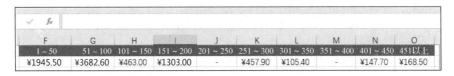

	F	G	H	I	J	K	L	M	N	O
	1～50	51～100	101～150	151～200	201～250	251～300	301～350	351～400	401～450	451以上
	¥1945.50	¥3682.60	¥463.00	¥1303.00	-	¥457.90	¥105.40	-	¥147.70	¥168.50

图 9.12　SUMIFS 函数的应用结果

选择"F1:O1"单元格区域，单击"插入"选项卡中的"面积图"按钮，选择"面积图"，如图 9.13 所示。

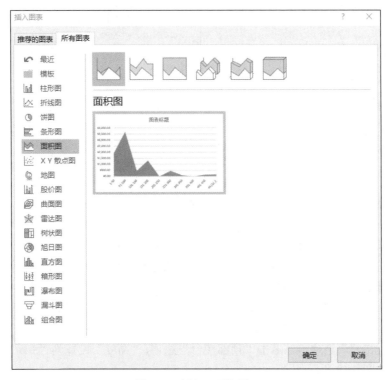

图 9.13　插入"面积图"

选择整个图表，在"设计"功能组中选择"样式 11"，如图 9.14 所示。

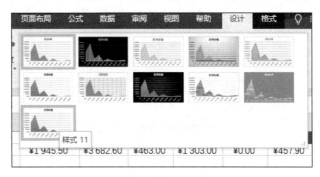

图 9.14　选择"布局"和"样式"

双击水平坐标轴，打开"设置坐标轴格式"对话框，单击"坐标轴选项"下拉按钮，选中"刻度线之间"单选按钮，单击"关闭"按钮，如图9.15所示。

右击数据列，在弹出的快捷菜单中选择"添加数据标签"选项，如图9.16所示。

图9.15　设置坐标轴格式

图9.16　添加数据标签

将图表移动到合适位置，调整图表宽度（将鼠标指针移到右侧的控制柄上，待鼠标光标变成水平双向箭头时，按住鼠标左键不放，调整宽度直到所有横坐标轴的区域数字水平展示完全），在图表中输入图表标题"睡袋价格和成交量分析"，如图9.17所示。

在图表中选择数据系列，然后右击，在弹出的快捷菜单中选择"设置数据系列格式"选项，弹出"设置数据系列格式"对话框，单击"填充"选项卡，选中"纯色填充"单选按钮；单击"颜色"下拉按钮，选择"橙色，着色2，深色25%"选项，设置"透明度"为"69%"，如图9.18所示。

单击"三维格式"选项卡，单击"顶部棱台"选项，"高度"设置为"3磅"，"宽度"设置为"2.5磅"，如图9.19所示。

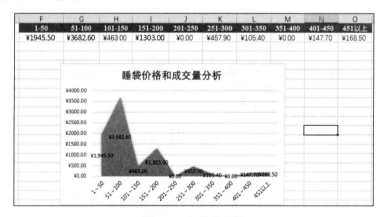

图9.17　初始效果图

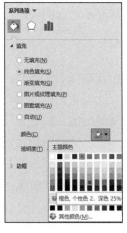

图 9.18　设置"填充"

图 9.19　设置"三维格式"

选择整个图表，单击"布局"选项卡中的"网格线"下拉按钮，选择"主要横网格线"→"无线条"选项，如图 9.20 所示。

商品定价分析的最终效果如图 9.21 所示。

图 9.20　删除横网格线

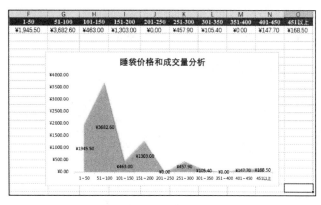

图 9.21　商品定价分析的最终效果

✎ 9.4　商品组合分析

▶▶ 9.4.1　商品组合的基础知识

商品组合又称为商品经营结构，指一个企业经营的全部商品的结构，即各种商品线、商品项目和库存量的有机组成方式。商品组合一般由若干个商品系列组成，而商品系列是密切相关的一组商品。有的商品系列是由其中的商品均能满足消费者的某种同类需求而组成的，如替代性商品（牛肉和羊肉）；有的商品是其中的商品必须配套在一起使用或售给同类顾客，如互补性商品（手电筒与电池）；还有的商品可能同属一定的价格范围，如特价商品。商品系列又由若干个商品项目组成，商品项目是企业商品销售目录上的具体品名和型号。

商品组合的内容包括商品组合的广度、商品组合的深度和商品组合的关联性。

1. 商品组合的广度

商品组合的广度指一个企业经营商品大类的多少。企业经营的商品大类多，称为商品组合比较宽；企业经营的商品大类少，称为商品组合比较窄。选择比较宽的商品组合，其优点是可以充分发挥资源潜力，扩大市场面，增加销售额和利润额，同时分散和降低企业的经营风险，增强企业的应变能力；但是较宽的商品组合也存在摊子过大、资源分散的缺点，若经营管理水平跟不上，容易造成经营上的混乱，从而降低企业信誉和经济效益。选择比较窄的商品组合，其优点是可以使企业集中力量经营，有利于降低流通费用，形成企业经营特色；但是较窄的商品组合不利于分散经营风险，缺乏应变能力。

2. 商品组合的深度

商品组合的深度指企业内每个商品系列中商品项目的多少。商品系列中的商品项目多，表示商品组合比较深；反之，表示商品组合比较浅。选择比较深的商品组合，商品的品种多，可以适应更多顾客的不同爱好和特殊需求，有利于提高服务质量和应变能力，但是成本可能有所提高；选择比较浅的商品组合，商品品种少，却可以适应少数顾客大批量订货的需要，有利于降低成本和发挥企业专长，但是企业的应变能力则要相对降低。

3. 商品组合的关联性

商品组合的关联性指一个企业的各商品大类在最终使用、销售渠道、销售方式等方面的密切相关程度。不同的企业，由于其具体情况不同，因此在商品组合的关联性上也有不同的选择。一般情况下，中小企业加强商品组合的关联性是比较有利的，有利于增强企业的市场地位，提高企业的专业化水平和声望，也有利于提高企业的经营管理水平。但是，某些综合型大企业的各商品大类之间的关联性较小，而商品组合的深度比较深。

随着市场竞争日益激烈，一方面要求商家小批量、多品种的经营，以适应消费需求日益变化的需要；另一方面要求市场专业化经营，来满足某顾客群的各种需要。因此，商家要善于分析经营环境，充分发挥现有资源优势，针对消费者的发展变化趋势，寻找并调整最佳或最合理的商品组合。

▶▶ 9.4.2 商品组合的方法和原则

1. 商品组合的方法

商品组合的具体方法如下。

（1）按消费季节组合。例如，在夏季可组合"灭蚊蝇"的商品群，并开辟出一个专区销售；在冬季可组合滋补品商品群、火锅料商品群；在旅游季可推出旅游食品和用品的商品群等。

（2）按节庆日组合。例如，在中秋节组合各式月饼系列的商品群；在重阳节推出老年人补品和用品的商品群；也可以根据每个节庆日的特点组合适宜的礼品商品群等。

（3）按消费便利性组合。根据城市居民生活节奏加快、追求便利性的特点，可推出微波炉食品系列、组合菜系列、熟肉制品系列等商品群，并设立专区销售。

（4）按商品用途组合。在家庭生活中，许多用品可能分属不同的部门和类别，但在使用中往往没有这种区分，如厨房系列用品、卫生间系列用品等，都可以用新的组合方法推出新的商品群。

【知识应用】

京东家装节

京东家装节是京东商城每年 2 届的大型促销让利活动。春季、秋季分别为家装的旺季，家装节也适时在这两个时间节点举行，春季通常是 3~4 月，秋季通常是 9~10 月。京东家装节的促销方式非常多元化，不仅有秒杀、疯抢、品类特促、大牌展示等板块，而且会加入满减、满返、送京豆、送优惠券、送赠品、套装折扣促销等让利形式，以最大化地满足消费者在京东商城上进行家电一站式购物的需求。

2. 商品组合的原则

商品组合应遵循 6 个主要原则：正确的产品、正确的数量、正确的时间、正确的质量、正确的状态及正确的价格。

1）正确的产品

正确的产品首先是在整个计划中，商品组合是否合理、商品的广度和深度的结合是否可以完全满足顾客的需求；其次是选择的商品是否在国家法律法规允许销售的范围内；最后是这些商品是否符合本企业的价值观、企业形象及企业政策，这点对企业品牌会有很大的影响，所以一些知名企业会把不符合企业政策的商品拒之门外，即便是畅销商品。

2）正确的数量

正确的数量指提供的商品数量是否合理，商品的广度和深度的结合是否平衡。也就是说，在满足顾客选择性需求的同时，不会造成品种过多和重复。首先，对顾客来说，品种过多或重复会使顾客无法有效地进行购买决策，或者花费太多时间做决策而没有足够的时间购买其他商品，两者都会给企业带来销售损失。其次，销售空间和人力资源是有限的，过多或重复 SKU（最小存货单位）会造成资源浪费和增加运营费用。最后，SKU 过多或重复的结果是某些商品滞销，造成库存过多。所以，商品的数量一定要根据顾客的实际需要及库存水平综合决定，并分解到具体的小分类中，以保证整体的数量及各小分类的数量分配都是优化和平衡的。

3）正确的时间

正确的时间指商品组合要掌握时间性，其应符合以下 3 个方面的要求。

（1）季节性。整个商品组合必须有明确的季节性，商品本身应向顾客传递强烈的季节性信息。例如，夏天来临，是否有充足的沙滩用品和消暑产品，这种季节性的气氛能有效地引起顾客购买的冲动。

（2）对市场趋势和市场变化的捕捉。商品组合是否符合市场的潮流趋势、顾客的喜好变化等，并且对一些突发事件是否有及时和积极的应对。例如，在新冠肺炎疫情时期，是否第一时间增加口罩、酒精等相关产品的供应。另外，是否对一些特别的事件有充分的准备，如在奥运会前，配合奥运主题的商品是否准备好。

（3）在合适的产品生命周期引进新产品。不是任何新产品都适合马上引进，而是要视企业目标顾客对新产品的认知及接受程度来决定，否则会由于没有有效的需求造成新产品滞销和库存积压。例如，对于一些技术含量较高的电器产品，在刚投入市场时，大型超市就不适合马上引进。由于此时只有少量非常关注新技术、追求新体验的消费者会购买这类新产品，而通常大型超市的目标顾客并不是这类消费群体，而且大型超市在人员及环境方面可能都不具备进行介绍和推广这类新产品的条件，所以大型超市应在产品达到成长期阶段再引进。此时产品已被普遍认知，目标顾客开始产生大量需求且不需要太多的介绍即可进行选择和购买。

4）正确的质量

质量包括产品的安全性、可靠性及质量等级。

（1）企业销售的任何商品都必须保证对消费者的生命和财产不存在安全隐患，所以在选择产品的时候必须要对产品的安全性进行全面评估，要求供应商提供相关的证明文件或安全认证等。例如，电器产品必须要有 3C 认证（中国强制性产品认证），有时企业还可以对产品安全提出更高的要求，以保障顾客及企业的利益。随着食品安全事件的不断发生，消费者对食品卫生的关注程度越来越高，销售企业在选择食品的时候应该保持严格的标准，这对顾客和企业都是一种负责任的做法。

（2）产品的使用功能及可靠性也需要进行评估，如果产品本身存在缺陷，无法提供其宣称的功能，那么作为负责任的零售商不应该让这类产品流入自己的店铺，以免损害消费者的利益和企业的形象。

（3）对于产品质量等级的选择，应考虑产品的性价比及目标消费群体的需求。

5）正确的状态

状态指产品的自然状态或物理状态。很多产品由于其本身的特点，对贮存和售卖环境及销售人员有特殊的要求，因此应考虑店铺的环境、设备、人员、安全、陈列、空间等各方面是否有能力销售该商品。例如，是否有足够的冷藏柜存放冷冻食品；产品的包装是否适合物流运输的要求，以及是否会影响店铺的营运效率及增加管理费用等。另外，产品的包装及标签等都应符合相关法规，以保证产品质量在正常情况下保持稳定。

6）正确的价格

整个商品组合的价格应从顾客、竞争对手、供应商的价格政策及企业自身的定价策略 4 个方面进行综合考虑。有两点要特别注意，第一是定价的时候要考虑顾客对该商品的价格敏感度及该商品的需求价格弹性（价格变化对销售量的影响程度）；第二是不但要考虑单个商品，而且要考虑整个类别商品的整体价格形象和综合利润率，对不同角色的商品应有不同的定价机制，在保证良好价格形象的同时保持合理的利润水平。

上述 6 个原则是相互结合、缺一不可的，店铺在做商品组合计划及日常管理的过程中都应遵循这些基本原则，而了解顾客需求、保持顾客导向是这些原则产生的基础。

▶▶ 9.4.3　基于关联规则的商品组合方法

关联规则（Association Rules）指在大量数据中，迅速找出各事物之间潜在的、有价值的关联，然后用规则表示出来，经过推理、积累形成知识后，得出重要的相关联的结论，从而为当前市场经济提供准确的决策手段。

1. 关联规则算法的相关概念

关联规则算法如下。

（1）项集和候选项集。项集 Item={Item1, Item2,…, Itemm}；TR 是事物的集合，TR⊂Item，并且 TR 是一个{0,1}属性的集合。集合 k_Item={Item1, Item2,…, Itemk}称为 k 项集。假设 DB 包含 m 个属性（A, B,…, M）；1 项集 1_Item={{A}, {B},…, {M}}，共有 m 个候选项集；2 项集 2_Item={{A, B}, {A, C},…,{A, M}, {B, C},…, {B, M}, {C, D},…,{L, M}}，共有[m×(m-1)/2]个项集；3 项集 3_Item={{A, B, C}, {A, B, D},…,{A, B, M}, {A, C, D}, {A, C, E},…, {B, C, D}, {B, C, E},…, {B, C, M},…, {K, L, M}}；依次类推，m 项集 m_Item={A, B, C,…, M}，有 1 个候选项集。

（2）支持度。支持度 support 可简写为 sup，其指某条规则的前件或后件对应的支持数与记录总数的百分比。假设 A 的支持度是 sup(A)，sup(A)=|{TR|TR⊇A}|/|n|；A⇒B 的支持度 sup(A⇒B) = sup(A∪B) =|{TR|TR⊇A∪B}|/|n|。其中，A∪B 表示 A 和 B 同时出现在一条记录中，n 是 DB 中的总的记录数目。

（3）可信度。可信度 confidence 可简写为 conf，规则 A⇒B 具有可信度 conf(A⇒B)表示 DB 中包含 A 的事物同时包含 B 的百分比。可信度是 A∪B 的支持度 sup(A∪B)与前件 A 的支持度 sup(A)的比值：conf(A⇒B)=sup(A∪B)/sup(A)。

（4）强项集和非频繁项集。如果某 k 项候选项集的支持度大于或等于设定的最小支持度阈值，则称该 k 项候选项集为 k 项强项集（Large k-itemset）或 k 项频繁项集（Frequent k-itemset）。同时，支持度小于最小支持度的 k 项候选项集称为 k 项非频繁项集。频繁项集的反单调性定理：设 A，B 是数据集 DB 中的项集，若 A 包含于 B，则 A 的支持度大于 B 的支持度；若 A 包含于 B，且 A 是非频繁项集，则 B 也是非频繁项集；若 A 包含于 B，且 B 是频繁项集，则 A 也是频繁项集。

（5）关联规则。若 A，B 为项集，A⊂Item，B⊂Item，并且 A∩B=∅，则一个关联规则是形如 A⇒B 的蕴涵式。当前的关联规则算法普遍基于 support-confidence 模型。支持度是项集中包含 A 和 B 的记录数与所有记录数之比，其描述了 A 和 B 这两个物品集的并集 C 在所有事务中出现的概率有多大，这说明了关联规则的有用性。关联规则 A⇒B 在项集中的可信度指在出现了物品集 A 的事务 T 中，物品集 B 同时出现的概率有多大，这说明了关联规则的确定性。产生关联规则，即从强项集中产生关联规则。在最小可信度的条件下，若强项集的可信度满足最小可信度，称此 k 项强项集为关联规则。例如，若{A,B}为 2 项强项集，同时 conf(A⇒B)大于或等于最小可信度，即 sup(A∪B)≥min_sup 且 conf(A⇒B)≥min_conf，则称 A⇒B 为关联规则。

2. 关联规则算法的步骤

R.Agrawal 等人在 1993 年设计了一个 Apriori 算法，这是一种最具影响力的挖掘布尔关联规则频繁项集的算法，其核心是基于两阶段的频繁项集思想的递推算法。该关联规则在分类上属于单维、单层、布尔关联规则。该算法将关联规则挖掘分解为以下两个步骤。

第一步：找出存在于事务数据库中的所有频繁项集，即那些支持度大于用户给定支持度阈值的项集。

第二步：在找出的频繁项集的基础上产生强关联规则，即产生那些支持度和可信度分别大于或等于用户给定的支持度和可信度阈值的关联规则。

在上述两个步骤中，第二步相对容易些，因为它只需要在已经找出的频繁项集的基础上列出所有可能的关联规则即可。同时满足支持度和可信度阈值要求的规则被认为是有趣的关联规则。但由于所有的关联规则都是在频繁项集的基础上产生的，因此已经满足了支持度阈值的要求，所以只需要考虑可信度阈值的要求即可。只有那些大于用户给定的最小可信度的规则才能被留下来。第一步是挖掘关联规则的关键步骤，挖掘关联规则的总体性能由第一步决定，因此，所有挖掘关联规则的算法都是着重研究第一步的。

3. 利用关联规则算法计算商品组合的实例

根据某淘宝零食店铺的 5 条客户购物清单记录（见表 9.1），设最小支持度为 40%，最小可信度为 60%，计算基于 Apriori 算法的频繁项集（过程见表 9.2）和关联规则。

表 9.1　5 条客户购物清单记录

记 录 号	购 物 清 单
401	咖啡，果酱，面包，干果，香肠
402	果酱，香肠
403	咖啡，牛奶，香肠
404	咖啡，薯片，香肠
405	咖啡，面包，牛奶

表 9.2　频繁项集计算过程

候 选 项 集	频 繁 项 集
1 项候选项集 C1	1 项频繁项集 L1
咖啡　4 香肠　4 果酱　2 面包　2 干果　1 牛奶　2 薯片　1	咖啡　4 香肠　4 果酱　2 面包　2 牛奶　2
2 项候选项集 C2	2 项频繁项集 L2
咖啡，香肠　3 咖啡，果酱　1 咖啡，面包　2 咖啡，牛奶　2 香肠，果酱　2 香肠，面包　1 香肠，牛奶　1 果酱，面包　1 果酱，牛奶　0 面包，牛奶　1	咖啡，香肠　3 咖啡，面包　2 咖啡，牛奶　2 香肠，果酱　2

续表

候 选 项 集	频 繁 项 集
3 项候选项集 C3	3 项频繁项集 L3

3 项候选项集 C3

咖啡，香肠，面包	1
咖啡，香肠，牛奶	1
咖啡，面包，牛奶	1
咖啡，香肠，果酱	1

3 项频繁项集 L3

空集

表 9.2 通过 L2 进行连接，形成 3 项候选项集，但因为 C3 集合中的每个项集都有非频繁子集，所以该 3 项候选项集应被剪掉，L3 为空；最大频繁项集为 L2。

由 L2 形成的可能关联规则如下：①咖啡⇒香肠，conf=3/4=75%；②香肠⇒咖啡，conf=3/4=75%；③咖啡⇒面包，conf=2/4=50%；④面包⇒咖啡，conf=2/2=100%；⑤咖啡⇒牛奶，conf=2/4=50%；⑥牛奶⇒咖啡，conf=2/2=100%；⑦香肠⇒果酱，conf=2/4=50%；⑧果酱⇒香肠，conf=2/2=100%。

因为最小可信度为 60%，所以关联规则为①、②、④、⑥、⑧。从这 5 条关联规则可以发现：咖啡和香肠、面包和咖啡、牛奶和咖啡、果酱和香肠是 40%的消费者在 60%的情况下可能会同时购买的商品，因此应采取有效的组合营销策略以提高销量。

9.4.4　商品组合的营销策略

商品组合的营销策略指企业针对目标市场对商品组合的广度、深度及相关性进行决策，以达到商品组合的最优化。下面介绍几种常见的商品组合营销策略。

1. 扩大商品组合

扩大商品组合的深度和广度，也就是增加商品经营的大类，增添商品经营的品种，扩展经营范围。具体地说，扩大商品组合的方法有以下 3 种策略。

（1）垂直多样化，即向商品组合深度发展的策略。企业不对现有的商品组合增加商品大类，而是在原有的商品大类上不断地增加新品种。

（2）相关横向多样化。根据企业的经营能力对商品组合加以拓宽，即根据关联性原则，增加一个或几个商品大类。

（3）无相关横向多样化，即扩展商品组合宽度的策略。但这种策略强调的不是经营与原来商品大类相关的商品，而是发展与原来商品大类无关的商品。

2. 缩减商品组合

企业为了更好地节约资源，发挥核心优势，可能会取消一些商品大类或商品项目，从而集中力量销售潜力可观的商品。缩减商品组合的策略如下。

（1）有限的商品大类。企业根据自身的特点，将全部力量集中于有限的几类商品或一类商品上，实行专门经营，以提高企业的知名度和销售量。

（2）缩减商品项目。这种策略主张经营的商品项目少、服务质量高，通过削减一些不适销的商品项目，集中力量经营畅销商品来提高经营效益。

3. 高档商品组合策略和低档商品组合策略

高档商品组合策略指增加高档商品，相对减少低档商品，使商品系列趋向高档化，这有利于提高企业的声誉和盈利能力。低档商品组合指增加低档商品，相对减少高档商品，使商品系列趋向大众化，这有利于吸引众多的普通消费者，扩大市场占有率。

4. 调整商品组合策略和商品异样化策略

调整商品组合指对企业经营的某些商品进行调整和改善，以提高质量、增加新功能，为消费者带来新效用，从而增强企业的竞争力。商品异样化也称为商品差别化，指企业将同种性能的商品标以新奇的标志或采用新颖的宣传促销方法来表示与竞争对手的商品不同。

9.5 用户特征与体验分析

▶▶ 9.5.1 用户特征分析

1. 用户特征分析的目的

按用户的价值观和生活形态特征对其进行分群，形成具有典型性的细分群组，并且总结提炼出该群组用户的一般特征，清晰定位目标市场与目标用户群体，以指导产品开发和创新。用户特征分析的目的主要是解决目标用户是谁、市场预期容量有多大等问题。在设计用户特征分析内容的过程中，一切围绕用户，以用户为中心，了解用户的需求，采集用户的特征信息，并倾听用户的需求、想法、产品使用方式等相关内容。根据研究目的，确定用户特征分析的内容，做好关于用户年龄、地域、消费能力、消费偏好等数据的收集与整理工作，并赋予不同的人群标签。

2. 用户特征分析的内容与步骤

用户特征分析的内容与步骤如下。

（1）列出主要用户。分析用户的参与情况或活跃程度，用户不仅指个人消费者，还可以是部门单位或机构等。

（2）收集用户信息。对用户的真实情况进行深入研究，了解他们是什么样的用户，他们有什么目的和需求，以及如何为他们设计店铺和采购商品；对电商网站用户和电商 App 用户进行基础数据、行为数据、交易数据等全面的数据采集；把握转化率和流失率两个互补型指标（具体指标参见附录 A），得出用户行为状态及各阶段用户转化率的情况。

（3）列出用户的关键特征。列出每组用户的相关特征，对用户的属性、偏好、生活习惯、行为等信息抽象生成标签化的用户模型并作为用户画像。

【知识拓展】

个性化推荐系统：千人千面

千人千面指用不同账号搜索相同关键词，展示的页面呈现不同的商品排序结果。该功能是电商平台的推荐系统根据登录账号对应的用户偏好进行多维度计算，包括性别、购买力、店铺、浏览记录、搜索习惯、历史购买订单类型等，并将对用户偏好的计算结果引入搜索排序和推荐算法之中。千人千面不需要卖家设置，系统会自动推荐给用户。个性化的推荐算法基于对用户特征的精准分析，搜索识别买家的喜好和卖家的货品特征，在买家和卖家之间搭建买家—商品、买家—店铺的匹配平台，从而将符合店铺定位的用户引导进店。

▶▶ 9.5.2　用户体验分析

1. 用户体验的含义

用户体验（User Experience，UE）是用户在使用产品的过程中建立起来的一种主观感受。ISO 9241-210 标准将用户体验定义为"人们对使用或期望使用的产品、系统或服务的认知印象和回应，即用户在使用一个产品或系统之前、使用期间和使用之后的全部感受，包括情感、信仰、喜好、认知印象、生理和心理反应、行为和成就等各个方面"。该说明还列出了 3 个影响用户体验的因素：系统、用户和使用环境。对一个界定明确的用户群体来讲，其用户体验的共性是能够经由良好的设计实验来认识得到的。

2. 用户体验的分析内容

用户体验中有可以量化的部分，也有不可以量化的部分。量化用户体验的实质是评价产品的可用性。根据 ISO 9241 的定义，产品的可用性指产品在特定使用环境下为特定用户用于特定用途时所具有的有效性（Effectiveness）、易用性（Usability）和用户主观满意度（Satisfaction）。

（1）有效性。有效性与产品策划相关，指产品包含的功能是否能满足用户的需求。用户的需求包括显性需求和隐性需求，显性需求指主需求和关联需求，而隐性需求指潜在需求。那么，在提高产品的有用性方面，是不是满足的需求越多就越好呢？显然不是，需求要满足到什么程度，应结合产品的易用性进行权衡，即找到一个合适的点。满足的需求太多会导致产品变得"臃肿"，从而对其性能和用户的认知、操作带来负面的影响。对一个产品的有效性进行评估是一件比较困难的事情，它要求企业对该产品或与它相似的产品有深入的研究。

（2）易用性。提高产品的易用性是交互设计师的工作。易用性包含易学性和效率性。易学性指用户在接触一个新产品时，最好不用学习也能懂得怎么使用，也就是很多人所说的用起来很"自然"，其真正的内涵是产品的设计要符合用户的心智模型。效率性的内涵包括易于操控、步骤简便、清晰的导航与指引。

（3）用户主观满意度。用户最大的满意度源于产品为其提供的价值（有用性和易用性），但除此之外还包括产品在性能、视觉等方面的体验。性能指产品对用户操作的响应速度、出错的频率及严重程度；视觉指由眼球直接获取的愉悦，加之给予用户一些惊喜或意想不到的情感触动，形成多维度的情感化设计，让用户与产品发生情感关联。

3. 用户体验的分析方法

1）定性分析

对用户体验进行定性分析，可采取访谈法、观察法、启发式评估、用户体验地图等方法。

（1）访谈法。用提问交流的方式了解用户体验的过程就是访谈。访谈内容包括产品的使用过程、使用感受、品牌印象、个体经历等。访谈是众多分析方法的基础，通过访谈获得的内容可以被筛选并组织起来形成强有力的数据。

（2）观察法。观察法是邀请若干典型用户在用户体验设计师的观察和交流下完成设定的操作任务（最好能够对场景和用户分别进行观察），并对测试过程中用户的生理暗示（动作、神态）、语言反馈和操作流畅度进行分析，从而发现产品设计的问题。

（3）启发式评估。若干用户体验设计方面的专家以角色扮演的方式模拟典型用户使用产品的场景，然后利用自身的专业知识进行分析和判断，从而发现潜在的问题。

（4）用户体验地图（Customer Journey Map，CJM）。在时间框架下填入用户的目标和行为，随后填入用户的感受和想法，当用户信息逐渐完善后，再通过视觉化的方式予以呈现。利用Microsoft PowerPoint 绘制通用的用户体验地图框架，如图 9.22 所示。用户体验地图一般包含以下 3 部分。①用户：分阶段的用户画像（Persona）；用户目标/用户需求（User Goals/Needs）；②用户和产品：行为（Doing）、想法（Thinking）、情绪曲线（Feeling/Experience）；③产品机会：痛点（Pain Point）、机会点（Opportunities）。针对具体问题可对用户体验地图中的内容进行组合调整。

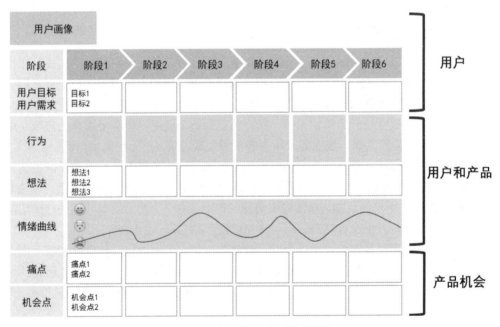

图 9.22 通用的用户体验地图框架

针对网络金融产品，利用 Microsoft PowerPoint 绘制用户体验地图，如图 9.23 所示。

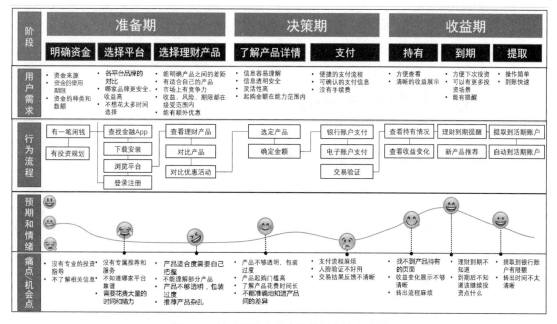

图 9.23　针对网络金融产品的用户体验地图

2）定量分析

采取问卷调查的方法对用户体验进行定量分析，如用户的满意度调查、用户体验调查等。

（1）满意度调查。该方法在测量上大都借鉴具有代表性且认可度较高的顾客满意度测量模型，如顾客满意度指数模型（American Customer Satisfaction Index，ACSI）、服务质量缺口模型（PZB 模型）[①]及 Kano 二维品质模型（Kano 模型）、四分图模型等；对于服务质量的测量可参考 SERVQUAL（Service Quality 的缩写）量表。其中，PZB 模型如图 9.24 所示。

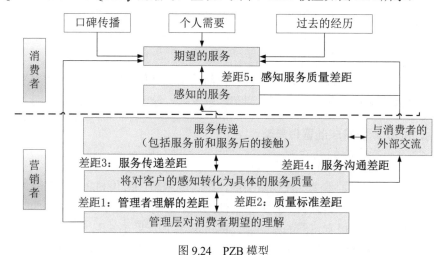

图 9.24　PZB 模型

[①] 服务质量缺口模型（又称为 PZB 模型）是由 A. Parasuraman、Valarie A Zeithamal 和 Leonard L Berry 三位学者提出的，因此以三位学者的姓氏首字母而命名。

（2）用户体验调查。UEQ（User Experience Questionnaire）量表是由 SAP 公司开发的一套快速定量评估交互产品的用户体验工具。用户在问卷上表达出他们在使用产品和服务中的感受、印象和态度，然后问卷可以通过 Excel 自动生成关于用户体验的多个方面的量化表。

9.6 商品生命周期分析

▶▶ 9.6.1 商品生命周期基础知识

1. 商品生命周期的含义

商品生命周期（Product Life Cycle，PLC）指商品的市场寿命。一种商品进入市场后，它的销量和利润会随时间的推移而改变，总体呈现一个由少到多、再由多到少的过程。

2. 商品生命周期的阶段

（1）投入期。新商品一投入市场便进入投入期。此时，顾客对商品还不了解，只有少数追求新奇的顾客可能会购买，因此销量低。为了拓展销路，需要大量的促销费用对商品进行宣传。在这一阶段，由于技术方面的原因，产品不能大批量生产，因此成本高，销售额增长缓慢，企业不但得不到利润，反而可能亏损，而商品也有待进一步完善。

（2）成长期。这时，顾客对产品已经足够熟悉，大量的新顾客开始购买，市场逐步扩大，产品大批量生产，生产成本相对降低，企业的销售额迅速上升，利润也迅速增长。竞争者看到有利可图，于是纷纷进入市场参与竞争，使同类产品供给量增加，价格随之下降，企业利润增长速度逐步减慢，最后达到整个周期的利润最高点。

（3）饱和期。市场需求趋向饱和，潜在的顾客已经很少，销售额增长缓慢直至下降，这标志着商品进入了成熟期。在这一阶段，竞争逐渐加剧，产品售价降低，促销费用增加，企业利润下降。

（4）衰退期。随着科技发展，新产品或替代品的出现将使顾客的消费习惯发生改变，从而转向其他产品，使原来的产品的销售额和利润迅速下降，导致该商品进入衰退期。

3. 商品生命周期各阶段的营销策略

1）投入期的市场营销策略

投入期的特征是产品销量少，促销费用高，制造成本高，销售利润很低甚至为负值。根据这一阶段的特点，企业应努力做到：投入市场的产品要具有针对性；进入市场的时机要合适；设法把销售力量直接投向最有可能的购买者，使市场尽快接受该产品，以缩短投入期，更快地进入成长期。若将价格高低与促销费用高低结合起来考虑，则投入期的营销策略有以下 4 种。

（1）快速撇脂策略：以高价格、高促销费用推出新产品。实行高价策略可在每单位销售额中获取最大利润，以尽快收回投资；高促销费用能够快速建立知名度，从而占领市场。实施这一策略须具备以下条件：产品有较大的需求潜力；目标顾客求新心理强，急于购买新产品；企业面临潜在竞争者的威胁，需要及早树立品牌形象。一般而言，在产品投入阶段，只要新产品比替代产品有明显优势，市场对其价格就不会那么计较。

（2）缓慢撇脂策略：以高价格、低促销费用推出新产品。这样做的目的是以尽可能低的费用开支求得更多的利润。实施这一策略的条件是市场规模较小，产品已有一定的知名度，目标顾客愿意支付高价，潜在竞争的威胁不大。

（3）快速渗透策略：以低价格、高促销费用推出新产品。这样做的目的在于先发制人，以最快的速度打入市场，以取得尽可能大的市场占有率，然后随着销量和产量的扩大，使单位制造成本降低，最后取得规模效益。实施这一策略的条件是该产品市场容量相当大，潜在消费者对产品不了解，且对价格十分敏感，潜在竞争较为激烈，产品的单位制造成本可随生产规模和销量的扩大而迅速降低。

（4）缓慢渗透策略：以低价格、低促销费用推出新产品。低价格可扩大销售，低促销费用可降低营销成本，增加利润。实施这一策略的条件是市场容量很大，市场上该产品的知名度较高，市场对价格十分敏感，存在某些潜在的竞争者，但威胁不大。

2）成长期的市场营销策略

新产品经过市场投入期后，消费者对该产品已经熟悉，消费习惯也已经形成，销量迅速增长，这时新产品进入成长期。针对成长期的特点，企业为维持其市场增长率，延长获取最大利润的时间，可以采取以下几种策略。

（1）改善产品品质。例如，增加新的功能、改变产品款式、发展新的型号、开发新的用途等。对产品进行改善可以提高产品的竞争能力，满足顾客更广泛的需求，吸引更多的顾客。

（2）寻找新的细分市场。通过市场细分，找到新的尚未满足的细分市场，再根据其需要组织生产，然后迅速进入这一新的市场。

（3）改变广告宣传的重点。把广告宣传的重心从介绍产品转移到建立产品形象上来，树立产品名牌，维系老顾客，吸引新顾客。

（4）适时降价。在适当的时机，可以采取降价策略，以激发那些对价格比较敏感的消费者产生购买动机和采取购买行动。

3）饱和期的市场营销策略

新产品进入饱和期后，市场竞争非常激烈，各种品牌、各种款式的同类产品不断出现。对于饱和期的产品，宜采取主动出击的策略，使饱和期延长或使产品生命周期出现再循环。因此，可以采取以下 3 种策略。

（1）市场调整。这种策略不是要调整产品本身，而是要发现产品的新用途、寻求新的用户或改变推销方式等，以使产品销量得以提高。

（2）产品调整。这种策略通过产品自身的调整来满足顾客的不同需要、吸引有不同需求的顾客。在整体产品系列中，任何一个层次的调整都可视为产品再推出，也称为产品改良。

（3）市场营销组合调整。这种策略是通过对产品、定价、渠道、促销 4 个市场营销组合因素加以综合调整，以刺激销量回升。常用的方法包括降价、提高促销水平、扩展分销渠道和提高服务质量等。

4）衰退期的市场营销策略

面对处于衰退期的产品，企业需要进行认真的研究分析，决定采取什么策略或在什么时间退出市场。通常有以下几种策略可供选择。

（1）继续策略。继续沿用过去的策略，仍按照原来的细分市场，使用相同的分销渠道、定价及促销方式，直到这种产品完全退出市场为止。

（2）集中策略。把企业能力和资源集中在最有利的细分市场和分销渠道上，从中获取利润。这有利于缩短产品退出市场的时间，同时能为企业创造更多的利润。

（3）收缩策略。舍弃一部分顾客群体，大幅度降低促销水平，尽量减少促销费用，以增加利润。这样可能导致产品在市场上加速衰退，但也能从忠实于这种产品的顾客中得到利润。

（4）放弃策略。对于衰退比较迅速的产品，应当机立断放弃经营，可以采取完全放弃的形式，如把产品完全转移出去或立即停止生产；也可以采取逐步放弃的方式，使其占用的资源逐步转向其他产品。

▶▶ 9.6.2 根据百度指数分析商品生命周期

百度指数是以百度海量网民行为数据为基础的数据分析平台，其已成为众多企业营销决策的重要依据。如图 9.25 所示，小红书的百度指数有几次很明显的波峰，可以推断出在这几个时间段，小红书做了某些营销推广活动。

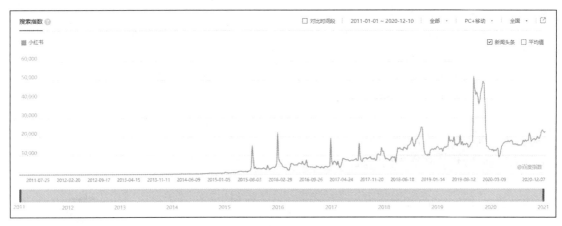

图 9.25　小红书的百度指数

1. 2013—2014 年：引入期

小红书成立于 2013 年，它最开始是为用户提供免费且可下载的境外各地的购物攻略的。2013 年新浪新闻报道小红书如图 9.26 所示。

此时，小红书吸引的用户主要是有境外购物需求的女性用户，由于攻略质量很高，其精准地吸引了一波"种子"用户。通过百度搜索指数可以发现，小红书在 2013—2014 年的用户增长很慢，在这个阶段，小红书根据用户的反馈不断优化 App，并且深度运营小红书社区，积累了大量用户生成内容与原创内容（User Generated Content，UGC），为其下一阶段的增长打下了良好的基础。

当产品的功能不够完善和强大时，如果过早地采取增长手段，不仅不会使产品发展得更好，甚至会使产品更快地退出市场。所以，在投入期，公司应该把更多的时间和精力花在和"种子"

用户的沟通及不断完善产品上；待产品足够完善，可以承接更多的用户时，再开始实施用户增长策略。

图 9.26　2013 年新浪新闻报道小红书

2. 2015—2017 年：成长期

成长期的小红书采取多种方式促进用户增长，通过百度指数可以看到，在 2017 年年末，小红书的用户增长遇到瓶颈，需要采取新的手段实现用户增长。小红书成长期的主要措施包括：2015 年，小红书大量发 PR 稿件①（2015 年发布近 100 篇稿件，是前两年的 4 倍）；2016 年，小红书 App 新增功能和版本迭代变快，主要优化已有功能，提高用户体验；2017 年，小红书策划了大量营销活动和流量明星活动，邀请明星入驻。

3. 2018 年至今：成熟期

成熟期的小红书在产品迭代和用户增长方面有很大的动作，如不断优化用户体验、保持持续的用户增长等。产品方面：视频合成速度加快、支持小程序分享。推广方面：加大活动力度，赞助多个综艺节目提高品牌知名度，如联合赞助《偶像练习生》《创造 101》等，精准地吸引了大量新用户。根据百度指数显示，截至 2019 年 7 月，小红书用户已超过 3 亿，小红书月活跃用户已过亿，其中 70%新增用户是 90 后。

---

① PR 稿件（Public Relations）指在做媒体内容的时候，以公关的角度出发，围绕认知度、美誉度、和谐度等设计软文的内容，并根据公司目前所处的阶段去塑造不同的维度和对外形象。

9.7 商品库存管理与统计分析

9.7.1 库存分析的作用

库存是电子商务的重要一环，它能防止商品短缺和供应中断，以及保证商品供应。因此，鉴于其重要性，需要对仓库中的商品数据进行相应的管理，即对各类商品数据进行统计和分析，并以直观和简洁的方式进行处理、分析和展示。

9.7.2 ABC 库存管理法

1. ABC 库存管理的基本原理

ABC 分析法源于帕累托曲线。意大利经济学家帕累托在 1879 年研究米兰城市财富的社会分配时得出一个重要结论：80%的财富掌握在 20%的人手中，即“关键的少数和次要的多数”规律。这一普遍规律存在于社会的各个领域，称为帕累托现象。一般来说，企业的库存物资种类繁多，每种物资的价格不同，且库存数量也不等。有的物资种类不多但价值很高，而有的物资种类很多但价值不高。由于企业的资源有限，因此在进行库存控制时，企业应将注意力集中在比较重要的库存物资上，并依据库存物资的重要程度分别管理，这就是 ABC 库存管理的思想。ABC 库存管理法将企业的全部存货分为 A、B、C 三类，管理时，将金额高的 A 类物资（这类存货出库的金额大约要占到全部存货出库总金额的 70%）作为重点管理与控制的对象；B 类物资按通常的方法进行管理和控制（这类存货出库的金额大约要占到全部存货出库总金额的 20%）；C 类物资的种类繁多但价值不高（这类存货出库的金额大约要占到全部存货出库总金额的 10%），可以采用最简便的方法加以管理和控制。

2. ABC 库存管理的基本方法

下面以创建的“ABC 库存管理法”工作簿为例，对库存进行管理，具体操作如下。

打开“ABC 库存管理法”工作表，如图 9.27 所示。

	A	B	C	D
1	编号	产品	单价	数量
2	产品1	华为c8600	1648	460
3	产品2	电瓶车	2100	109
4	产品3	自行车	368	200
5	产品4	鼠标	123	260
6	产品5	小白菜	3.5	8628
7	产品6	香蕉	2.8	8622
8	产品7	口香糖	2.5	3560
9	产品8	康师傅矿泉水	1	7578
10	产品9	四级词汇	16.8	420
11	产品10	台灯	58	98
12	产品11	衬衣	108	3245
13	产品12	VS洗发器	23	3658
14	产品13	饼干	8	6352
15	产品14	螃蟹	54	2450
16	产品15	银项链	1300	45
17	产品16	康师傅方便面	4.5	3109

图 9.27 打开库存数据的工作表

在工作表的第一行输入表头信息，如图 9.28 所示。

	A	B	C	D	E	F	G	H	I
1	编号	产品	单价	数量	金额	累计金额	比例	累计比例	ABC分类

图 9.28　输入表头

单击快速访问工具栏中的下拉按钮，选择"其他命令"选项，打开"Excel 选项"对话框，单击"从下列位置选择命令"下拉按钮，选择"不在功能区中的命令"选项；选择"记录单"选项，然后单击"添加"按钮，将其添加到右侧的快速访问工具栏列表框中，最后单击"确定"按钮，如图 9.29 所示。

图 9.29　添加记录单功能

返回工作表，选择任意单元格，在快速访问工具栏中单击添加的"记录单"按钮，打开"记录单"对话框，单击"新建"按钮，然后在对应文本框中输入相应的库存资料数据，输入完成后再次单击"新建"按钮，可继续添加下一条供应商信息，如图 9.30 所示。

在完成所有记录单后，返回工作表，即可查看添加的库存资料信息。

右击 C 列，在弹出的快捷菜单中选择"设置单元格格式"命令，打开"设置单元格格式"对话框，设置"分类"为"货币"，设置"小数位数"为"2"，单击"确定"按钮，如图 9.31 所示。

选择 E2 单元格，在编辑栏中输入公式"=C2×D2"，将鼠标指针移到 E2 单元格右下角，待鼠标指针变成粗体"+"形状时双击，将函数填充到 E17 单元格；选择工作表中的所有数据，复制并进行选择性粘贴，单击"数值"单选按钮，如图 9.32 所示。

右击 E1 单元格，在弹出的快捷菜单中选择"排序"→"降序"选项，如图 9.33 所示。

图 9.30 输入"库存"数据

图 9.31 "设置单元格格式"对话框

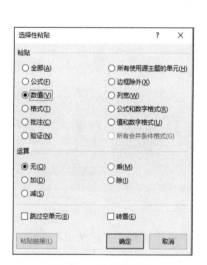

图 9.32 选择性粘贴

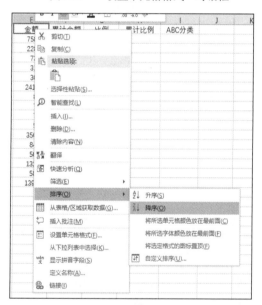

图 9.33 设置"排序"

计算累计金额。选择 F2 单元格，在编辑栏中输入公式"=E2"；选择 F3 单元格，在编辑栏中输入公式"=F2+E3"，将鼠标指针移到 F3 单元格右下角，待鼠标指针变成粗体"+"形状时双击，将函数填充到 F17 单元格。

计算比例。选择 G2 单元格，在编辑栏中输入公式"=E2/$F$17"；将鼠标指针移到 G2 单元格右下角，待鼠标指针变成粗体"+"形状时双击，将函数填充到 G17 单元格。

计算累计比例。选择 H2 单元格，在编辑栏中输入公式"=G2"；选择 H3 单元格，在编辑栏中输入公式"=H2+G3"，将鼠标指针移到 H3 单元格右下角，待鼠标指针变成粗体"+"形状时双击，将函数填充到 H17 单元格。

根据累计比例对库存商品进行 ABC 分类，如图 9.34 所示。

编号	产品	单价	数量	金额	累计金额	比例	累计比例	ABC分类
产品1	华为c8600	¥1648.00	460	758080	758080	0.40619	0.406190134	A
产品11	衬衣	¥108.00	3245	350460	1108540	0.187781	0.593971628	A
产品2	电瓶车	¥1100.00	109	228900	1337440	0.122648	0.71661953	A
产品14	螃蟹	¥54.00	2450	132300	1469740	0.070888	0.787507767	A
产品12	VS洗发器	¥23.00	3658	84134	1553874	0.04508	0.832587971	B
产品3	自行车	¥368.00	200	73600	1627474	0.039436	0.872023906	B
产品15	银项链	¥1300.00	45	58500	1685974	0.031345	0.903369045	B
产品13	饼干	¥8.00	6352	50816	1736790	0.027228	0.930596987	B
产品4	鼠标	¥123.00	260	31980	1768770	0.017135	0.947732329	B
产品5	小白菜	¥3.50	8628	30198	1798968	0.016181	0.963912851	C
产品6	香蕉	¥2.80	8622	24141.6	1823110	0.012935	0.976848266	C
产品16	康师傅方便面	¥4.50	3109	13990.5	1837100	0.007496	0.984344577	C
产品7	口香糖	¥2.50	3560	8900	1846000	0.004769	0.989113324	C
产品8	康师傅矿泉水	¥1.00	7578	7578	1853578	0.00406	0.993173725	C
产品9	四级词汇	¥16.80	420	7056	1860634	0.003781	0.996954431	C
产品10	台灯	¥58.00	98	5684	1866318	0.003046	1	C

图 9.34　ABC 分类结果

在单元格 L2 至 L6 中，依次输入"华为 c8600"、"衬衣"、"电瓶车"、"螃蟹"和"其他"，复制"G2:G5"单元格区域内容并以"数值"形式选择性粘贴至单元格区域"M2:M5"。选择 M6 单元格，在编辑栏内输入公式"=SUM(G6:G17)"，则数据列表如图 9.35 所示。选择"L2:M6"单元格区域，单击"插入"选项卡中的"饼图"下拉按钮，选择"二维饼图"→"饼图"；将图表移到合适位置，并输入图表标题"库存金额比例饼图"，然后应用"样式 6"图表布局，结果如图 9.36 所示。

L	M
华为c8600	0.40619
衬衣	0.187781
电瓶车	0.122648
螃蟹	0.070888
其他	0.2124922

图 9.35　A 类商品和其他商品库存比例的数据列表

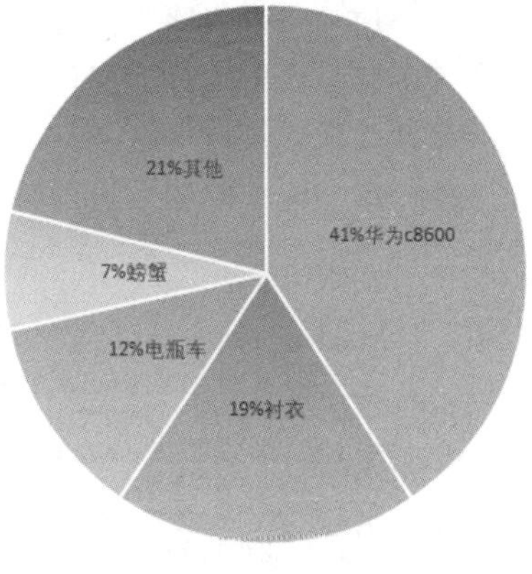

图 9.36　A 类商品与其他商品库存金额比例的饼图

▶▶ 9.7.3　统计库存商品状态

在库存管理中，不仅要对库存的整体情况进行统计分析，而且要对商品的个体情况进行整理、统计和分析，如损坏、维修或积压等情况。

1. 根据库存情况标记库存状态

在管理商品库存时，要让库存变得"智能"起来，也就是自动"提示"商家哪些商品库存过多，哪些商品不足需要及时补货，使商品的入库或采购计划更加及时与适用。虽然 Excel 程序无法实现语音智能提示，但其能用智能显示的方式来提示，如信号灯。

下面以"库存商品状态"工作簿的数据为例，使库存差异（实际库存数据与标准库存数据之差）大于 7 的数据显示绿灯标识（表示库存充足），使库存差异小于或等于 2 的数据显示红灯标识（表示需及时补货），具体操作如下。

打开"库存商品状态"工作表，如图 9.37 所示。

	A	B	C	D	E	F	G	H	I	J	K	L
1	宝贝	品牌	类型/尺寸	颜色	单位	单价	期初数量	入库数量	入库时间	出库数量	结存数量	库存标准量
2	平板电脑	华硕	6英寸	白色	台	¥1502.00	6	8	2020/5/1	6	8	5
3	平板电脑	华硕	7英寸	灰色	台	¥1502.00	10	6	2020/5/1	6	10	8
4	平板电脑	华硕	11英寸	红色	台	¥1502.00	7	7	2020/5/1	4	10	5
5	平板电脑	华硕	7英寸	紫色	台	¥5002.00	6	8	2020/5/1	3	11	5
6	平板电脑	华硕	7英寸	粉色	台	¥5002.00	6	9	2020/5/1	4	11	4
7	智能手机	华硕	6.0英寸	金色	台	¥2502.00	5	6	2020/5/2	2	9	6
8	智能手机	华硕	5.6英寸	黑色	台	¥2502.00	6	10	2020/5/2	5	11	7
9	智能手机	华硕	5.6英寸	青色	台	¥6802.00	5	9	2020/5/2	7	7	6
10	智能手机	华为	5.4英寸	白色	台	¥2502.00	7	6	2020/5/2	6	7	5
11	智能手机	华为	5.5英寸	红色	台	¥2502.00	10	5	2020/5/2	4	11	4
12	智能手机	华为	6.0英寸	青色	台	¥1652.00	6	9	2020/5/2	6	9	5
13	智能手机	华为	5.4英寸	黑色	台	¥5002.00	6	8	2020/5/2	6	8	3
14	数码单反相机	佳能	高端	红色	台	¥1502.00	4	7	2020/5/13	4	7	6
15	数码单反相机	佳能	高端	红色	台	¥1502.00	8	6	2020/5/13	3	11	4
16	数码单反相机	佳能	高端	红色	台	¥2002.00	8	5	2020/5/13	5	11	9
17	数码单反相机	佳能	高端	红色	台	¥1502.00	7	9	2020/5/15	4	12	8
18	数码单反相机	佳能	高端	红色	台	¥4002.00	5	11	2020/5/15	4	12	5

图 9.37 打开"库存商品状态"工作表

计算库存差。选择 M2 单元格，在编辑栏中输入"=K2-L2"，将鼠标指针移到 M2 单元格右下角，待鼠标指针变成粗体"+"形状时双击，然后填充公式到数据末行。

设置 3 种库存状态。选择"M2:M19"单元格区域，单击"开始"选项卡中的"条件格式"下拉按钮，选择"新建规则"选项；打开"新建格式规则"对话框；单击"样式格式"下拉按钮，选择"图标集"选项，最后进行参数设置，如图 9.38 所示。

图 9.38 设置"条件格式"

单击"插入"选项卡中的"形状"下拉按钮，选择"文本框"选项，在表格中按住鼠标左键绘制文本框，并将光标定位在文本框中，输入相应的内容。输入库存状态的含义，如图 9.39 所示。

绿对号: 库存差≥7，表示库存充裕，不需要及时补货
黄叹号: 2<库存差<7,表示有一定库存，需准备补货计划
红叉号: 库存差≤2，表示库存接近标准库存数据，需要及时采购补货

图 9.39　输入库存状态的含义

选择文本框中输入的说明文本，在"开始"选择卡中设置"字体"和"字号"分别为"微软雅黑"和"10"，单击"垂直居中"按钮，再单击表格任意位置退出文本编辑设置状态，库存商品状态统计的最终效果如图 9.40 所示。库存表格不仅直观展示了库存数据的相关状态，而且明确标注了各标记的含义。

	A	B	C	D	E	F	G	H	I	J	K	L	M
1	宝贝	品牌	类型/尺寸	颜色	单位	单价	期初数量	入库数量	入库时间	出库数量	结存数量	库存标准量	库存差异
2	平板电脑	华硕	6英寸	白色	台	¥1502.00	6	8	2020/5/1	6	8	5	ⓘ 3
3	平板电脑	华硕	7英寸	灰色	台	¥1502.00	10	2	2020/5/1	6	10	8	✕ 2
4	平板电脑	华硕	11英寸	红色	台	¥1502.00	7	7	2020/5/1	4	10	5	ⓘ 5
5	平板电脑	华硕	7英寸	紫色	台	¥5002.00	6	8	2020/5/1	3	11	5	ⓘ 6
6	平板电脑	华硕	7英寸	粉色	台	¥1502.00	6	9	2020/5/1	4	11	4	✓ 7
7	智能手机	华硕	6.0英寸	金色	台	¥2502.00	5	6	2020/5/2	2	9	6	ⓘ 3
8	智能手机	华硕	5.6英寸	黑色	台	¥2502.00	6	10	2020/5/2	5	11	7	ⓘ 4
9	智能手机	华硕	5.6英寸	青色	台	¥6802.00	5	9	2020/5/2	7	7	6	✕ 1
10	智能手机	华为	5.4英寸	白色	台	¥2502.00	7	6	2020/5/2	6	7	5	✕ 2
11	智能手机	华为	5.5英寸	红色	台	¥2502.00	10	5	2020/5/2	4	11	4	✓ 7
12	智能手机	华为	6.0英寸	青色	台	¥1652.00	6	6	2020/5/2	5	7	6	✕ 1
13	智能手机	华为	5.4英寸	黑色	台	¥5002.00	6	8	2020/5/2	6	8	8	✕ 0
14	数码单反相机	佳能	高端	红色	台	¥1502.00	4	7	2020/5/13	4	7	6	✕ 1
15	数码单反相机	佳能	高端	红色	台	¥1502.00	5	9	2020/5/13	3	11	4	✓ 7
16	数码单反相机	佳能	高端	红色	台	¥2002.00	4	8	2020/5/13	5	11	9	✕ 2
17	数码单反相机	佳能	高端	红色	台	¥1502.00	4	12	2020/5/15	4	12	8	ⓘ 4
18	数码单反相机	佳能	高端	红色	台	¥4002.00	5	11	2020/5/15	4	12	5	✓ 7
19													
20					**绿对号**: 库存差≥7，表示库存充裕，不需要及时补货								
21					**黄叹号**: 2<库存差<7, 表示有一定库存，需要准备补货计划								
22					**红叉号**: 库存差≤2,表示库存接近标准库存数据，需要及时采购补货								
23													

图 9.40　库存商品状态统计的最终效果

2．分析与预测商品库存状态

由于入库和出库的不均衡，仓库中的商品会出现供不应求、刚好合适或入库大于出库（积压）等多种状态。对商品库存状态进行直观展示，并对未来的情况进行预测，从而对该商品的入库和出库进行调整。要达到对商品库存状态的直观展示，必须获取当前的库存数据（当然，这是需要通过动态计算来获得的，因为入库数据和出库数据在不断变化），然后用带有次要坐标轴的组合图表进行展示和分析。以某商家 2020 年 5 月上半月的库存数据为例，预测该商品未来是否可能成为积压商品，具体操作如下。

打开"库存商品状态"工作簿 Sheet2，选择 C2 单元格，在编辑栏中输入公式"=B2+B3-B4"，使用填充柄横向填充公式到 P2 单元格，计算出当前库存数据，如图 9.41 所示。

选择"A1:P3"单元格区域，单击"插入"选项卡中的"柱形图"下拉按钮，选择"二维柱形图"→"簇状柱形图"；将图表移到合适位置，并输入图表标题"商品库存状态分析"，在

"设计"选项卡的"图表布局"功能组中选择"布局 1"选项,如图 9.42 所示。

	A	B	C	D	E	F	G	H	I	J	K	L	M	N	O	P	Q
1	日期	2020/5/1	2020/5/2	2020/5/3	2020/5/4	2020/5/5	2020/5/6	2020/5/7	2020/5/8	2020/5/9	2020/5/10	2020/5/11	2020/5/12	2020/5/13	2020/5/14	2020/5/15	
2	库存	5	6	7	11	14	18	20	21	2	21	20	19	17	18	16	
3	入库	2	3	4	7	4	3	2	2	4	1	2	4	1	6	3	
4	出库	1	2	0	4	1	5	4	1	2	4	3	2	6	2		
5	库存积压值	15	15	15	15	15	15	15	15	15	15	15	15	15	15	15	
6																	

图 9.41　计算当前库存数据

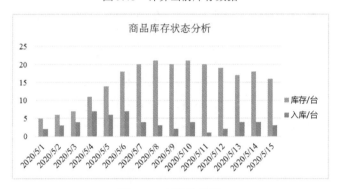

图 9.42　制作柱状图

在图表的任意位置右击,在弹出的快捷菜单中选择"选择数据"选项,打开"选择数据源"对话框;单击"添加"按钮,打开"编辑数据系列"对话框;在"系列名称"文本框中输入"=Sheet2!$A$2",在"系列值"文本框中输入"=Sheet2!$B$2:$P$2",单击"确定"按钮,如图 9.43 所示。

返回"选择数据源"对话框,再次单击"添加"按钮,打开"编辑数据系列"对话框,在"系列名称"文本框中输入"=Sheet2!$A$5",在"系列值"文本框中输入"=Sheet2!$B$5:$P$5",单击"确定"按钮,如图 9.44 所示。

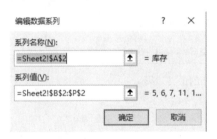

图 9.43　添加库存数据系列

图 9.44　添加"库存积压值"数据系列

右击"库存"数据系列,在弹出的快捷菜单中选择"更改系列图表类型"选项,在打开的"更改图表类型"对话框中选择"带数据标记的折线图"选项。同样,右击"库存积压值"数据系列,在弹出的快捷菜单中选择"更改系列图表类型"选项,在打开的"更改图表类型"对话框中选择"带数据标记的折线图"选项,如图 9.45 所示。

右击"库存积压值"数据系列,在弹出的快捷菜单中选择"设置数据系列格式"选项,打开"设置数据系列格式"对话框;单击"系列选项"下拉按钮,选中"次坐标轴"单选按钮,单击"关闭"按钮,如图 9.46 所示。

双击添加的次坐标轴,打开"设置坐标轴格式"对话框,单击"坐标轴选项"下拉按钮,设置"最大值"为"25.0"，然后单击"关闭"按钮，如图 9.47 所示。

图 9.45　更改图表类型

图 9.46　"设置数据系列格式"对话框

图 9.47　"设置坐标轴格式"对话框

　　商品库存状态分析最终效果如图 9.48 所示。在图 9.48 中可以明显看出，2020 年 5 月 5 日以后，库存量越过"库存积压值"数据系列，进入 10 天的挤压期，虽有下行的趋势，但未越过"库存积压值"数据系列线，因此在未来一段时间，商品库存可能还会处于积压状态。

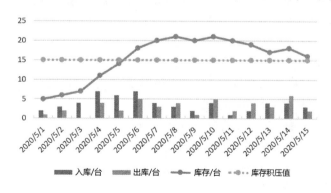

图 9.48　商品库存状态分析最终效果

本章知识小结

本章主要介绍了商品数据分析的基本概念和分析模型,学习了商品数据分析的 6 个方面:商品需求与热度分析、商品价格分析、商品功能组合分析、用户特征与体验分析、商品生命周期分析、商品库存管理与统计分析。本章基于 Excel 图表对商品热度、定价和库存进行了分析操作,并根据百度指数分析了商品生命周期,以及利用关联规则算法分析了商品组合的规律。

本章考核检测评价

1. 判断题

(1)商品数据分析模型三要素分别为维度、指标、分析方法。

(2)SKU 在物理上是可分割的非最小单位。

(3)商品组合的深度指一个企业内经营商品大类的多少。

(4)商品在投入期适合大批量生产。

(5)ABC 库存管理法将 A 类物资作为重点加强管理与控制的对象。

2. 单选题

(1)以下不属于商品数据分析指标的是(   )。

    A. SKU   B. SPU   C. 支付下跌商品   D. 跳出率

(2)以下不属于商品需求分析步骤的是(   )。

    A. 需求采集   B. 需求分类   C. 需求分析   D. 需求监控

(3)厨卫商品组合属于商品组合方法的(   )。

    A. 按消费季节的组合法   B. 按节庆日的组合法

    C. 按消费的便利性的组合法   D. 按商品用途的组合法

(4)若干名用户体验设计方面的专家以角色扮演的方式模拟典型用户使用产品的场景,并利用自身的专业知识进行分析和判断,从而发现潜在的问题。这种方法叫作(   )。

    A. 访谈法   B. 观察法   C. 启发式评估   D. 用户体验地图

(5)关于 ABC 库存管理法的说法,正确的是(   )。

    A. C 类物资应作为重点加强管理与控制的对象

    B. B 类物资品种数量繁多,可以采用最简便的方法加以管理和控制

    C. ABC 分析法源于帕累托曲线

    D. A 类物质按通常的方法进行管理和控制

3. 多选题

(1)以下属于商品数据分析指标的有(   )。

    A. SKU   B. SPU   C. 支付下跌商品   D. 加购件数

（2）商品组合内容可以分为（　　　）。

  A．广度   B．深度   C．维度   D．关联性

（3）以下属于用户体验分析内容的有（　　　）。

  A．有效性   B．易用性

  C．用户主观满意度   D．易学性

（4）下列选项属于用户体验分析方法的有（　　　）。

  A．访谈法   B．观察法   C．用户体验地图 D．满意度调查

（5）优化商品组合的原则包括（　　　）。

  A．正确的产品 B．正确的数量   C．正确的价格   D．正确的市场

4. 简答题

（1）什么是商品数据分析？

（2）简述商品需求分析的步骤。

（3）列举 3 个商品组合的常用方法并举例说明。

（4）描述 ABC 库存管理法的思想。

（5）简述用户特征分析的步骤。

5. 案例题

利用百度指数对某电商网站（如当当网）或某种商品进行商品生命周期分析，并写出研究报告。

第10章

电子商务运营数据分析

【章节目标】

1. 了解运营数据分析的概念和主要指标
2. 了解流量数据的基本概念和推广数据分析的基本流程
3. 重点掌握活动推广分析的过程
4. 了解销售数据的基本概念
5. 重点掌握动态分析法和趋势分析法
6. 了解客服绩效分析的概念及分析方法
7. 重点掌握 KPI 绩效考核的方法

【学习重点、难点】

1. 活动推广流程与效果的数据分析
2. 使用动态分析中的增长量、发展速度对销售数据进行分析
3. 使用移动平均法、回归分析模型预测销售数据
4. KPI 在客服绩效分析中的应用

【案例导入】

"双十一"的兴起及发展

"双十一"指每年的 11 月 11 日，被称为电子商务的全球购物狂欢节。各大电商如阿里巴巴、京东、唯品会、亚马逊等利用这个节日进行一系列大规模的打折促销活动，以提高销售额。从2009 年开始，天猫"双十一"的销售额逐年增加，2009 年 0.5 亿元；2010 年提高到 9.36 亿元……到 2020 年，天猫"双十一"的销售额达 4982 亿元，再次创下新高。从 2017 年开始，每年"双十一"的销售额相当于全国线下最大连锁超市当年的销售额。看完这个案例，我们会思考哪些问题？阿里巴巴如何让销售额奇迹般地增长？如此高的销售额，数据化的运营起到怎样的作用？数据化运营已经受到众多电商平台的重视。无论对外营销还是内部管理，利用电商大数据进行数据化运营是大势所趋。

10.1 运营数据分析的概念与主要指标

在大数据时代，数据分析对行业未来发展已无可替代，数据已成为产品和行业发展的主要支撑。电商行业的运营者每天都会对海量的数据进行分析，从庞大的、杂乱无章的数据中获取有价值的规律，从而帮助企业决策与优化方案。开展运营数据分析需要明确分析的目的和思路：数据分析的受众是谁？要统计哪些数据？如何实现产品的优化？然后理清思路，明确需要哪些数据支撑、数据如何呈现、数据背后反映的规律和模式，以达到分析的目的。

▶▶ 10.1.1 运营数据分析的概念及必要条件

运营数据分析指对企业运营过程中和最终成果产生的数据进行分析，然后从中获得运营规律和效果的过程。一般来说，在进行运营数据分析时，需要确定以下 3 个必要条件。

（1）海量且精确的运营数据。数据在电子商务中的作用越来越重要。一个企业能否获得更多、更精确的数据，已经成为制约企业更好发展的重要因素之一。只有全面采集和综合分析运营数据，才可以得出精准的结果，从而帮助企业做出更科学的决策。

（2）专业的数据分析团队和运营团队。企业应配备一支具备运营数据挖掘技术和运营数据分析技术的专业团队，且团队中的人员应具备以下的知识和能力：熟练使用统计技术和分析工具，熟悉主流数据库的基本技术并能够熟练使用；熟练使用主流数据挖掘、数据分析技术和工具；能够与团队成员进行有效沟通，善于业务交流，具备较强的学习和理解能力。除此之外，一支专业的运营团队也是必不可少的。数据分析团队需要有运营团队的紧密配合，以便将数据分析团队的成果在企业运营过程中加以检验，从而为运营数据分析提供科学的反馈意见。

（3）精细化运营的需求。精细化运营的需求在如今的大数据时代显得格外重要。不同于传统企业，电商企业近乎颠覆式的进化和技术的更新换代，使其需要更精准、更细化的运营模式。精细化运营由此产生，其能够帮助企业实现收益的快速增长。

▶▶ 10.1.2 运营数据分析的分类

常见并具有代表性的运营数据分析指标请参考本书附录 A。这些指标可归为以下三大类。

1. 推广数据分析

推广数据分析指对企业在推广过程中产生的数据进行分析，包括对各推广渠道的展现、点击转化及其他相关推广数据进行分析。通过推广数据分析，企业能够了解推广过程中流量的来源情况、关键词的推广效果、活动的推广效果及内容运营的效果等。

2. 销售数据分析

销售数据分析主要用于衡量和评估管理人员制定的计划销售目标与实际销售之间的关系，它可以采用销售差异分析和微观销售分析两种方法。销售差异分析主要用于分析不同因素（品牌、价格、售后服务、销售策略等）对销售绩效的不同作用，主要包括营运资金周转期分析、销售收入结构分析、销售收入对比分析、成本费用分析、利润分析、净资产收益率分析等。

3. 客服绩效分析

客服绩效分析指在客户服务系统中，客户服务组织、客户管理人员和员工全部参与进来，通过沟通、激励等方式，将企业战略、管理人员职责、管理方式和手段，以及员工的绩效目标等基本内容确定下来，在持续不断沟通的前提下，管理人员为员工提供必要的支持、指导和帮助，然后与员工共同完成客户服务的绩效指标，从而实现客户服务组织的愿景规划和战略目标。

10.2 推广数据分析

▶▶ 10.2.1 流量分析

1. 流量来源

流量可分为付费流量和免费流量两个类型。

付费流量的优点是流量大、效果好，相较于免费流量，其更容易获取大批的流量；缺点是投入成本较高。如果企业的付费流量的投入成本过高，那么会导致企业利润的降低甚至亏本；如果企业完全没有付费流量，那么说明该企业的流量结构是不合理的，企业需要加入付费推广渠道进行引流。企业在进行付费流量结构分析时，除需要分析浏览量、访客数、点击量、成交订单数之外，还需要分析投资回报率。

免费流量包括站内免费流量和站外免费流量。站内免费流量指企业通过电商平台获取的流量，如平台购物车、产品推荐等；站外免费流量主要是第三方网站带来的流量，如论坛、微博等。企业在引入站外免费流量前，需要先调整好企业平台形象，优化产品页面描述等，以达到刺激客户购物的目的。否则，即使引入再多的站外免费流量，产品转化率也不会有很大提升。在进行免费流量结构分析时，企业需要着重分析的指标有浏览量、访客数、点击量、成交订单数等。

2. 流量结构分析

1）免费流量结构分析

免费流量结构分析需要对免费流量的来源或渠道的引流情况进行分析。表 10.1 为某企业 2020 年 7 月的免费流量数据，下面以这组数据为基础进行免费流量结构分析。

表 10.1　某企业 2020 年 7 月的免费流量数据

序 号	流量来源	浏 览 量	点 击 量	成交订单数
1	自主搜索	1920	354	137
2	购物车	2613	505	192
3	其他店铺	1442	147	49
4	首页	1624	257	87
5	收藏推荐	776	156	27
6	其他免费来源	1943	205	137

选择流量来源、浏览量、点击量和成交订单数对应的数值区域，插入图形，如图 10.1 所示。

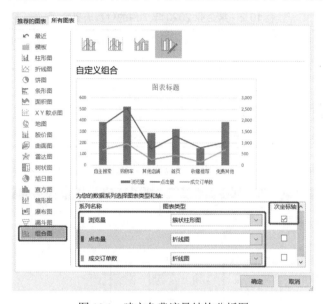

图 10.1　建立免费流量结构分析图

根据数据可视化需要选择合适的图形。首先，插入组合图形。其次，将浏览量设置为簇状柱形图，将点击量和成交订单数设置为折线图。将浏览量设置为簇状柱形图是为了更好地对各流量来源的浏览量进行比较，将点击量和成交订单数设置为折线图是为了更清楚地看到这两个指标的变化走势。最后，将浏览量设置为次坐标轴，如图 10.2 所示。

选中数据表中的流量来源与成交订单数，插入饼图，并将饼图的数值显示方式设置为"百分比"，得到免费流量结构分析比例图，如图 10.3 所示。

由图 10.2 可知，在免费流量来源中，购物车的各项指标都占优势，其为企业带来浏览量 2613 次，成交订单数占比达 30.5%；收藏推荐的各项指标表现最差，其为企业仅带来浏览量 776 次，成交订单数占比只有 4.3%。企业可以利用该分析结果优化其免费推广渠道布局。

2）付费流量结构分析

付费流量结构分析的核心是各付费推广渠道的流量占比。表 10.2 为某企业 2020 年 7 月的付费流量数据。投入产出比的计算公式：投入产出比=成交额÷投入成本。

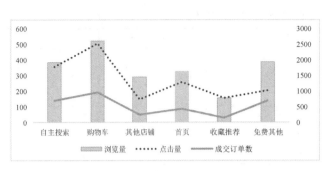

图 10.2　免费流量结构分析的组合图

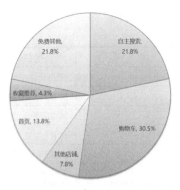

图 10.3　免费流量结构分析比例图

表 10.2　某企业 2020 年 7 月的付费流量数据

序　号	流 量 来 源	成 交 占 比	投入成本/元	成交额/元	投入产出比
1	超级推荐	9%	851 597	564 824	0.66
2	钻石展位	27%	1 521 475	1 711 883	1.13
3	聚划算	12%	949 972	766 638	0.81
4	直通车	22%	1 212 891	1 402 035	1.16
5	淘宝客	30%	1 655 536	1 987 300	1.20

选择流量来源、成交占比、投入产出比对应的数值区域，然后插入图形，如图 10.4 所示。

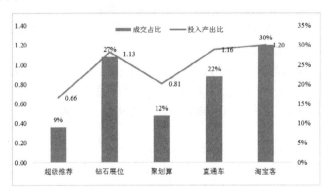

图 10.4　建立付费流量结构分析图

将成交占比设置为簇状柱形图，将投入产出比设置为折线图，将成交占比设置为次坐标轴，得到付费流量结构分析图，如图 10.5 所示。

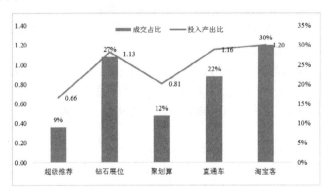

图 10.5　付费流量结构分析图

由图 10.5 可知,在付费流量来源中,淘宝客最占优势,其成交占比和投入产出比分别是 30% 和 1.20。除淘宝客之外,钻石展位的成交占比和投入产出比分别是 27% 和 1.13,直通车的成交占比和投入产出比分别是 22% 和 1.16。这 3 种付费推广渠道对该商家此次付费推广活动的贡献最大。

▶▶ 10.2.2　推广数据分析流程

在进行推广数据分析时,首先要明确此次推广的目标定位,然后围绕该目标收集、整理并分析相关数据,找到推广中的优势与不足,最后调整相关的推广策略和内容,改善推广效果。

1. 推广目标定位

企业进行推广的核心目的是销售,但推广方式千差万别,不同的推广方式往往有不同的推广侧重点。有些推广方式直接为了销售赚钱,如电话营销、E-mail 营销、地面推广、团购活动等;有些推广方式以提升品牌影响力为主,如免费试用;也有些推广方式以提供展现机会为主,如直通车推广带动商品搜索排名。针对不同的推广方式,需要明确企业在进行推广时的直接目标,然后围绕这个直接目标收集数据、分析推广效果。如果存在多个推广目标,那么容易使推广数据的分析出现偏差。以淘宝/天猫平台的搜索引擎营销(Search Engine Marketing,SEM)推广——直通车为例。直通车是为淘宝/天猫卖家量身定制的按点击付费的营销工具,其可以在卖家商品自然搜索排名靠后的情况下获取 SEM 点击付费流量,帮助销售商品和提升商品排名。因此,在实际使用中,推广存在两种目的,一种以销售为主,辅助维持商品排名;另一种以提升商品排名为主,不考虑直通车直接销售的效果。

2. 收集推广目标数据

在明确推广目标后,围绕相应的目标收集推广数据,或者测试推广的方案,获取测试的推广数据,再进行整理分析。以直通车为例,如果进行直通车推广纯粹是为了提升商品的排名,那么应重点关注推广计划和推广关键词的展现量、点击量和点击率数据;如果进行直通车推广的目的是销售商品、获取利润,那么应重点关注推广计划和推广关键词的投入产出比、转化率,以及这些指标与直通车精准投放之间的关系。直通车的精准投放首先需要通过关键词来实现,只有搜索选定关键词的客户才能看到和点击推广的商品,从而产生费用。但是,搜索的人群存在年龄、地域、消费能力、消费习惯等一系列差别,并且使用同一关键词搜索展现的商品也存在差异。因此,直通车提供了人群定向功能,可帮助卖家更精准地推广。现以人群定向的两个维度标签——年龄和性别为例组建测试组,同时获取直通车的相关数据,如表 10.3 所示。

表 10.3　直通车人群定向性别和年龄维度组合相关数据

序　号	性　别	年　龄	展 现 量	点 击 量	点 击 率	总成交笔数	点击转化率
1	男	18~25	12 359	369	2.99%	36	9.76%
2	男	26~30	62 302	1021	1.64%	46	4.51%
3	男	31~40	25 003	789	3.16%	43	5.45%
4	女	18~25	98 269	680	0.69%	85	12.50%

续表

序　号	性　别	年　龄	展　现　量	点　击　量	点　击　率	总成交笔数	点击转化率
5	女	26~30	79 869	1235	1.55%	35	2.83%
6	女	31~40	20 568	786	3.82%	78	9.92%

注：点击率=（点击量/展现量）×100%；点击转化率=（总成交笔数/点击量）×100%。

3. 整理和分析目标数据

如果设定人群定向分组的目的是提高商品销量,那么在推广数据中要重点关注投入产出比、点击转化率和点击率数据。投入产出比和点击转化率数据体现了设定人群的购买意愿,而点击率是点击基数的保证。由于投入产出比的数值受到点击转化率和客单价的综合影响,因此可优先选择点击转化率作为推广效果数据,选择点击率作为点击基数数值。因此,以点击率为横坐标,点击转化率为纵坐标,选择 Excel 散点图,如图 10.6 所示。

直通车人群定向点击率和点击转化率的点状分布图如图 10.7 所示。

图 10.6　选择数据区域

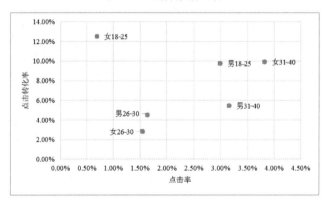

图 10.7　直通车人群定向点击率和点击转化率的点状分布图

重新划分图 10.7,令点击率等于 2.00% 且以与 y 轴平行的直线作为新的 y 轴;令点击转化率等于 6.00% 且以与 x 轴平行的直线作为新的 x 轴,如图 10.8 所示。

图 10.8 通过新的 x 轴和 y 轴划分出四个象限:右上区域（第一象限）代表高点击、高转化人群,这类人群应该重点推广;左上区域（第二象限）是低点击、高转化人群,这类人群的点击基数偏低,商家可以通过提高关键词排名来提升点击基数,然后观察转化数据;左下区域（第

三象限）是低点击、低转化人群，这类人群的点击基数偏低，转化数据存在不确定性；右下区域（第四象限）是高点击、低转化人群，这表明点击花费推广费用没有达到推广效果。

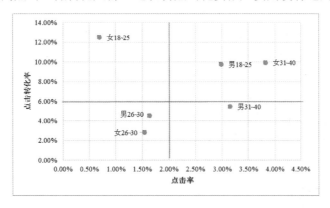

图 10.8　重新划分后的直通车人群定向点击率和点击转化率的点状分布图

4. 推广策略调整

针对上述数据分析结果，可得出结论：优先推广第一象限内的优质客户，适当增加第二、第三象限的点击基数，减少对第四象限内人群的推广。基于表 10.3 和图 10.8 推测可知：18～25 岁的男性用户和 31～40 岁的女性用户位于第一象限，这类用户具有较高的推广潜力，商家应优先对这部分人群进行推广；31~40 岁的男性用户位于第四象限，这类用户具有较低的推广潜力，商家可以适当地减少对这部分人群的推广；剩余的用户，商家应适当地增加其点击基数，观察其转化数据，最后确定相应的推广策略。

▶▶ 10.2.3　推广活动产生效果的数据分析

1. 推广活动的作用

随着网店平台推广费用和流量成本的增加，不少卖家把目光聚集在举办各种店铺、平台活动上。报名参加各种活动不仅可以帮助店铺快速吸引消费者，而且可以直接在较短的时间内为店铺带来大量的流量。平台活动为店铺带来的持续性购买是相当可观的，再通过成交数据的累计，其可以不断为店铺带来更多的流量。在活动期间，推广效果越好，未来的店铺流量提升越快。同时，这在一定程度上也提升了店铺的买家回头率，让卖家获取了更大的收益。因此，网店卖家不定期地开展促销活动已经成了一种常态。

2. 对推广活动产生的效果进行数据分析

活动推广效果分析的目的是通过对已经完成的活动数据进行分析来发现活动中存在的问题和可供参考的经验，以及总结活动流程、推广渠道、客户兴趣等内容，以便后续活动推广策略的优化。常见的活动推广分析维度有以下几个。

（1）活动推广流量分析。活动推广流量分析是判断推广效果的核心要素，其可以分析推广活动为企业带来的流量情况。活动推广流量分析的主要分析指标有访客数、成交订单数、成交占比、成交额、投入成本、投入产出比等。

（2）活动推广转化分析。活动推广转化分析指对获取的流量转化为收藏、加购、订单等状态的数据进行分析。活动推广转化分析的主要分析指标有访客数、收藏数、加购数、成交订单数、收藏转化率、加购转化率、支付转化率等。

（3）活动推广拉新分析。活动推广拉新分析指对活动带来的新客户数据进行分析，其分析的前提是先完成企业活动推广流量分析和活动推广转化分析，在此基础上，将活动中的新客户单独拉出并对其相关数据进行分析。活动推广拉新分析的主要分析指标有访客数、新访客数、新访客占比等。

（4）活动推广留存分析。活动推广留存分析指在活动结束一段时间后，对因活动而成为店铺新客户的相关数据进行分析。这部分新客户的共同表现：在活动结束后仍在店铺发生重复购买等活跃行为。活动推广留存分析的主要指标有访客数、留存访客数、留存访客占比等。

3. 活动推广效果分析

1）活动推广流量分析

表 10.4 为 H 店三周年店庆活动后一周的店铺流量相关数据。以这组数据为例，对该店铺的活动推广流量进行分析。

表 10.4　H 店三周年店庆活动后一周的店铺流量相关数据

序　号	流 量 来 源	访 客 数	成交订单数	成交占比	投入成本/元	成交额/元	投入产出比
1	超级推荐	12 015	1103	9.18%	12 432	11 932	0.96
2	钻石展位	19 632	2536	12.92%	5321	5736	1.08
3	聚划算	13 021	1001	7.69%	3688	2552	0.69
4	直通车	14 202	1583	11.15%	4399	4963	1.13
5	淘宝客	20 162	4966	24.63%	18 423	20 013	1.09

选择流量来源、访客数、成交订单数、成交占比、投入产出比对应的数值区域，插入组合图形。将访客数、成交订单数设置为簇状柱形图，将成交占比、投入产出比设置为折线图，将访客数和成交订单数设置为次坐标轴，如图 10.9 所示。

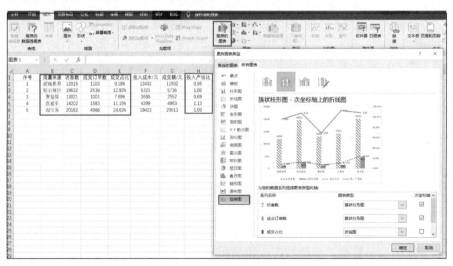

图 10.9　H 店的店铺流量相关数据

最后，得到 H 店活动推广流量分析图，如图 10.10 所示。

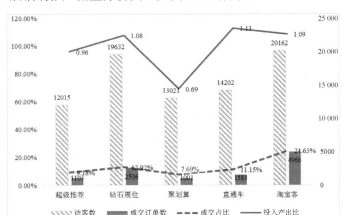

图 10.10　H 店活动推广流量分析图

由图 10.10 可知，H 店在推广活动中获取流量表现优秀的渠道有钻石展位、直通车和淘宝客。这 3 种渠道无论是获取访客数、获取订单数和投入产出比都排名在前。H 店在后续的推广活动中可优先选择这 3 种渠道。

2）活动推广转化分析

表 10.5 为 H 店三周年店庆活动后一周的转化相关数据。以这组数据为例，对该店铺的活动推广转化进行分析。

表 10.5　H 店三周年店庆活动后一周的转化相关数据

序号	流量来源	访客数	收藏数	加购数	成交订单数	收藏转化率	加购转化率	支付转化率
1	超级推荐	12 015	829	1603	1103	6.90%	13.34%	9.18%
2	钻石展位	19 632	3221	3236	2536	16.41%	16.48%	12.92%
3	聚划算	13 021	269	1043	1001	2.07%	8.01%	7.69%
4	直通车	14 202	1532	2088	1583	10.79%	14.70%	11.15%
5	淘宝客	20 162	3983	5120	4966	19.75%	25.39%	24.63%

选择流量来源、访客数、收藏数、加购数、成交订单数对应的数值区域，插入三维柱形图，如图 10.11 所示。

选择流量来源、收藏转化率、加购转化率、支付转化率对应的数据区域，插入折线图，如图 10.12 所示。

由图 10.11 和图 10.12 可知，在推广活动中，转化效果最好的是淘宝客，其各项转化均排名第一。排名第二、第三的依次是钻石展位和直通车。在今后的活动中，H 店可以优先考虑淘宝客、钻石展位和直通车这 3 种推广渠道。

3）活动推广拉新与活动推广留存分析

活动推广拉新分析与活动推广留存分析的计算过程类似，需要将新客户或留存客户对应的比例计算出来。在对活动推广拉新进行分析时，需要将新访客占比、新收藏占比、新加购占比、新成交额占比统计并整理出来。在对活动留存进行分析时，需要将留存访客占比、留存收藏占比、留存加购占比、留存成交额占比统计并整理至 Excel 表格中，然后进行分析。

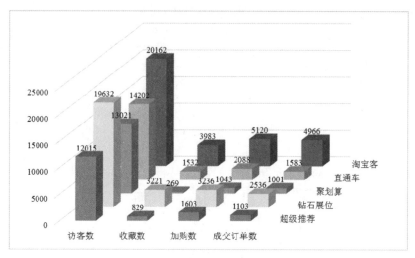

图 10.11　活动推广转化效果分析——三维柱状图

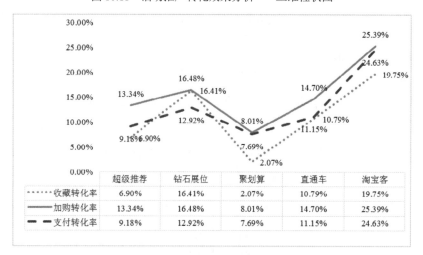

图 10.12　活动推广转化效果分析——折线图

　　表 10.6 和表 10.7 为 H 店三周年店庆活动后一周的拉新相关数据及其计算结果。以表 10.6 中的数据为例，对该店铺活动推广拉新进行分析。

表 10.6　H 店三周年店庆活动后一周的拉新相关数据

流量来源	超级推荐	钻石展位	聚划算	直通车	淘宝客
访客数	12 015	19 632	13 021	14 202	20 162
新访客数	3544	6321	2869	5654	12 021
收藏数	829	3221	269	1532	3983
新收藏数	231	1563	110	532	1210
加购数	1603	3236	1043	2088	5120
新加购数	631	1223	369	654	2369
成交额/元	11 932	5736	2552	4963	20 013
新成交额/元	6321	2010	968	1563	10 211

表 10.7　H 店三周年店庆活动后一周的拉新相关数据的计算结果　　　　　单位：%

序　号	流 量 来 源	新访客占比	新收藏占比	新加购占比	新成交额占比
1	超级推荐	29.50	27.86	39.36	52.98
2	钻石展位	32.20	48.53	37.79	35.04
3	聚划算	22.03	40.89	35.38	37.93
4	直通车	39.81	34.73	31.32	31.49
5	淘宝客	59.62	30.38	46.27	51.02

　　选择流量来源、新访客占比、新收藏占比、新加购占比、新成交额占比对应的数值区域，插入折线图，如图 10.13 所示。

　　由图 10.13 可知，综合来看，在推广活动后，拉新效果整体较好，其中新成交额表现最好，其最低占比为 31.49%，最高占比为 52.98%；拉新综合效果最好的渠道是淘宝客。该店铺可以结合分析结果对后续推广渠道进行优化。

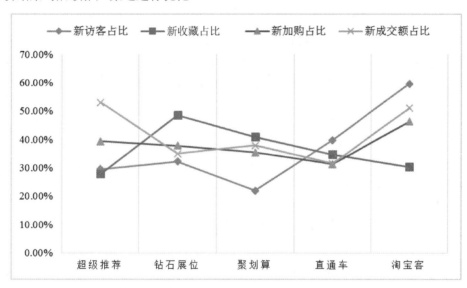

图 10.13　活动推广拉新分析图

10.3　销售数据分析

▶▶ 10.3.1　销售数据的基础知识

　　电商平台既为商品的销售提供了广阔的渠道，又为消费者提供了更为便利的交易方式和更加广泛的选择，这使得越来越多的商品和服务的交易呈现在互联网上。消费者在电商平台上进行消费时首先需要注册，如此商家便获取了客户的第一手资料。然后消费者在网站浏览网页、购买商品，最后对购买的商品进行评价，商家由此获取了与商品销售有关的反馈数据。因此，商品在网上的销售过程中产生的一系列数据都与电子商务销售相关。

1．销售数据的特点

（1）可得性。网上购物因不受时空限制而受到广大用户的喜爱。基于互联网技术的有效支持，电子商务蓬勃发展，网络购物市场的交易规模日益扩大，电子商务平台已积累了海量的销售数据。

（2）多样性。计算机信息技术的发展使电商平台收集和整理与销售有关的信息成为可能。越来越多的用户基本资料与行为信息、商品信息、事务数据和日志数据均被记录在数据库中。与传统门店商品的销售数据相比，电商平台产生的销售数据更为多样。

（3）复杂性。对于电商企业，通过销售数据进行分析并找到产品之间的关联是具有一定复杂性和难度的。

2．销售数据的作用

（1）对精准营销的支撑。精准营销不能缺少用户特征数据的支撑和详细准确的分析。对店铺销售数据进行挖掘与处理，可筛选出更具价值的数据，以达成更好的市场推广效果。

（2）引导产品及营销活动更加符合用户需求。如果能在产品生产之前了解潜在用户的主要特征及他们对新产品的期待，那么企业的生产活动便可以按照用户的喜好来进行，店铺也可以采购到更加符合消费者需求的商品，使得生产企业和销售企业都可以获得更大的收益。

（3）监测竞争对手与品牌传播。通过对销售数据的分析，企业能够熟悉网络营销环境，把控品牌传播的有效性，监测行业及产品动向，了解竞争对手的信息，促进产品销售。

（4）基于市场预测与决策分析发现新市场与新趋势。基于数据建模与数据分析，可挖掘出潜在的信息规律，从而预测市场未来走势。基于销售数据的分析与预测可为商家提供洞察新市场与把握经济规律的重要依据。

▶▶ 10.3.2　销售数据的分析过程

在进行销售数据分析时，首先要明确此次数据分析的目标，然后围绕该目标收集、整理与分析相应的数据，最后找到销售数据变动的原因，并改善销售情况。

1．分析目标定位

销售数据分析的任务来源多样，有销售数据明显变动或产品更新换代给销售部门带来的被动调整，也有商家根据自身发展规划的主动调整。在数据分析之前，需要明确数据分析的任务定位，并以此制定分析目标，同时收集与任务相关的数据，主要包括月活跃用户人数、登录界面人数、将商品加入购物车人数、生成订单人数、支付人数和完成交易人数等指标。

2．确定目标数据

在确定目标定位之后，还需要确定目标数据。因此，需要计算以下两个数据。

（1）整体转化率。整体转化率指目标环节用户人数与月活跃用户人数的比值。在月活跃用户人数及其他环节的转化率较为稳定的情况下，提高整体转化率可以提升目标环节用户人数，最终提高完成交易人数。

（2）环节转化率。环节转化率指目标环节用户人数与上一环节用户人数的比值。该数据可以反映目标环节用户的损失率。某电商平台整体转化率和环节转化率数据如表 10.8 所示。

表 10.8　某电商平台整体转化率和环节转化率数据

目 标 环 节	目标环节用户人数	整体转换率	环节转化率
月活跃用户	800 000	100.00%	100.00%
登录界面	582 880	72.86%	72.86%
将商品加入购物车	365 757	45.72%	62.75%
生成订单	240 046	30.01%	65.63%
支付	102 884	12.86%	42.86%
完成交易	98 316	12.29%	95.56%

3. 整理并分析目标数据

为了直观地展示目标数据，将表 10.8 中的计算结果导入 Excel 表格中，生成漏斗图（漏斗图的具体制作过程参见 2.4.3 节），如图 10.14 所示。

由环节转化率数据可知，完成交易环节的环节转化率为 95.56%，登录界面环节的环节转化率为 72.86%。这两个环节的转化率都超过了 70%，所以，这两个环节并不是造成该平台最终完成交易人数和月活跃用户人数差距较大的主要因素。将商品加入购物车环节和生成订单环节的环节转化率分别为 62.75% 和 65.63%，但支付环节的转化率仅为 42.86%。由此可知，将商品加入购物车环节和生成订单环节是次要因素，而支付环节才是造成该平台最终完成交易人数和月活跃用户人数差距较大的主要因素。

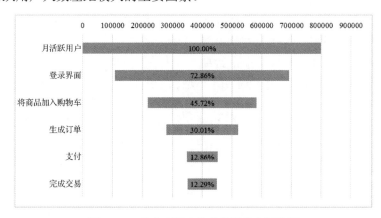

图 10.14　某电商平台的整体转化率漏斗图

4. 分析销售数据变动的原因

通过上述分析已得出支付环节是造成该平台最终完成交易人数和月活跃用户人数差距较大的主要因素，统计整理用户的反馈信息，得知"支付界面经常卡顿"是造成支付环节用户流失的主要原因，如表 10.9 所示。因此，优化该电商平台支付系统的性能可减少支付环节用户的流失，进而提升该平台的销售量。

表 10.9　某电商平台支付系统的用户意见反馈

问 题 编 号	用户反馈信息	用 户 比 例
1	支付界面经常卡顿	68%
2	支付界面的设计缺少人性化提示	10%
3	支付系统操作复杂	8%
4	支付系统安全性问题	6%
5	后台系统容易崩溃	5%
6	其他	3%

▶▶ 10.3.3　销售数据的动态分析方法

1. 动态分析

动态分析是应用统计方法研究社会经济现象在一段时间内且在数量方面的发展变化过程的，其包括 3 个比较重要的统计指标，即增长量（水平指标）、发展速度和增长速度（速度指标）。

1）增长量

增长量指动态数列中两个不同时期的发展水平之差，其反映了社会经济现象报告期比基期增加或减少的数量。增长量的计算公式：增长量=报告期水平−基期水平。当报告期水平大于基期水平时，增长量为正值，表示社会经济现象的水平增加；当报告期水平小于基期水平时，增长量为负值，表示社会经济现象的水平减少。若一组动态数列为$(a_0, a_1, \cdots, a_n)$，根据采用的基期不同，增长量分为逐期增长量和累计增长量。

（1）逐期增长量。逐期增长量指报告期水平与前一期水平之差$(a_1-a_0, a_2-a_1, \cdots, a_n-a_{n-1})$，其表示报告期水平比前一期水平增长的绝对数量。

（2）累计增长量。累计增长量指报告期水平与某一固定基期水平之差$(a_1-a_0, a_2-a_0, \cdots, a_n-a_0)$，其表示报告期水平比某一固定基期水平增长的绝对数量，也说明在某一段较长时期内总的增长量。

（3）逐期增长量和累计增长量之间的关系。整个时期的逐期增长量之和等于最后一个时期的累计增长量，即$(a_1-a_0)+(a_2-a_1)+\cdots+(a_n-a_{n-1})=a_n-a_0$；相邻两个时期的累计增长量之差等于相应时期的逐期增长量，即$(a_n-a_0)-(a_{n-1}-a_0)=a_n-a_{n-1}$。

2）发展速度

发展速度指在一定时期内的发展方向和发展程度的动态相对指标，其是以相对数形式表示的两个不同时期发展水平的比例。发展速度的计算公式：发展速度=报告期水平/基期水平。发展速度一般用百分数表示，有时也用倍数表示。若发展速度大于百分之百（或大于 1），则表示上升速度，反之则表示下降速度。根据采用的基期不同，发展速度分为定基发展速度和环比发展速度。

（1）定基发展速度。定基发展速度指报告期水平与某一固定基期水平（通常是最初水平）的比值，表示社会经济现象在较长时期内总的发展变化程度，又称为总速度，如$(a_1/a_0, a_2/a_0, \cdots, a_n/a_0)$。

（2）环比发展速度。环比发展速度指报告期水平与前一期水平的比值，表示社会经济现象发展变化的程度，如$(a_1/a_0, a_2/a_1, \cdots, a_n/a_{n-1})$。

（3）定基发展速度与环比发展速度之间的关系。定基发展速度等于相应时期内的各环比发展速度的连乘积；相邻两个定基发展速度之比等于相应时期的环比发展速度。

3）增长速度

增长速度是表示社会经济现象增长程度的动态相对指标，其反映了报告期水平比基期水平增加或降低的程度。增长速度的计算公式：增长速度=报告期增长率/基期水平=(报告期水平-基期水平)/基期水平=报告期水平/基期水平-1=发展速度-1。增长速度有正负之分，当发展速度大于 1 时，增长速度为正值，表明社会经济现象的增长程度；当发展速度小于 1 时，增长速度为负值，表明社会经济现象的降低程度。根据采用的基期不同，增长速度分为定基增长速度和环比增长速度。

（1）定基增长速度。定基增长速度是累计增长量与某一固定基期水平对比的结果，表示社会经济现象在较长时期内总的增长程度。定基增长速度的计算公式：定基增长速度=累计增长量/基期水平=(报告期水平-基期水平)/基期水平=定基发展速度-1。

（2）环比增长速度。环比增长速度是逐期增长量与前一期水平对比的结果，表示社会经济现象逐期增长的方向和程度。环比增长速度的计算公式：环比增长速度=逐期增长量/前一期水平=(报告期水平-前一期水平)/前一期水平=环比发展速度-1。

需要注意的是，定基增长速度与环比增长速度不能直接换算，如果要进行换算，那么首先将环比增长速度加 1 变成环比发展速度，再将各期环比发展速度连乘，得到定基发展速度，最后将定基发展速度减 1 得到定基增长速度。

2. 动态分析的算例

通过动态分析法来分析销售数据。若某电商平台 2020 年 12 个月的销售额依次为 1238.28 万、1345.98 万、1456.93 万、1567.64 万、1630.38 万、1789.76 万、1935.47 万、2100.31 万、2245.57 万、2367.38 万、2512.39 万、2709.43 万元。根据这组数据对该电商平台 2020 年的销售数据进行动态分析。

1）计算销售数据的增长量

新建一个工作簿，将上述数据导入该工作簿。在销售额的下一单元格输入累计增长量，将 1 月的销售额视为 a_0，用公式 a_n-a_0 计算每个月的累计增长量。用鼠标指针选中 D4 单元格，输入公式"=D3-\$C\$3"，单击"√"，算出 2 月的累计增长量；用鼠标指针选中 D4 单元格，将鼠标指针放在 D4 单元格的右下角，当鼠标指针变成黑色十字时，向右拖填充柄，得到 3 月至 12 月的累计增长量，如图 10.15 所示。

												单位：万元
	B	C	D	E	F	G	H	I	J	K	L	M	N
某电商平台2020各月的商品销售数据
月份		1	2	3	4	5	6	7	8	9	10	11	12
销售额		1238.28	1345.98	1456.93	1567.64	1630.38	1789.76	1935.47	2100.31	2245.57	2367.38	2512.39	2709.43
累计增长量			=D3-\$C\$3		329.36	392.10	551.48	697.19	862.03	1007.29	1129.10	1274.11	1471.15

图 10.15　计算全年销售额的累计增长量

在累计增长量下一单元格输入逐期增长量，用公式 a_n-a_{n-1} 可以计算出每个月的逐期增长量。用鼠标指针选中 D5 单元格，输入公式"=D3-C3"，，单击"√"，算出 2 月的逐期增长量；用鼠标指针选中 D5 单元格，将鼠标指针放在 D5 单元格的右下角，当鼠标指针变成黑色十字时，向右拖动填充柄，得到 3 月至 12 月的逐期增长量，如图 10.16 所示。

2）计算销售数据的发展速度

继续在逐期增长量下一单元格输入定基发展速度。定基发展速度等于 a_n/a_0。用鼠标指针选中 D6 单元格，输入公式"=D3/\$C\$3"，单击"√"，算出 2 月的定基发展速度；用鼠标指针选中 D6 单元格，将鼠标指针放在 D6 单元格的右下角，当鼠标指针变成黑色十字时，向右拖填充柄，得到 3 月至 12 月的定基发展速度，如图 10.17 所示。

图 10.16　计算全年销售额的逐期增长量

图 10.17　计算全年销售额的定基发展速度

在定基发展速度下一单元格输入环比发展速度，环比发展速度等于 a_n/a_{n-1}。用鼠标指针选中 D7 单元格，输入公式"=D3/C3"，单击"√"，算出 2 月的环比发展速度；用鼠标指针选中 D7 单元格，将鼠标指针放在 D7 单元格的右下角，当鼠标指针变成黑色十字时，向右拖填充柄，得到 3 月至 12 月的环比发展速度，如图 10.18 所示。

图 10.18　计算全年销售额的环比发展速度

根据上述操作结果，进一步计算定基增长速度和环比增长速度。

某电商平台 2020 年各月商品销售数据的动态分析如表 10.10 所示。

表 10.10　某电商平台 2020 年各月商品销售数据的动态分析

月　　份	1	2	3	4	5	6	7	8	9	10	11	12
累计增长量/万元	/	107.7	218.65	329.36	392.1	551.48	697.19	862.03	1007.29	1129.1	1274.11	1471.15
逐期增长量/万元	/	107.7	110.95	110.71	62.74	159.38	145.71	164.84	145.26	121.81	145.01	197.04
定基发展速度/倍	/	1.09	1.18	1.27	1.32	1.45	1.56	1.70	1.81	1.91	2.03	2.19
环比发展速度/倍	/	1.09	1.08	1.08	1.04	1.10	1.08	1.09	1.07	1.05	1.06	1.08
定基增长速度/%	/	9	18	27	32	45	56	70	81	91	103	119
环比增长速度/%	/	9	8	8	4	10	8	9	7	5	6	8

▶▶ 10.3.4 销售数据的预测分析方法

1. 基于回归分析的销售数据预测

回归分析是一种用来确定两种或两种以上变量的相互依赖关系的定量分析方法。回归分析按涉及变量的多少，分为一元回归分析和多元回归分析；按因变量的多少，分为简单回归分析和多重回归分析；按自变量和因变量的关系类型，分为线性回归分析和非线性回归分析（具体计算可参见本书的第 3 章）。回归分析不仅可以分析因素之间的相关性，而且可以通过现象发展预测未来。

利用 10.3.3 节中某电商平台 2020 年各月的商品销售数据对销售额进行预测。新建一个工作表，将商品销售数据复制粘贴到工作表中。用鼠标指针选中"B2:C14"单元格区域，插入"折线图"，增加坐标轴名称；选择"趋势线"，在"设置趋势线格式"窗口单击"线性"单选按钮，勾选"显示公式"和"显示 R 平方值"复选框，如图 10.19 所示。由图 10.19 可以看出，回归直线方程为 $y=132.86x+1044.7$，R^2 为 0.9918，表明因果关系显著；预测 2021 年 1 月该电商的销售额，可将 $x=13$ 代入回归方程，得 $y=2771.88$ 万元。

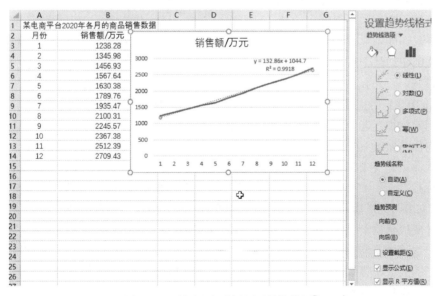

图 10.19 利用回归分析预测销售数据[1]

2. 基于时间序列的销售数据趋势分析

1）时间序列的构成要素

现象变动趋势分析是把动态数列受各类因素的影响状况分别测定出来，弄清研究对象变化的原因及规律，为预测未来和决策提供依据。店铺销售受许多因素影响，营业额看起来在不断变化，好像没什么规律可循，但是在这些影响营业额的因素中，有的是长期起作用的，有的只

---

[1] 图中的字母 x、y、R 应为斜体，但该公式为计算机自动生成，无法修改。

是短期起作用的。因此，在分析时间序列的变化规律时，要将诸多的影响因素划分为几大类时间序列的构成要素，然后对这些构成要素分别进行分析。

（1）长期趋势。长期趋势是在一段较长的时间内，由于普遍的、持续的、决定性的基本因素，发展水平沿着一个方向逐渐向上或向下变动的趋势。例如，从较长时期来看，由于受种植方法的不断改进、农田水利的日益发达等根本因素的影响，粮食生产总趋势是持续增加、向上发展的。认识和掌握事物的长期趋势，可以把握事物发展变化的基本特点。移动平均法是用一组最近的实际数据值来预测未来一期或几期内产品的需求量、产能等的一种常用方法，其能有效地消除预测中的随机波动，以反映长期趋势（具体计算可参见本书第 3 章）。

（2）季节变动。季节变动是一种自然现象，为了适应这种自然现象，人类经济生活也受到季节变动的影响，如销售中有销售旺季和销售淡季之分；又如，在每年冬季来临前，取暖器、家用水暖或地暖的销量会快速增长。进一步扩展季节变动的思维方式，考虑社会、政治、经济和自然因素的影响，形成周期性的、有规则的重复变动，均可称为季节变动。季节指数方法通过计算季节比率可使时间序列预测模型更加合理（具体计算见本书第 3 章）。

（3）循环变动。循环变动是某种现象在一个较长的时期内出现一定规律的周期波动。需要注意的是，循环变动与长期趋势有所不同，循环变动不是某一方向上的持续变动，而是具有相反方向的交替波动，既有增长又有下降。

（4）不规则变动。不规则变动是一种没有规则的、随机的变动，指现象除受以上各种变动的影响之外，还受到临时的、偶然的或不明原因的影响，从而引起非周期性、非趋势性的随机变动。不规则变动是无法预知的。

2）预测销售额的趋势分析算例

仍选用 10.3.3 节中某电商平台 2020 年各月的商品销售数据对销售额进行预测。选定移动次数 $N=3$，用鼠标指针选中 D5 单元格，输入公式"=(C3+C4+C5)/3"，单击"√"，算出 3 月的一次移动平均数，如图 10.20 所示；用鼠标指针选中 D5 单元格，将鼠标指针放在 D5 单元格的右下角，当鼠标指针变成黑色十字时，向右拖动填充柄，得到 4 月至 12 月的一次移动平均数。

用鼠标指针选中 E7 单元格，输入公式"=(D5+D6+D7)/3"，单击"√"，算出 5 月的二次移动平均数，如图 10.21 所示；用鼠标指针选中 E7 单元格，将鼠标指针放在 E7 单元格的右下角，当鼠标指针变成黑色十字时，向右拖动填充柄，得到 6 月至 12 月的二次移动平均数。

统计一次移动平均数和二次移动平均数，如表 10.11 所示。根据本书第 3 章所学知识可得出时间序列的线性趋势预测模型为 $y = 148.87x + 2678.6$。如果要预测 2021 年 1 月该电商的销售额，可以将 $x=1$ 代入预测模型，得 $y = 2827.47$ 万元。

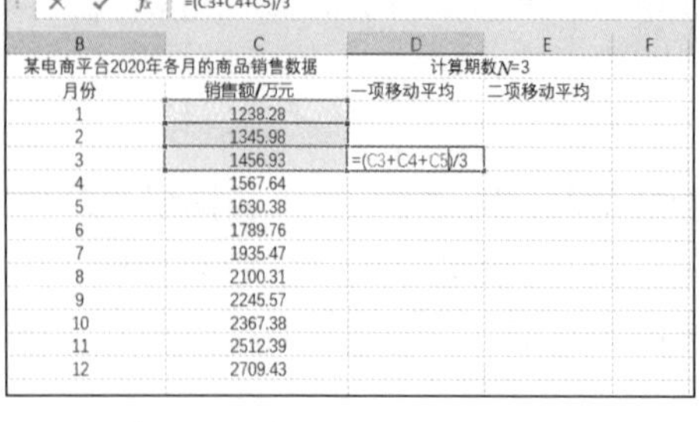

图 10.20　计算一次移动平均值 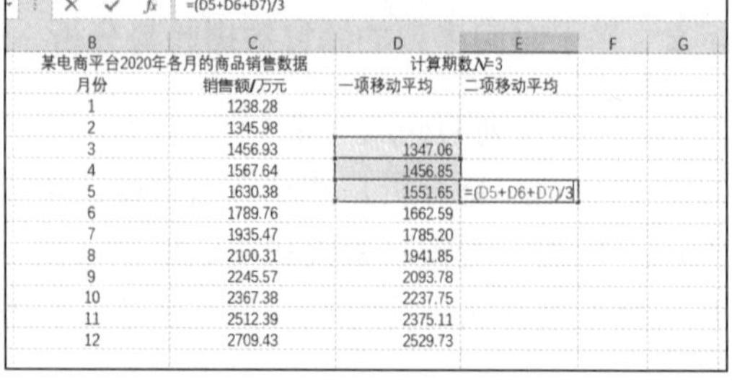　　　　图 10.21　计算二次移动平均值

表 10.11　某电商平台 2020 年商品销售数据移动平均分析（期数 N=3）

月　份	销售额/万元	一次移动平均值	二次移动平均值
1	1238.28	—	—
2	1345.98	—	—
3	1456.93	1347.06	—
4	1567.64	1456.85	—
5	1630.38	1551.65	1451.85
6	1789.76	1662.59	1557.03
7	1935.47	1785.20	1666.48
8	2100.31	1941.85	1796.55
9	2245.57	2093.78	1940.28
10	2367.38	2237.75	2091.13
11	2512.39	2375.11	2235.55
12	2709.43	2529.73	2380.87

10.4　客服绩效分析

▶▶ 10.4.1　客服绩效分析的基础知识

1. 客服绩效分析的目的

绩效管理是在充分沟通的基础上形成的，它是由企业内部各级员工和管理者为实现企业目标和利润而进行的绩效计划制订、沟通、考核评价、结果应用和绩效提升等若干工作内容共同组成的有机整体，也是在人力资源管理中起到监管和激励作用的关键环节。在现代企业中，绩效管理是对员工进行绩效考核、薪酬管理、职业发展、晋升考评等多项人事管理工作的基础，其对企业的高效运转和健康发展具有积极意义。客服绩效考核有以下几个作用：节约店铺成本、明确店铺定位与目标、提升客服工作效率、体现企业激励文化及提升企业的实质性收益。

2. 客服绩效分析的原则

客服绩效分析要坚持以下 7 项原则。

（1）公开的原则。绩效管理的考核评价规则必须公开透明，而且在执行绩效考核时需要遵循公开原则。

（2）客观性原则。绩效管理制度必须建立在尊重事实的基础上，其依据的管理评价体系必须客观真实。

（3）反馈原则。绩效管理体系下的考核人与被考核人之间需要建立定向反馈机制，对于被考核人在绩效考核体系下存在的问题，考核人有义务及时告知，同时被考核人还需要对改进意见进行反馈。

（4）公私分明原则。绩效考核主要是对被考核人的工作表现和工作能力进行评估。因此，在进行绩效管理时，要根据工作表现进行评估，做到公私分明。

（5）时效性原则。绩效考核是对被考核人在特定时期内的工作表现进行评估，因此评估必须带有时效性，需要明确评估时期。

（6）权责一致原则。权责一致是能否客观评估被考核人工作表现的重要因素，如果被考核人的权力和责任不对等，那么建立在这种不对等基础上的绩效考核本身就缺乏一定的客观性。而且，如果处理不好，这种考核体系还会激化企业内部矛盾，不利于企业的经营生产。

（7）量化考核原则。绩效管理需要建立在可量化、可评估的基础上。量化员工的工作表现和工作业绩是建立客观公正的绩效管理的先决条件，要量化绩效考评体系和考评规则，须设置精确的关键绩效指标（Key Performance Indicator, KPI），以便员工能够根据绩效考核指标的引导，积极推动个人和企业目标的实现。

▶▶ 10.4.2 客服绩效分析的方法

1. KPI 的基础知识

对电商经营者而言，一个好的绩效分析方法能把客服人员的业绩目标与店铺的整体运营目标结合，还能及时发现潜在问题，并及时反馈给客服人员，进而实现对客服人员的评价和管理，引导店铺向正确的方向发展。KPI 是一种绩效管理工具，其主要是通过在企业内部经营管理过程中建立一种绩效评估机制，并确定评价指标，同时对指标的完成情况进行考评，来推动内部员工为实现企业目标不断努力，促进企业目标加快实现[①]。这种绩效评估机制的建立，使 KPI 分解企业的各项经营目标和业务发展方向，确保目标可实现。

针对电商卖家，KPI 考核的指标一般有 5 个，分别是咨询转化率、支付率、客服落单率、响应时间和售后及日常工作。

（1）咨询转化率。咨询转化率指所有咨询客服并产生购买行为的人数与咨询客服总人数的比值。当买家在访问过程中产生疑问时，大部分买家会选择与在线客服进行交流，如果客服解决了买家的相关问题，那么一部分买家会选择购买商品。在网购过程中，绝大多数行业的销售额是需要客服引导客户购买完成的，而不同行业的咨询转化率也是不同的。在直接层面上，咨询转化率会影响整个店铺的销售额；在间接层面上，咨询转化率会影响买家对店铺的黏性和复购率，甚至是整个店铺的品牌建设和持续发展。咨询转化率能直接反映出一个客服人员的工作质量。在同等的条件下，客服人员的咨询转化率越高，说明客服对店铺的贡献越大。

（2）支付率。支付率指成交总笔数与下单总笔数的比值。支付率直接影响店铺的利润，也在一定程度上影响店铺的排名。因此，经营者需要加大对店铺支付率的重视，将支付率作为客服 KPI 考核的指标之一，通过提升客服人员的支付率，达到提升店铺支付率的目的。

（3）客服落单率。客服落单率指在一定周期内客服个人的客单价与店铺客单价的比值。该指标直接把客服个人客单价与店铺客单价联系起来，经营者可以很直观地看出整个客服团队的水平，这样更容易及时发现问题，有利于整个客服团队 KPI 的提升。

（4）响应时间。响应时间指当买家咨询后，客服回复买家的时间间隔。响应时间又分为首次响应时间和平均响应时间。响应时间是影响成交转化率的因素之一，当买家通过咨询客服表

---

① 张侯. 阿里巴巴西安分公司客服人员绩效管理研究[D]. 西安：西安理工大学，2016.

明对该商品比较感兴趣时，客服的响应时间会影响商品的咨询转化率。如果客服的响应时间短、回复专业、态度热情，那么将会提升商品的咨询转化率。

（5）售后及日常工作。除上述相关的数据指标之外，客服 KPI 复合模型还应包括对客服的售后（月退货量）及日常工作（月缺勤次数）的考核。

2. 电商店铺客服 KPI 考核实例

1）某电商店铺客服 KPI 考核指标体系与权重得分

某电商平台上一家主营服装的店铺对客服 KPI 考核指标权重的分配为 $w_{咨询转化率}=0.3$，$w_{支付率}=0.25$，$w_{客服落单率}=0.2$，$w_{响应时间}=0.15$，$w_{售后及日常工作}=0.1$。某电商店铺客服 KPI 考核指标如表 10.12 所示。

表 10.12　某电商店铺客服 KPI 考核指标

一级指标及权重	二级指标及权重	计 算 公 式	评 分 标 准	对 应 分 值
咨询转化率（X） （权重30%）	—	咨询转化率=成交人数/咨询总人数	$X>50\%$	100
			$40\%<X\leqslant50\%$	90
			$30\%<X\leqslant40\%$	80
			$20\%<X\leqslant30\%$	70
			$10\%<X\leqslant20\%$	60
			$X\leqslant10\%$	50
支付率（F） （权重25%）	—	支付率=成交笔数/下单总笔数	$F>90\%$	100
			$80\%<F\leqslant90\%$	90
			$70\%<F\leqslant80\%$	80
			$60\%<F\leqslant70\%$	70
			$50\%<F\leqslant60\%$	60
			$F\leqslant50\%$	50
客服落单率（Y）（权重20%）	—	客服落单率=客服客单价/店铺客单价	$Y>1.23$	100
			$1.21<Y\leqslant1.23$	90
			$1.19<Y\leqslant1.21$	80
			$1.17<Y\leqslant1.19$	70
			$1.15<Y\leqslant1.17$	60
			$Y\leqslant1.15$	50
响应时间（T） （权重15%）	首次响应时间（ST） （权重10%）	—	$ST<10$	100
			$10\leqslant ST<15$	90
			$15\leqslant ST<20$	80
			$20\leqslant ST<25$	70
			$25\leqslant ST<30$	60
			$30\leqslant ST$	50
	平均响应时间（PT） （权重5%）	—	$PT<20$	100
			$20\leqslant PT<25$	90
			$25\leqslant PT<30$	80
			$30\leqslant PT<35$	70
			$35\leqslant PT<40$	60
			$40\leqslant PT$	50

续表

一级指标及权重	二级指标及权重	计 算 公 式	评分标准		对 应 分 值
售后及日常工作（D）（权重10%）	月退货量（T）（权重5%）	—	T<5		100
			5≤T<10		80
			10≤T<20		60
			20≤T		0
	月缺勤次数（A）（权重5%）	—	A=0		100
			1≤A<5		80
			5≤A<10		60
			10≤A		0

2）该店铺 3 名客服人员的绩效评价及得分

对 3 名客服人员最近 30 天的客服咨询转化率进行统计，如表 10.13 所示。通过计算客服咨询转化率的得分可知，客服乙的咨询转化率较高，其次是客服丙，最低的是客服甲。

表 10.13　客服咨询转化率统计表

客 服 人 员	成交总人数	咨询总人数	咨询转化率	得 分	权 重 得 分
甲	122	890	13.71%	60	18
乙	203	560	36.25%	80	24
丙	173	684	25.29%	70	21

对 3 名客服人员最近 30 天的客服支付率进行统计，如表 10.14 所示。通过计算客服支付率的得分可知，客服丙和客服甲的客服支付率最高，客服乙的客服支付率较低。

表 10.14　客服支付率统计表

客 服 人 员	成 交 笔 数	下单总笔数	支 付 率	得 分	权 重 得 分
甲	265	305	86.89%	90	22.5
乙	480	729	65.84%	70	17.5
丙	367	412	89.08%	90	22.5

对 3 名客服人员最近 30 天的客服落单率进行统计，如表 10.15 所示。通过计算客服落单率的得分可知，客服丙的客服落单率较高，其次是甲、乙两位客服。

表 10.15　客服落单率的统计表

客 服 人 员	客服客单价/元	店铺客单价/元	客服落单率/%	得 分	权 重 得 分
甲	79.2	65	1.218	90	18
乙	78.8	65	1.212	90	18
丙	80.5	65	1.238	100	20

对 3 名客服人员最近 30 天的客服响应时间进行统计，如表 10.16 所示。通过计算首次响应时间和平均响应时间的得分和权重得分可知，客服乙的得分最高，然后是客服甲，最后是客服丙。

表 10.16　客服响应时间统计表

客 服 人 员	首次响应时间/min	得　分	权 重 得 分	平均响应时间/min	得　分	权 重 得 分
甲	18	80	8	25	80	4
乙	11	90	9	18	100	5
丙	23	70	7	33	70	3.5

对 3 名客服人员最近 30 天的客服售后及日常工作进行统计，如表 10.17 所示。通过计算月退货量和月缺勤次数的得分可知，客服丙的月退货量最低，其次是客服甲，最后是客服乙；客服乙的月缺勤次数最低，其次是客服甲，最后是客服丙。

表 10.17　客服售后及日常工作统计表

客 服 人 员	月退货量/件	得　分	权 重 得 分	月缺勤次数/次	得　分	权 重 得 分
甲	6	80	4	2	80	4
乙	13	60	3	0	100	5
丙	0	100	5	6	60	3

由表 10.13~表 10.17 中的 5 项指标对店铺客服人员进行综合考查，其结果如表 10.18 和表 10.19 所示。

表 10.18　客服人员 KPI 复合考核计算结果

KPI 考核指标	甲	乙	丙
咨询转化率/%	13.71	36.25	25.29
支付率/%	86.89	65.84	89.08
客服落单率/%	1.218	1.212	1.238
首次响应时间/min	18	11	23
平均响应时间/min	25	18	33
月退货量/件	6	13	0
月缺勤次数/次	2	0	6

表 10.19　客服人员 KPI 复合考核权重值和总绩效得分

KPI 考核指标	甲	乙	丙
咨询转化率/%	18	24	21
支付率/%	22.5	17.5	22.5
客服落单率/%	18	18	20
首次响应时间/min	8	9	7
平均响应时间/min	4	5	3.5
月退货量/件	4	3	5
月缺勤次数/次	4	5	3
总绩效值	78.5	81.5	82

根据客服人员 KPI 复合考核结果可知，客服丙的综合水平最高，其次是客服乙，最后是

客服甲。3 名客服人员的权重得分相差不大，但是根据各类数据指标的实际值，虽然客服甲的综合水平位于最后，但是客服甲的大部分数据都介于客服乙、丙之间；客服乙的咨询转化率较高，并且响应时间最短，但其月退货量也最高；客服丙的支付率和客服落单率较高，但其月退货量在 3 人中最低。

经营者在综合分析了 3 名客服人员的情况后，应针对 3 名客服人员目前存在的问题做出相应的改进：

（1）客服甲需要提升咨询转化率，及时回复买家的咨询，提升潜在的咨询转化率；同时，尽量降低月退货量，在和买家进行交流沟通的时候，应注意方式方法。

（2）客服乙的咨询转化率很高，但是支付率过低，应注意提升支付率，否则将严重影响个人的业绩考核；同时，应提升售后服务能力和水平，逐步降低月退货量。

（3）客服丙需要快速响应买家咨询，影响咨询转化率的一个很重要的因素就是响应时间。另外，客服丙还要提高出勤次数。

除了上述 5 个一级指标，客服 KPI 复合模型还可从更多方面对客服进行考核，这不仅反映出个人的业绩能力，而且反映出包括团队协作能力、工作态度等多方面的指标。只有这样，才能更加透彻地反映出客服团队中存在的问题，进而分析客服团队中存在的短板，并逐步弥补和提升。

本章知识小结

本章主要介绍了电子商务运营数据分析的基本概念和主要指标，以及 3 个重要的电子商务运营数据分析工作——推广数据分析、销售数据分析和客服绩效分析。掌握这 3 类电子商务运营数据分析的流程和方法，并通过 Excel 表格等工具对电子商务运营数据进行全面分析。

本章考核检测评价

1. 判断题

（1）运营数据分析团队在进行数据分析时，往往只需要少量且精确的运营数据。

（2）循环变动指某种现象在一个较长的时期内出现具有一定规律的周期波动，且变动趋势可能会在某一方向上持续变动。

（3）环节转化率等于目标环节用户人数/上一环节用户人数。

（4）付费流量的特点是流量较小、效果好，相较于免费流量，其更难获取大批的流量。

（5）咨询转化率的影响包括整个店铺的销售额、买家对店铺的黏性和复购率，以及整个店铺的品牌建设和持续发展。

2. 单选题

（1）以下不属于时间序列构成要素的是（　　）。
　　A．长期趋势　　　　B．季节趋势　　　　C．循环趋势　　　　D．变化趋势
（2）以下不属于销售数据特点的是（　　）。
　　A．可得性　　　　　B．多样性　　　　　C．主观性　　　　　D．复杂性
（3）常见的活动推广分析维度不包括（　　）。
　　A．活动推广流量分析　　　　　　　　B．活动推广拉新分析
　　C．活动推广产品分析　　　　　　　　D．活动推广留存分析
（4）电子商务运营数据分析的分类不包括（　　）。
　　A．推广数据分析　　　　　　　　　　B．销售数据分析
　　C．客服绩效分析　　　　　　　　　　D．物流管理分析
（5）客服 KPI 考核指标不包括（　　）。
　　A．跳出率　　　　　B．咨询转化率　　　C．支付率　　　　　D．客服落单率

3. 多选题

（1）网店推广活动的流量来源包括（　　）。
　　A．付费流量　　　　　　　　　　　　B．站内免费流量
　　C．站外免费流量　　　　　　　　　　D．第三方网站
（2）动态分析的 3 个比较重要的统计指标包括（　　）。
　　A．数量指标指数　　B．增长量　　　　　C．发展速度　　　　D．增长速度
（3）一支具备运营数据挖掘技术和运营数据分析技术的专业团队中的人员应具备（　　）
知识和能力。
　　A．熟练使用统计技术和分析工具进行运营数据挖掘和分析
　　B．熟悉主流数据库的基本技术且能够熟练使用
　　C．熟练使用主流运营数据挖掘、运营数据分析技术和工具
　　D．能够与团队成员进行有效的沟通，以及具有较强的学习和理解能力
（4）流量来源可以分为（　　）。
　　A．付费流量　　　　B．受限流量　　　　C．转化流量　　　　D．免费流量
（5）客服绩效分析的原则包括（　　）。
　　A．公开的原则　　　　　　　　　　　B．量化考核原则
　　C．权责一致原则　　　　　　　　　　D．效率优先原则

4. 简答题

（1）电子商务运营数据分析的必要条件包括哪些？
（2）简述推广数据分析流程。
（3）销售数据的作用有哪些？
（4）简述客服绩效分析的原则。
（5）简述时间序列的构成要素。

5. 案例题

三只松鼠精准营销案例分析

三只松鼠 B2C 电子商务公司依托互联网在各电商平台进行线上销售，并对 B2C 平台的后台数据开展挖掘分析，以实现客户的精准营销。

（1）精准的客户定位。采用大数据的方法获知喜欢网购零食的人群一般是慢食休闲群体，并且年龄主要集中在 80、90 后，虽然其他年龄段也有少数消费者，但他们主要偏好的是优质的产品体验。

（2）构建森林系食品品牌。三只松鼠创建了官方网站，并在各 B2C 平台上的旗舰店都做了搜索引擎优化，这样能帮助宣传品牌和进行精准营销。

（3）个性化的沟通策略。鼓励客服与顾客之间进行沟通交流，建立除商品购买咨询以外的更深层次的交流渠道，并且交流时间越长越佳，因此探索出了一套客服情景化的服务模式，最终达成提高复购率的效果。

（4）提升客户体验。为客户在购买和食用等各个环节尽量提供便利，以提升客户体验，并通过一对一的精致服务来满足客户的各种个性化需求。

针对上述案例，结合本章的知识点，分析三只松鼠品牌的运营策略，以及推广、销售和客服方面的可取做法，并收集店铺相关数据资料，同时进行数据化分析，最后撰写研究报告。

典型的电子商务数据分析指标

以下为电子商务数据分析中具有一定代表性的指标，其主要是根据数据分析的类别进行划分的，虽然可能存在一定的交叉，但它们都是为了对某一问题进行全面分析核算而归类的。

1. 电子商务市场/行业类指标

（1）行业销售量：一定时间内行业产品的总成交数量。

（2）行业销售量增长率：行业销售量增长率=行业本期产品销售总增长数量(行业本期销售量−行业上期或同期销售量)÷行业上期或同期产品销售总数量×100%。

（3）行业销售额：在一定时间单位中，行业内所有成交数量对应的花费额度。在同一交易类型中，行业成交数量越大，行业销售额越大。

（4）行业销售额增长率：行业销售额增长率=行业本期产品销售增额÷上期或同期产品销售额×100%。

（5）企业市场占有率：企业营业额占同期行业总营业额的比重。企业市场占有率=企业营业额÷行业总营业额×100%。

（6）市场增长率：也称为市场扩大率，表示企业市场占有率较上一个统计周期增长的百分比。企业市场扩大率=(本期企业市场销售额−上期企业市场销售额)÷上期企业市场销售额×100%。

（7）行业总销售收入：行业市场总营业额。

（8）行业平均利润：行业平均利润=行业利润总额/行业内主要企业数量。

（9）行业平均利税：行业平均利税=行业总体税金/行业总销售收入×100%。它是税收占收入比重的一个指标。

（10）行业平均成本：行业平均成本=行业总成本/行业内主要企业数量。

（11）营业额：营业的收入，包括销货款、赊销款、未收款等。

（12）用户份额：企业客户数占同期行业客户数的比例。

（13）渠道平均利润：渠道平均利润=渠道销售收入−销售成本−销售税金及附加。

（14）渠道平均成本：渠道平均成本=销售成本+销售税金及附加。

（15）主营业务毛利：主营业务毛利=主营业务收入−主营业务成本。

（16）主营业务利润：主营业务利润=主营业务收入−主营业务成本−主营业务税金及附加。

（17）营业利润：营业利润=主营业务利润+其他业务利润−营业费用−管理费用−财务费用。

（18）利润总额：利润总额=营业利润+投资收益+补贴收入+营业外收入−营业外支出。

（19）总成本：总成本=主营业务成本+营业费用+管理费用+财务费用。

（20）竞争对手销售额：企业竞争对手在单位时间内销售产品数量对应的总销售金额。

（21）竞争对手客单价：竞争对手客单价=竞争对手成交金额÷竞争对手成交客户数。

2. 电子商务运营类指标

（1）注册用户数（注册会员数）：曾经在平台上注册过的客户总数。

（2）有价值的客户数：一年内购买本网店商品不低于3次的客户数。

（3）新客户比例：新客户比例=(新客户数/客户总数)×100%。

（4）流量排名：电商网站独立访客数量在所有同类网站中的排名。

（5）浏览量（访问量，页面访问数）：用户通过电商网站或移动电商应用访问页面的总数。用户每访问一个页面就算一个访问量，同一个页面刷新一次也算一个访问，即访问量可累计。

（6）访客数：独立访客或访问电商网站的不重复用户数。一台电脑为一个独立访问人数。一般以天为单位来统计24小时内的访客总数，一天之内重复访问的只算一次。

（7）新访客数：首次访问网站的客户数。新访客数占访客数的比例即新访客占比。

（8）回访客数：再次光临访问的客户数。回访客数占访客数的比例即回访客占比。

（9）入站次数：在统计周期内，客户从网站外进入网站内的次数。在多标签浏览器下，访客对网站的每一次访问均有可能发生多次入站行为。

（10）平均在线时间：平均每个访客访问网页停留的时间长度。

（11）平均访问量（平均访问深度）：用户每次浏览的页面平均值，即平均每个访客访问了多少个页面。

（12）人均页面访问数：页面访问数/独立访客数。该指标反映的是网站访问黏性。

（13）跳失率（跳出率）：跳失率=浏览了一个页面就离开的访问次数/该页面的全部访问次数=一天内来访浏览量为1的访客数/店铺总访客数。跳失率分为首页跳失率、关键页面跳失率、具体产品页面跳失率等。这些指标可以反映页面内容的受欢迎程度，指标的值越低表示流量的质量越好。

（14）活跃用户数（活跃客户数）：在一定时期内（30天、60天等）有购物消费或登录行为的客户总数。

（15）活跃客户比率（客户活跃率）：活跃客户数占客户总数的比例。客户活跃率=(活跃客户数/客户总数)×100%。

（16）平均购买次数：某时期内每个客户平均购买的次数。平均购买次数=(订单总数/购买客户总数)×100%。

（17）重复购买率（复购率）：某时期内产生两次及两次以上购买行为的客户数占购买客户总数的比例。

（18）客户回购率（回购率）：上一期末活跃客户在下一期时间内有购买行为的客户比率。回购率=(老客户下一个时期的下单数/所有下单)×100%。回购率与复购率不同，复购率是一个时间窗口的多次消费行为，而回购率是两个时间窗口的消费行为。两个指标均可反映消费者对品牌的忠诚度。

（19）客户流失率：在一段时间内没有消费的客户比率。回购率和流失率是相对的概念。流失率=(一段时间内没有消费的客户数/客户总数)×100%。

（20）客户留存率：某时间节点的客户在某个特定时间周期内登录或消费过的客户比率。客户留存率=(回访客户数/新增客户数)×100%。

（21）消费频率：在一定时间内客户消费的次数，消费频率越高，说明客户的忠诚度及价值越高。

（22）收藏人数：在统计日期内通过对应渠道进入店铺访问的客户中，后续有商品收藏行为的客户去重数。对于有多个来源渠道的访客，收藏人数仅归属在该访客当日首次入店的来源中。若同一个访客多天有收藏行为，则归属在收藏当天首次入店的来源中，即多天都有收藏行为的收藏人数，多天统计会体现在多个来源中。

（23）加购人数：在统计日期内将商品加入购物车的客户去重数。对于有多个来源渠道的访客，加入购物车人数仅归属在该访客当日首次入店的来源中。若同一个访客多天有加入购物车行为，则归属在加入购物车当天首次入店的来源中，即多天都有加入购物车行为的人，多天统计会体现在多个来源中。

（24）关注数：在统计日期内新增店铺关注人数（不考虑取消关注的情况）。

（25）展现量（曝光量）：在统计日期内通过搜索关键词展现店铺或店铺商品的次数。

（26）点击量：在某一时间内某个或某些关键词广告被点击的次数。

（27）销售量：在一定时期内实际促销出去的产品数量。

（28）网站成交额（GMV）：电子商务交易成交金额，即只要用户下单，生成订单号，便可计算在 GMV 中。

（29）投资回报率（ROI）：在某一活动期间，产生的交易金额与活动投放成本金额的比值。

（30）客单价：每一个客户平均购买商品的金额，即平均交易金额，用成交金额与成交用户数的比值来表示。

（31）买家评价率：在某时间段参与评价的买家与该时间段的买家数量的比值。买家评价率反映了用户对评价的参与度。

（32）全网搜索人气：在所选的终端上，根据关键词搜索人数折算所得，该值越高表示搜索人数越多。一个关键词被同一个人搜索多次，搜索人数记为一人。

（33）全网搜索热度：在所选的终端上，根据关键词搜索次数折算所得，该值越高表示搜索次数越多。一个关键词被同一个人多次搜索，搜索次数记为多次；关键词的一次搜索后多次翻页查看搜索结果，搜索次数记为一次。

（34）退款完结率：退款完结率=当日完结的退款量(包括当日退款成功及当日退款关闭订单)/截至当日应处理的总退款量(包括当日完结的退款量及当日进行中的退款量)×100%。

（35）转化率：任何相关动作的访问量占总访问量的比率。转化率是电商运营的核心指标，也是用来判断营销效果的重要指标。转化率=(进行有价值行为的访问量÷总访问量)×100%。

（36）注册转化率：在统计周期内，新增注册客户数占所有新访客总数的比例。注册转化率=(新增注册客户数÷新访客总数)×100%。

（37）收藏转化率：收藏转化率=(添加收藏或关注的客户数÷该网站或商品的总访问数)×100%。

（38）添加转化率：添加转化率=(将产品添加到购物车的用户数/该产品的总访问数)×100%。

（39）下单转化率：在统计周期内，确认订单的客户数占该商品所有访客数的比例。下单转化率=(产生购买行为的客户人数÷所有访问店铺的人数)×100%。

（40）咨询转化率：咨询转化率=(最终下单人数÷询单人数)×100%。

（41）付款转化率：付款转化率=(最终付款人数÷下单人数)×100%。

（42）成交转化率：成交转化率=(完成付款的客户数÷该商品的总访问数)×100%。

（43）事件转化率：事件转化率=(事件带来的成交用户数÷该事件带来的总用户数)×100%。

3. 商品数据分析类指标

（1）SKU：物理上不可分割的最小存货单位，是一种库存进出计量的单位，如件、盒。现在 SKU 已被引申为产品统一编号的简称，每种产品都有唯一的 SKU 号。

（2）SPU：标准化产品单元，是一组可复用、易检索的标准化信息的集合，该集合描述了一个产品的特性，可理解为 SPU 是由品牌+型号+关键属性构成的。SPU 是商品信息聚合的最小单位，属性值、特性相同的商品可以称为一个 SPU。

（3）商品数：在统计时间内，每项分类对应的在线商品去重数。

（4）商品访客数：商品详情页被访问的去重人数。一个人在统计时间内访问多次只记为一次。

（5）商品浏览量：商品详情页被访问的次数。一个人在统计时间内访问多次记为多次。

（6）加购件数：在统计时间内，访客将商品加入购物车的商品件数总和。

（7）收藏次数：在统计时间内，商品被访问者收藏的总次数。一件商品被同一个人收藏多次记为多次。

（8）流量下跌商品：最近一个周期（7 天）的浏览量较上个周期（7 天）下跌 50%以上的商品。

（9）支付下跌商品：最近一个周期（7 天）的支付金额较上一个周期（7 天）下跌 50%以上的商品。

（10）低支付转化率商品：该类商品的支付转化率（支付买家数/商品访客数）低于同类商品的平均水平。

（11）高跳出率商品：该类商品的跳出率高于同类商品跳出率的平均水平。

（12）零支付商品：90 天前首次发布的，并且最近 7 天内没有产生任何销量的商品。

（13）低库存商品：最近 7 天加购件数>(昨日库存量×80%)的商品。

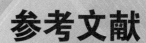

参考文献

[1] 北京博导前程信息技术有限公司. 电子商务数据分析概论[M]. 北京：高等教育出版社，2019.

[2] 陈剑，黄朔，刘运辉. 从赋能到使能——数字化环境下的企业运营管理[J]. 管理世界，2020（2）：117-128，222.

[3] 陈燕，屈莉莉. 数据挖掘技术与应用[M]. 大连：大连海事大学出版社，2020.

[4] 程永义. 电子商务的大规模事务数据高效处理关键问题研究[D]. 长春：吉林大学，2020.

[5] 丁志伟，周凯月，康江江等. 中国中部 C2C 店铺服务质量的空间分异及其影响因素——以淘宝网 5 类店铺为例[J]. 地理研究，2016（6）：1074-1094.

[6] 高海建. 基于大数据视角的电子商务产业研究[D]. 北京：首都经济贸易大学，2015.

[7] 胡华江，杨甜甜. 商务数据分析与应用[M]. 北京：电子工业出版社，2018.

[8] 胡亚慧，李石君，余伟等. 大数据环境下的电子商务商品实体同一性识别[J]. 计算机研究与发展，2015（8）：1794-1805.

[9] 黄淦纯. B2C 电子商务公司精准营销策略研究[D]. 南昌：江西财经大学，2016.

[10] 黄玲. 在电子商务中应用 Web 数据挖掘的研究[D]. 长沙：湖南大学，2014.

[11] 精英资讯. Excel 表格制作与数据分析从入门到精通[M]. 北京：中国水利水电出版社，2019.

[12] 林佳明. 电子商务统计指标及核算方法研究[D]. 广州：华南理工大学，2015.

[13] 陆学勤. 电子商务数据分析与应用[M]. 重庆：重庆大学出版社，2019.

[14] 吕云翔. Python 网络爬虫从入门到精通[M]. 北京：机械工业出版社，2019.

[15] 马世权. 从 Excel 到 Power BI：商业智能数据分析[M]. 北京：电子工业出版社，2018.

[16] 迈克尔·亚历山大. 中文版 Excel 2019 宝典[M]. 赵利通，梁原，译. 北京：清华大学出版社，2019.

[17] 牟春苗. O2O 电子商务模式中推荐方法的研究[D]. 大庆：东北石油大学，2014.

[18] 钱洋. 网络数据采集技术——Java 网络爬虫实战[M]. 北京：电子工业出版社，2020.

[19] 邵贵平. 电子商务数据分析与应用[M]. 北京：人民邮电出版社，2018.

[20] 孙俐丽，袁勤俭. 数据资产管理视域下电子商务数据质量评价指标体系研究[J]. 现代情报，2019（11）：90-97.

[21] 孙浦阳，张靖佳，姜小雨. 电子商务、搜寻成本与消费价格变化[J]. 经济研究，2017（7）：139-154.

[22] 王翠敏，王静雨，钟林. 电子商务数据分析与应用[M]. 上海：复旦大学出版社，2020.

[23] 王东. 基于 Hadoop 的电子商务推荐系统设计与实现[D]. 西安：西安工业大学，2017.

[24] 王鑫. 团购类 O2O 电子商务用户持续使用意向研究[D]. 长春：吉林大学，2016.

[25] 吴礼旺. 基于客户行为分析的电子商务潜在客户挖掘研究[D]. 武汉：武汉理工大学，2014.

[26] 徐萌萌. 中国跨境电商发展的现状及问题研究[D]. 合肥：安徽大学，2016.

[27] 杨从亚，邹洪芬，斯燕. 商务数据分析与应用[M]. 北京：中国人民大学出版社，2019.

[28] 叶子. 电子商务数据分析与应用[M]. 北京：电子工业出版社，2019.

[29] 岳云嵩，李兵. 电子商务平台应用与中国制造业企业出口绩效——基于"阿里巴巴"大数据的经验研究[J]. 中国工业经济，2018（8）：97-115.

[30] 张珂. 大数据背景下京东商城供应链成本控制研究[D]. 大庆：东北石油大学，2019.

[31] 张俣. 阿里巴巴西安分公司客服人员绩效管理研究[D]. 西安：西安理工大学，2016.

[32] 赵龙. 电子商务数据分析平台的设计与实现[D]. 长沙：湖南大学，2015.

[33] 郑国凯，黄彩娥. 基于大数据的智能商务分析平台开发和设计[J]. 现代电子技术，2020（5）：163-166+170.

[34] 周庆麟，胡子平. Excel 数据分析思维、技术与实践[M]. 北京：人民邮电出版社，2020.

[35] 周星. 基于大数据的中小型电商企业精准营销研究[D]. 衡阳：南华大学，2018.